TRAITÉ

DE

PHYSIQUE.

Par IACQVES ROHAVLT.

TOME SECOND.

A PARIS,

Chez la Veuve de Charles Savreux Libraire Juré,
au pied de la Tour de Nostre-Dame,
à l'Enseigne des trois Vertus.

M. DC. LXXI.

AVEC PRIVILEGE DV ROY.

TRAITE'
DE
PHYSIQUE.

SECONDE PARTIE.

DE LA COSMOGRAPHIE.

CHAPITRE PREMIER.

Du nom & de l'utilité de la Cosmographie.

NOUS nous proposons icy de donner une idée generale du Monde, c'est à dire une connoissance du nombre, de la situation, de la grandeur, de la figure, & de quelques autres proprietez des principales parties dont le Monde visible est composé; & c'est la science qui traite de toutes ces choses, que l'on appelle Cosmographie.

    Cette science n'est pas seulement utile en elle-mesme,

1.
*Ce que c'est
que la Cos-
mographie.*

11.

A ij

mais encore pour les suittes qu'elle peut avoir; Car outre qu'il ne nous peut estre qu'avantageux de connoître toute la structure de nostre demeure, l'on peut dire qu'il y a un tel enchaînement entre toutes les parties de l'Univers, & une si grande dépendance & liaison des unes avec les autres, que la plus-part des évenemens naturels, & mesme ceux qui nous touchent de plus prés, ne se peuvent bien expliquer, si l'on n'a une connoissance parfaite de la constitution particuliere du Monde, & de chacune de ses parties, de laquelle ils dépendent comme des effets de leur cause. Cette science est de plus mesme utile pour la Geographie, estant certain qu'on ne peut avoir une connoissance exacte de la situation des divers païs au respect les uns des autres, qu'aprés avoir établi le rapport qu'a la Terre avec les autres parties de l'Univers.

Comme le Monde est un ouvrage, ou pour mieux dire un jeu de la main de Dieu, qui a pû le diviser en tant de parties qu'il luy a plû, & le disposer en une infinité de diverses façons, leur nombre & leur arrangement ne nous sçauroit estre connu par aucune raison qui soit prise de la nature des choses, & il n'y a que l'experience qui nous puisse apprendre, entre plusieurs manieres dont Dieu les pouvoit disposer, celle qu'il luy a plû de choisir; Il faut donc nous resoudre de considerer, autant que la foiblesse de nostre nature, aidée de tout le secours que l'industrie de l'Art y peut apporter, nous le pourra permettre, chaque chose en particulier, pour remonter le mieux qu'il nous sera possible des effets à leurs causes, & observer premierement ce qui

nous paroiſt des choſes, avant que de porter noſtre jugement ſur ce qu'elles ſont, & ſur la diſpoſition qu'elles
gardent.

CHAPITRE II.

Obſervations generales.

LA premiere choſe que nous connoiſſons eſt la
Terre que nous habitons, dont la ſurface eſt interrompuë par quantité de Rivieres, de Lacs, & de
Mers; Et quoy que la Maſſe compoſée de la Terre &
des Eaux nous ſemble immenſe, nous devons neantmoins tenir pour certain qu'elle a des bornes & des li-
mites, puis que nous ſçavons que pluſieurs perſonnes en
ont fait le tour en divers ſens; & par conſequent qu'elle
a auſſi ſa figure particuliere.

I.
*Que la Terre
eſt finie, &
figurée.*

Cette figure eſt neceſſairement compriſe de pluſieurs
ſuperficies planes, ou d'une ſeule, & ſi elle n'en a qu'-
une ſeule, il eſt impoſſible qu'elle ne ſoit courbe. Or
on ne peut pas dire que la Terre ſoit bornée de pluſieurs ſuperficies planes, parce que comme elles feroient des angles en ſe rencontrant diverſement, il ne
feroit pas poſſible qu'on n'en apperceuſt quelques-uns,
ce qui ne paroiſt nulle part; Au contraire, en quelque
endroit qu'on ſe rencontre, toute l'étendüe de païs
que la veuë découvre paroiſt toûjours toute plate; Il
faut donc conclure que la Terre n'eſt point bornée de
pluſieurs ſuperficies planes, mais d'une ſeule qui eſt

II.
*Que la Terre
eſt ronde.*

A iij

courbe. Et parce que la Terre ne nous paroiſt pas moins plate en un endroit qu'en un autre, nous n'avons pas auſſi ſujet de croire, que la ſurface dont elle eſt environnée, ſoit inégalement courbée, & partant nous devons penſer qu'elle l'eſt par tout également; C'eſt à dire, que la Terre & l'eau ont enſemble la figure d'une ſphere, d'un globe, ou d'une boule; ces trois mots ne ſignifiant que la meſme choſe.

III.
De l'air, du Ciel, & des étoiles.

     Cette ſphere eſt par tout environnée d'air; & au delà eſt une étenduë immenſe, que nous appellons le Ciel, où nous appercevons une grande quantité d'étoiles, au nombre deſquelles nous comprenons le ſoleil & la Lune.

IV.
Qu'il y a des étoiles fixes, & des errantes.

     La pluſpart de ces étoiles gardent toûjours une meſme ſituation entre elles, ce qui fait qu'on les nomme des Etoiles Fixes; les autres au contraire la changent continuellement, & pour cela on les appelle des Etoiles errantes, ou des Planetes.

V.
Du nombre des étoiles fixes.

     Lors que pour ſçavoir combien il y a d'étoiles fixes, & en ſupputer le nombre, nous n'employons que nos yeux, nous n'en trouvons que mille vingt-deux, quelques-unes deſquelles n'ont paru que depuis peu, & ont eſté inconnuës aux Anciens, qui en recompenſe en ont vû quelques autres que nous ne voyons plus. Il y a eu meſme quelques étoiles qui n'ont paru que tres-peu de temps, comme celle qui ſe fit voir vers la fin de l'année 1572. qui ayant d'abord ſurpaſſé toutes les autres par ſa lumiere, & par ſa grandeur apparente, parut diminuer peu à peu, & ceſſa d'eſtre veuë tout-à-fait au bout d'environ ſeize mois.

Il y a sept Planetes, à qui l'on a donné ces noms, sça- *VI.* *Du nombre des planetes.*
voir, le Soleil, la Lune, Mercure, Venus, Mars, Jupiter,
& Saturne.

Les Anciens ont divisé toutes les étoiles fixes en plu- *VII.* *Ce que c'est que constella-* *tion.*
sieurs Assemblages ou Constellations, à qui sans aucune
raison, & selon qu'il leur a plû, ils ont donné les noms
d'Ourse, de Lion, de Centaure, de Serpent, &c.

Les lunettes de longue-veuë nous font appercevoir *VIII.* *Que les lu-nettes de longue-veuë font apperce-voir un tres-grand nom-bre d'autres étoiles.*
une quantité innombrable d'étoiles fixes, outre les
mille vingt-deux dont j'ay déja parlé; & de plus, quatre petites planetes qui ne s'éloignent que fort peu de
Jupiter; & enfin une autre petite planete qui accompagne toûjours Saturne.

Entre les planetes, le Soleil, & la Lune sont les prin- *IX.* *Comment on peut recon-noître les planetes.*
cipales, & il est aisé de les reconnoître; Mais les autres
planetes ne se reconnoissent que par les irregularitez
apparentes de leurs mouvemens, & par la difference de
leur lumiere, qui n'est pas si étincelante que celle des
étoiles fixes.

Toutes les étoiles, tant fixes qu'errantes, nous parois- *X.* *Mouvement apparent de tout le Ciel.*
sent se mouvoir, & décrire plusieurs circonferences de
cercles paralleles; & semblent partir d'un certain costé
du Monde, qu'on nomme l'Orient, & tendre vers un
autre, qu'on nomme l'Occident.

Il s'en faut peu qu'elles n'achevent leurs revolutions *XI.* *Ce que c'est que le jour naturel.*
en des temps égaux; Et celuy que le Soleil employe à
faire son tour, est ce que l'on nomme un jour naturel,
que l'on divise ordinairement en 24. heures, & chaque heure en soixante minutes.

CHAPITRE III.

Conjectures pour rendre raison du mouvement apparent des Astres.

I.
Premiere
suppofition;
que la terre
eft immobile.

CEs obfervations fuppofées, l'on peut faire deux conjectures ou fuppofitions pour en rendre raifon; La premiere eft de confiderer la Terre comme en repos au milieu du Monde, & de penfer que les Cieux fe mouvant alentour d'elle d'Orient en Occident, entraînent avec foy toutes les étoiles qu'ils comprennent.

II.
Seconde fup-
pofition; que
lesCieux font
immobiles.

Et la feconde eft de penfer au contraire que les Cieux & les étoiles n'ont pas ce mouvement qu'on apperçoit en vingt-quatre heures, mais qu'eftant en repos, ils paroiffent feulement fe mouvoir, à caufe que la Maffe compofée de la terre, de l'eau, & de l'air, & mefme de quelque chofe qui eft au delà, tourne en effet d'Occident en Orient alentour de fon propre centre.

III.
Quels font
les Partifans
de la premie-
re opinion.

De ces deux hypothefes, ou fuppofitions, la premiere a efté fuivie par Ariftote, par Hyparque, par Ptolomée, & par la plus-part des Philofophes.

IV.
Quels font
ceux de la
feconde.

La feconde l'a efté par Ecphantes, par Seleucus, par Ariftarque, par Philolaüs, par Platon, & par les Pythagoriciens; Archimede la fuppofe dans fon livre du nombre des grains de fable; Et aprés un oubly de plufieurs fiecles, elle a efté renouvellée il y a environ deux cens ans par Copernic.

V.

En examinant ces deux hypothefes, l'on trouve
qu'elles

qu'elles satisfont également bien à ces apparences & *Que ces deux opinions satisfont également aux apparences.* observations generales. En effet, tout ce qu'il y a de visible dans le Ciel ne doit pas moins paroître tourner d'Orient en Occident en vingt-quatre heures dans l'une que dans l'autre hypothese ; Ainsi, n'y ayant aucune raison qui nous incline presentement à suivre l'une plûtost que l'autre, nous devons suspendre nostre jugement à l'égard de toutes les deux. Mais parce que nous pretendons raisonner sur les apparences particulieres, & que cela ne se peut faire sans nous déterminer, & prendre party, nous voulons bien par provision embrasser l'opinion la plus commune.

CHAPITRE IV.

DE LA FIGURE DU MONDE.

Des principaux points, des lignes, & des cercles que l'on conçoit dans sa superficie.

NOus ne sçaurions concevoir qu'un corps se meut, I. *Que suivant la premiere supposition, le ciel est fini; & que le monde visible est de figure spherique.* qu'en le comparant à d'autres ausquels il corres-pond diversement ; Ainsi, puisque nous nous sommes engagez à croire que les Cieux se meuvent, il faut necessairement que nous les comparions à quelque chose que nous imaginions au delà ; & partant que nous établissions des bornes dans les Cieux. Et dautant que la raison & l'experience nous apprennent qu'un corps qui est entouré d'un autre, n'a pas son mouvement bien libre, à moins qu'il n'y ait aucun angle en sa superficie, la facilité avec laquelle les Cieux paroissent se mouvoir, nous fait aisément croire qu'il n'y en a aucun en leur superficie, & ainsi qu'elle est spherique. De plus, sans nous mettre en peine de ce qui peut estre au delà de cette superficie, mais prenant seulement ce qu'elle enferme pour l'Univers, nous disons que le Monde ou l'Univers a la figure d'une sphere.

II.
Des cercles diurnes.

Lors que l'on conçoit que tous les Cieux se meuvent tous les jours d'Orient en Occident, & qu'ils achevent leur tour en vingt-quatre heures, l'on imagine en mesme temps que tous les points de leur superficie, hormis deux, décrivent des cercles qui font paralleles les uns aux autres, & à qui l'on a donné le nom de cercles diurnes, ou journaux.

III.
De l'equateur.

Ces cercles font tous inégaux, & le plus grand de tous s'appelle l'Equateur, ou le cercle Equinoctial.

IV.
Des poles du monde.

Les deux points de la superficie du Ciel qui ne décrivent point de cercles, & qui tournent simplement en eux mesmes, s'appellent les poles du monde; l'un desquels, sçavoir celuy qui est dans la partie du ciel que nous voyons, se nomme le Pole Arctique, & l'autre le Pole Antartique.

V.
De l'axe du monde.

La ligne droite qui va d'un pole à l'autre, en passant par le centre de la terre, est ce qu'on appelle l'Axe ou l'Essieu du monde.

VI.
Que la grandeur de la terre est insensible en

Comme nous voyons toûjours la moitié du ciel, en quelque endroit de la Terre que nous soyons, pourvû que nostre veuë ne soit point bornée par des montagnes, ou par quelque chose de semblable, c'est une

marque que la Terre n'a aucune grandeur confiderable *comparaifon du ciel.*
en comparaifon des Cieux , & qu'elle ne doit paffer que
pour un point, eu égard à leur vafte étenduë.

Le cercle qui fepare la partie du monde qui eft veuë,   VII.
d'avec l'autre partie que l'on ne voit pas, eft ce qu'on   *De l'horifon.*
nomme l'Horifon ; lequel eft divers, à raifon des divers
endroits de la furface de la Terre, où l'on fe peut rencontrer.

Les poles de l'horifon, font deux points de la fuper-   VIII.
ficie du monde, chacun defquels eft également éloi- *Du zenith, & du nadir.*
gné de toutes les parties de l'horifon. Celuy de ces po-
les qui eft fur noftre tefte s'appelle Zenith, & l'autre
s'appelle Nadir.

Le Meridien, eft un cercle que l'on conçoit paffer   IX.
par les poles du monde & par les poles de l'horifon. *Du meridien.*

Il eft évident que l'on change de meridien, quand   X.
on change en telle forte de place fur la terre, que l'on *Qu'on n'a pas toûjours le mefme meridien.*
avance vers l'Orient, ou bien vers l'Occident.

Les cercles que l'on conçoit paffer par les deux poles   XI.
du monde , & par tous les points de l'equateur , s'appel- *Des cercles de declinaifo.*
lent des cercles de Declinaifon.

Ceux que l'on conçoit paffer par le zenith & par tous   XII.
les points de l'horifon, font appellez des Azymuths, ou *Des azimuths.*
des cercles Verticaux.

L'on tranfporte par analogie la plufpart de toutes ces   XIII.
chofes fur la fuperficie de la Terre ; Ainfi, l'Equateur *De l'equateur terreftre.*
Terreftre, ou la Ligne Equinoctiale, ou fimplement la
Ligne eft un grand cercle que l'on conçoit fur la furface
de la Terre vis-à-vis de l'equateur du ciel.

L'Axe de la Terre eft une partie de l'axe du monde   XIV.

De l'axe de la terre. qui est comprise dans le corps de la Terre.

XV.
Des poles de la terre.

Les Poles de la Terre, sont les deux points qui terminent son axe.

XVI.
Des cercles de latitude terrestre.

Les Meridiens Terrestres, qu'on appelle aussi les Cercles de Latitude, sont plusieurs cercles qui passent par les poles de la Terre, & par tous les points de la ligne equinoctiale.

XVII.
Du premier meridien.

Entre les meridiens terrestres, il y en a un qu'il plaît aux Geographes de nommer le Premier, & l'on suit ordinairement en cela le choix de Ptolomée, qui prend pour Premier Meridien celuy qui passe par l'Isle de Fer, qui est l'une des Canaries.

XVIII.
L'ordre des meridiens.

Pour sçavoir l'ordre & le nombre des meridiens, la coûtume a voulu qu'on les contast d'Occident en Orient.

XIX.
Des cercles de longitude terrestre.

Les cercles de Longitude Terrestre, sont plusieurs cercles que l'on conçoit sur la superficie de la Terre, paralleles à la ligne équinoctiale; il y en a de part & d'autre de cette ligne, & ils diminuent d'autant plus qu'ils approchent plus prés des poles.

XX.
Comment se divise le cercle.

Tous les cercles que l'on conçoit, soit au ciel ou sur la terre, se divisent en trois cens soixante parties égales, qu'on appelle Degrez, & chaque degré se divise en soixante parties égales, qu'on nomme Minutes, &c. Si bien que le mot de Minute est équivoque, signifiant tantost la soixantiéme partie d'une heure, & tantost la soixantiéme partie d'un degré.

CHAPITRE V.

Des principaux ufages des cercles de la fphere du Monde.

L'EQUATEUR celefte divife le Monde en deux parties égales, celle où eft le pole arctique s'appelle Septentrionale, ou Boreale, ou la partie du Nort; & l'autre s'appelle Meridionale, ou Auftrale, ou la partie du Sud.

I. *Premier ufage de l'Equateur.*

Le mouvement de l'Equateur eft la mefure du temps: Car on comprend qu'il s'en écoule plus ou moins, felon qu'il paffe plus ou moins de degrez de ce cercle par le meridien. Le temps auquel il paffe quinze degrez de l'equateur eft celuy d'une heure; & celuy qu'il faut pour paffer la foixantiéme partie de quinze degrez, c'eft à dire quinze minutes, eft une minute d'heure.

II. *2. Ufage de l'equateur.*

L'horifon divife le monde en deux moitiez, qu'on nomme auffi Hemifpheres; celuy qui nous eft vifible s'appelle l'Hemifphere Superieur, & l'autre l'Hemifphere Inferieur.

III. *1. Ufage de l'horifon.*

Quand l'horifon coupe quelques cercles diurnes, ce nous eft une marque que les Aftres qui font dans ces cercles fe levent & fe couchent; au lieu que quand il ne les coupe point, c'eft figne que les étoiles qui fe rencontrent dans ces cercles diurnes ne fe levent & ne fe couchent point.

IV. *2. Ufage de l'horifon.*

Quand un de ces cercles eft coupé par l'horifon, la

V.

Des arcs diurnes & nocturnes. partie de deſſus s'appelle Arc Diurne , & celle de deſſous s'appelle Arc Nocturne.

VI.
Uſage de ces arcs. La quantité de ces arcs nous fait connoître combien l'Aſtre qui le décrit demeure deſſus ou deſſous l'horiſon.

VII.
Des points cardinaux. Les quatre points où le meridien & l'equateur coupent l'horiſon, s'appellent les Points Cardinaux.

VIII.
Du nord, & du ſud. L'endroit où le meridien coupe l'horiſon, du côté du pole arctique, s'appelle le Nort, & le point oppoſé s'appelle le Sud.

IX.
De l'eſt & de l'oüeſt. L'endroit où l'equateur coupe l'horiſon du côté d'Orient ſe nomme l'Eſt, & l'endroit qui luy eſt oppoſé s'appelle l'Oüeſt.

X.
Des points moyens. Les endroits qui ſont entre deux ont des noms compoſez des deux ; Ainſi, l'endroit qui eſt entre le Nort & l'Eſt, s'appelle Nord-eſt, celuy qui eſt entre le Nort & l'Oüeſt s'appelle Nord-oüeſt, celuy qui eſt entre le Sud & l'Eſt, ſe nomme Sud-eſt, & celuy qui eſt entre le Sud & l'Oüeſt, ſe nomme Sud-oüeſt.

XI.
1. Uſage du meridien. Le Meridien coupe le monde en deux moitiez ; celle qui eſt du côté où les étoiles ſe levent s'appelle Orientale, & l'autre s'appelle Occidentale.

XII.
2. Uſage. Le Meridien coupe les arcs diurnes en deux également; & partant il montre que le chemin que les Aſtres font depuis leur lever, juſqu'à ce qu'ils ſoient parvenus dans le meridien, eſt égal au chemin qu'ils font depuis le meridien juſques à ce qu'ils ſe couchent.

XIII.
3. Uſage. Le Meridien contient la plus grande élevation par-deſſus l'horiſon des Aſtres qui ſe levent & qui ſe couchent ; & la plus grande & la plus petite de

ceux qui font toûjours fur l'horifon.

L'arc du meridien compris entre le pole du monde & l'horifon, s'appelle en particulier l'Elevation du Pole ; de mefme l'arc du meridien compris entre l'equateur & l'horifon eft ce qu'on nomme l'Elevation de l'Equateur.

XIV.
De l'elevation du pole, & de celle de l'equateur.

Ces deux élevations font les complemens l'une de l'autre à 90. degrez, c'eft à dire, que la quantité de l'une eftant oftée de 90. degrez, il refte la quantité de l'autre.

XV.
Que ces deux elevations font les complemens l'une de l'autre.

Les cercles de Declinaifon fervent à marquer la diftance de chaque Aftre à l'equateur : Car ce qu'on appelle la declinaifon d'un Aftre, n'eft autre chofe que l'arc de l'un de ces cercles compris entre l'Aftre & l'equateur.

XVI.
Ufage des cercles de declinaifon.

Les Azimuths fervent à marquer les élevations des Aftres par deffus l'horifon, ou la quantité dont ils font éloignez de ce cercle.

XVII.
Ufage des azimuths.

Comme l'on prend pour Premier Azimuth celuy qui coupe le meridien à angles droits, depuis lequel on compte tous les autres, il eft évident que fçachant en quel Azimuth eft un Aftre, l'on fçait vers où il faut tourner les yeux pour le voir.

XVIII.
Autre ufage.

L'Equateur terreftre divife la Terre en deux parties ; celle qui regarde le pole arctique du monde s'appelle Septentrionale, & l'autre s'appelle Meridionale.

XIX.
Ufage de l'equateur terreftre.

Ce cercle eft le terme d'où l'on commence à compter la latitude ; en forte que la Latitude d'une ville, ou de quelque autre endroit de la terre, eft l'arc d'un Meridien Terreftre compris entre cette ville, ou cet

XX.
Autre ufage,

endroit de la Terre , & l'Equateur.

Ceux qui ſont ſur l'Equateur Terreſtre , ont leur zenith dans l'Equateur Celeſte , & ceux qui ſont éloignez
de l'Equateur Terreſtre d'un certain nombre de degrez,
ont leur zenith autant éloigné de l'Equateur Celeſte ; &
comme il y a toûjours un quart de cercle compris entre
le zenith & l'horiſon, ce cercle eſt auſſi toûjours neceſſairement autant éloigné du pole , que le zenith l'eſt
de l'Equateur Celeſte ; Ainſi , le nombre des degrez de
l'élevation du pole par deſſus l'horiſon, eſt toûjours é-
gal au nombre des degrez de la Latitude ; C'eſt pourquoy ſçachant l'une de ces deux choſes on ſçait l'autre
en meſme temps.

Pour trouver l'Elevation du Pole par deſſus l'horiſon,
il faut obſerver la plus grande & la plus petite élevation
de quelque étoile que ce ſoit qui ne ſe couche point,
par deſſus ce meſme cercle , & ajoûter la moitié de la
difference de ces deux élevations à la plus petite , ou
l'oſter de la plus grande , & cela donnera l'élevation
du pole.

Ainſi, trouvant à Paris que la plus petite élevation de
l'étoile polaire par deſſus l'horiſon, eſt de 46. degrez
25. minutes, & que ſa plus grande, eſt de 51. degrez
25. minutes, la difference qu'il y a entre ces deux élevations eſt 5. degrez, dont la moitié eſt 2. degrez 30. minutes, laquelle eſtant ajoûtée à la moindre élevation,
ou oſtée de la plus grande, l'on a 48 degrez 55. minutes
pour l'élevation du pole, & par conſequent 48. degrez
55. minutes pour la Latitude de Paris.

Remarquez, que ſi une étoile eſt dans ſa plus petite

élevation

élevation par deſſus l'horiſon à une certaine heure, il faut qu'elle décrive la moitié de ſon cercle diurne pour ſe trouver dans ſa plus grande élevation ; Et parce qu'il luy faut douze heures pour cet effet, il eſt évident qu'il faut pouvoir voir l'étoile pendant tout ce temps-là ; ce qui montre qu'on ne ſçauroit faire cette obſervation que pendant les longues nuits de l'hyver.

L'uſage du Premier Meridien eſt de couper chaque cercle de longitude dans un point, qui eſt le terme d'où l'on commence à compter les longitudes de tous les points qui ſont ſur ce cercle ; Car ce qu'on nomme la longitude d'un certain endroit de la terre, n'eſt autre choſe que l'arc d'un cercle de longitude compris entre le premier meridien & cet endroit-là, en comptant d'Occident en Orient. Ainſi, ſi l'on dit que la longitude de Paris eſt de 23 degrez 30, on entend que l'arc du cercle de longitude qui paſſe par Paris, & qui eſt compris entre le premier meridien & cette ville, eſt de 23 degrez 30.

Les cercles de Latitude & les cercles de Longitude ſervent à ſe diviſer mutuellement les uns les autres ; En effet, ſi l'on ſuppoſe qu'il y ait 360. demy cercles de latitude également éloignez les uns des autres, & 180. cercles de longitude auſſi également éloignez, ils s'entrediviſeront tous en degrez ; Ainſi, ſi une ville eſt ſur le trentiéme cercle de latitude, ce ſera une marque qu'elle aura trente degrez de longitude ; & de meſme, ſi elle eſt ſur le 40. cercle de longitude, en comptant de l'equateur vers le pole, ce ſera une marque qu'elle aura 40. degrez de latitude.

Outre ces uſages particuliers des divers cercles de la

C

sphere, que nous venons de rapporter, ils en ont encore un qui leur eft commun à tous, & que nous devons icy principalement confiderer, qui eft, qu'ils nous fervent tous enfemble à déterminer d'abord le mouvement apparent de chaque Aftre, au moyen dequoy nous pouvons en fuite parvenir à la connoiffance de leur veritable mouvement. C'eft ce que vous allez voir au fujet du Soleil ; dont nous rechercherons premierement les proprietez, avant que de nous appliquer à la recherche de celles des autres Aftres, comme eftant celles dont la connoiffance nous eft la plus neceffaire.

CHAPITRE VI.

Obfervations du mouvement du Soleil.

I.
Premier
phenomene.

1. LE Soleil nous paroift chaque jour décrire d'Orient en Occident un cercle parallele à l'equateur.

II.
2. phenome-
ne.

2. On s'apperçoit d'un jour à l'autre que ce n'eft point un cercle exact qu'il décrit, parce que, le jour fuivant, il ne fe leve pas précifément au mefme endroit de l'horifon, où il s'eftoit levé le jour précedent.

III.
3. pheno-
mene.

3. Le Soleil change en telle forte le lieu de fon Lever dans l'horifon, & de fon paffage dans le meridien, qu'il fait plufieurs revolutions dans la partie feptentrionale du monde, & plufieurs dans la partie meridionale.

IV.

4. Il y a des bornes dans l'horifon & dans le meri-

dien que le Soleil ne paſſe point ; & ces bornes ſont 4. phenomene. dans le meridien à 23. degrez 30. minutes de l'equateur.

5. Quand le Soleil ſe leve auprés de l'une ou de l'autre de ces deux bornes, il change moins ſenſiblement le lieu de ſon Lever, ou de ſon paſſage dans le meridien, que quand il ſe leve vers le milieu.

V. 5. phenomene.

6. Le Soleil va moins vîte d'orient en occident que les étoiles fixes ; Ce qu'il eſt aiſé de juger, parce que ſi en quelque jour que ce ſoit, deux ou trois heures aprés que le ſoleil eſt couché, l'on voit qu'une étoile eſt dans le meridien, l'on s'apperçoit un mois aprés à pareille heure, que cette étoile a déja paſſé le meridien, & qu'elle en eſt éloignée de trente degrez.

VI. 6. phenomene.

7. Le Soleil nous paroiſt plus grand, quand il eſt dans la partie meridionale du monde, que quand il eſt dans la ſeptentrionale.

VII. 7. phenomene.

8. Le Soleil fait ſept ou huit revolutions dans la partie ſeptentrionale plus que dans la meridionale.

VIII. 8. phenomene.

CHAPITRE VII.

Conjectures pour ſatisfaire aux apparences du Soleil.

CONCEVEZ dans la ſphere du monde un cercle tellement diſpoſé, qu'il coupe l'Equateur Celeſte en deux points oppoſez diametralement, & qu'il s'en écarte de 23. degrez 30. minutes, aux points de ſon.

I. Suppoſition d'un cercle qu'on nomme l'Ecliptique.

plus grand éloignement. Ce cercle s'appellera cy-aprés l'Eclyptique.

II.
Supposition du mouvement propre du soleil.

Concevez en suite que le Soleil est tellement emporté d'orient en occident par le mouvement commun de tous les cieux, que pendant qu'il fait un tour en ce sens-là, l'endroit du ciel où il correspond (que nous appellerons son Ciel Particulier) l'emporte d'occident en orient sur le plan de l'eclyptique, sur lequel il avance chaque jour prés d'un degré, dans un cercle dont la circonference n'est pas également éloignée de la Terre, mais qui en est un peu plus proche dans la partie meridionale du monde, que dans la septentrionale.

III.
Ce que c'est que l'excentrique du soleil, l'apogée & le perigée.

Cette circonference, dont le centre est different du centre de la Terre, est ce qu'on nomme l'Excentrique du soleil ; Le point de cet excentrique qui est le plus éloigné de la Terre, s'appelle l'Apogée, celuy qui en est le plus proche, s'appelle le Perigée.

IV.
Que cette supposition est d'Hyparque; & qu'elle satisfait à tous les phenomenes.

Par le moyen de cette supposition, dont Hyparque a esté l'inventeur, environ 120. ans devant la naissance de Nostre Seigneur, non seulement on peut rendre raison des phenomenes du Soleil qui ont esté cy-dessus rapportez, mais de plus on en déduit tout ce que l'on en peut observer icy & ailleurs.

V.
Pourquoy le soleil est vû se mouvoir d'orient en occident.

Et premierement, les Cieux tournant tous ensemble d'orient en occident, il est évident que le Soleil doit paroître tourner en ce sens-là, & décrire un cercle parallele à l'equateur.

VI.
Pourquoy il se leve par divers en-

2. Le Soleil avançant par jour prés d'un degré sous l'Eclyptique, il doit changer chaque jour de declinaison, ou sa distance de l'equateur ; & consequemment il doit

tous les jours changer son Lever, & ne pas passer deux fois de suite par un mesme endroit de l'horison.

droits de l'horison.

3. L'Eclyptique s'étendant dans la partie meridionale & dans la septentrionale du monde, le Soleil en parcourant tous ses degrez, doit necessairement faire plusieurs revolutions de part & d'autre de l'equateur.

VII.
Pourquoy il decrit des cercles dans la partie meridionale & dans la septentrionale.

4. Et comme il ne quitte point l'eclyptique, il ne peut s'éloigner de l'equateur qu'autant que l'eclyptique mesme s'en éloigne; & ainsi, il doit avoir des bornes pour son Lever dans l'horison, & pour son passage dans le meridien.

VIII.
Pourquoy il y a des bornes au lever du soleil.

5. De la façon que la circonference de l'eclyptique est disposée dans la surface du ciel, le commencement & la fin d'un mesme degré ne sont pas si inégalement éloignez de l'equateur, vers les endroits où l'eclyptique en est la plus éloignée, que vers les points où ces deux cercles s'entrecoupent; Ainsi, le Soleil ne changeant pas en 24. heures si sensiblement sa distance de l'equateur, lors qu'il en est fort éloigné, que lors qu'il en est plus proche, il doit alors d'un jour à l'autre changer moins sensiblement le lieu de son Lever, & de son passage dans le meridien.

IX.
Pourquoy le soleil ne change pas tous les jours également les lieux de son lever & de son coucher.

6. Le mouvement d'orient en occident du Soleil doit estre moins vîte que celuy des étoiles fixes, de la quantité dont il avance chaque jour vers l'orient.

X.
Pourquoy le soleil se meut moins vîte d'orient en occident que les étoiles fixes.

7. Le Soleil estant plus prés de la Terre, lors qu'il est dans la partie meridionale, que lors qu'il est dans la septentrionale, il doit paroître plus grand quand il est dans cette partie, que quand il est dans l'autre.

XI.
Pourquoy le soleil paroist tantost plus grand & tantost plus petit

8. Et dautant que de l'Excentrique du Soleil il y en a

XII.

Pourquoy le soleil décrit plus de cercles dans la partie septentrionale que dans la meridionale.

une plus grande partie comprife entre l'equateur & le pole arctique, qu'entre le mefme equateur & le pole antarctique, il arrive que cet Aftre a plus de degrez à parcourir, & confequemment plus de revolutions à faire, dans la partie feptentrionale du monde, que dans la meridionale.

XIII.
Pourquoy les jours ne font pas tous égaux.

En jettant les yeux fur la fphere artificielle, qui reprefente la fphere naturelle du monde, l'on s'apperçoit qu'entre les cercles diurnes que le Soleil décrit chaque jour, il n'y a que l'equateur qui foit coupé en deux également par noftre horifon, & que ceux qui font dans la partie feptentrionale du monde, ont l'arc diurne plus grand que le nocturne, au lieu que ceux qui font dans la partie meridionale ont au contraire l'arc nocturne plus grand que le diurne. D'où il fuit, que les jours doivent eftre égaux aux nuits quand le Soleil fe meut dans l'equateur; Que les jours doivent eftre plus grands que les nuits, quand le Soleil eft dans la partie feptentrionale du monde; & que les jours doivent eftre plus petits que les nuits, quand il eft dans la partie meridionale.

XIV.
En quel temps l'on doit avoir le plus grand jour & le plus court.

L'on voit encore que la difference qui eft entre l'arc diurne & l'arc nocturne d'un mefme cercle, eft d'autant plus grande, que ce cercle eft plus éloigné de l'equateur; D'où il fuit, que le plus grand de tous les jours doit arriver, quand le Soleil eft le plus éloigné qu'il peut eftre de l'equateur du côté du pole vifible; & que le plus court au contraire doit arriver, quand il en eft le plus éloigné du côté du pole que l'on ne voit point.

Si l'on met les deux poles de la sphere artificielle dans l'horifon, pour reprefenter la fituation de la naturelle, au refpect de l'horifon des peuples qui font fur la ligne equinoctiale, l'on voit que tous les cercles diurnes font coupez en deux également; & partant qu'à l'égard de ces peuples tous les jours font égaux aux nuits.

XV. Qu'il y a un equinoxe continuel fur la ligne equinoctiale.

L'on connoift auffi que plus une contrée eft diftante de la ligne equinoctiale, & par confequent plus le pole à fon égard eft élevé par deffus l'horifon, & plus auffi les arcs diurnes qui font du côté du pole élevé font grands en comparaifon des nocturnes; D'où il fuit, que quand le Soleil décrit ces arcs, l'on doit avoir les jours d'autant plus grands en comparaifon des nuits, que l'on eft éloigné de la ligne équinoctiale.

XVI. Qu'on a les jours d'autāt plus longs qu'on s'éloigne plus de la ligne equinoctiale.

Le cercle diurne que le Soleil décrit quand il eft le plus éloigné de l'equateur qu'il puiffe eftre vers le pole vifible, eftant diftant de l'equateur de 23. degrez 30. minutes, il s'enfuit qu'il eft diftant du pole du monde de 66. degrez 30. minutes; Cela eftant, les peuples qui ont 66. degrez 30. minutes de latitude, ayant le pole élevé de cette quantité par deffus l'horifon, il faut neceffairement que ce cercle diurne leur foit tout-à-fait vifible; d'où il fuit que ces peuples ont un jour de 24. heures.

XVII. Qu'il y a un jour continuel de 24. heures, où la latitude eft de 66. degrez 30. minutes.

En élevant le pole de la sphere artificielle par deffus l'horifon, pour reprefenter la fituation de la naturelle, au refpect de l'horifon des peuples qui feroient au pole de la Terre, l'on voit que l'equateur celefte eft uny à l'horifon; Et partant, tandis que le Soleil fera dans la partie du monde où eft le pole élevé, il fera toûjours

XVIII. Que ceux qui font fous les poles ont un jour & une nuit de fix mois.

vifible à ces peuples; & ainfi, le jour durera fans interruption pendant tout ce temps-là; Mais en recompenfe, comme le Soleil ne fera pas vifible tandis qu'il fera
dans l'autre partie du monde, il s'enfuit qu'ils auront
auffi une nuit à peu prés auffi longue qu'aura efté leur
jour.

XIX.
*Ce que c'eſt
que le Zodia-
que.*

L'on conçoit l'Eclyptique fans largeur, de mefme
que les autres cercles de la fphere; mais l'on prend une
largeur de fix degrez de chaque côté de l'eclyptique,
pour compofer une largeur de douze degrez, à qui
l'on a donné le nom de Zodiaque; fi-bien que l'on peut
dire que le Soleil eft toûjours fous le milieu du Zodiaque.

XX.
*Des douze
Signes.*

L'on divife ordinairement ce cercle en douze parties
égales, que l'on appelle les douze Signes, dont la fuite
fe compte d'occident en orient, en commençant au
point où l'eclyptique & l'equateur s'entrecoupent, &
où le Soleil avançant de fon mouvement propre, paffe
de la partie meridionale dans la feptentrionale.

XXI.
*Des noms
des ſignes.*

Les noms qu'il a pleu aux anciens de donner à ces
douze fignes, font le Belier, le Taureau, les Gemeaux,
le Cancre ou l'Ecrevice, le Lion, la Vierge, la Balance,
le Scorpion, l'Archer, ou le Sagittaire, le Capricorne,
le Verf-eau, & les poiffons.

XXII.
*D'où ces
noms ont eſté
empruntez.*

Ces noms ont efté pris des douze Conftellations
qui eftoient dans ces fignes au temps d'Hyparque;
mais depuis elles ont tellement changé de place, que
la Conftellation qu'on nomme le Belier, eft fortie du
figne du Belier, pour paffer dans le figne du Taureau, &
ainfi des autres.

Il

Il y a quatre points confiderables dans l'eclyptique ; XXIII.
deux defquels font aux endroits ou l'equateur & l'ecly- *Des Equinoxes.*
ptique s'entrecoupent, qui s'appellent en particulier les
points Equinoxiaux, à caufe que le foleil eftant dans
ces points, il y a Equinoxe, c'eft à dire, égalité entre le
jour & la nuit.

Les deux autres points font aux endroits les plus éloi- XXIV.
gnez de l'equateur, & on les nomme Solfticiaux, c'eft *Des Solftices.*
à dire, des points où le foleil femble s'arrefter ; non pas
qu'y eftant parvenu il ne fe meuve à fon ordinaire, foit
du mouvement commun de tous les Cieux d'Orient en
Occident, foit du mouvement propre de fon ciel d'Occident en Orient, mais parce qu'il ne paroift plus avancer vers le Septentrion ny vers le Midy.

Quand le ciel tourne en 24. heures, les points folfti- XXV.
ciaux décrivent deux cercles paralleles à l'equateur, auf- *Des deux Tropiques.*
quels on a donné le nom de Tropiques ; & l'on nom-
me le Tropique du Cancre ou de l'Ecrevice, celuy que
décrit le premier point du figne de l'Ecrevice ; & le
Tropique du Capricorne, celuy que décrit le premier
point du figne du Capricorne.

Comme l'eclyptique s'éloigne de l'equateur de 23. XXVI.
degrez 30. minutes, auffi a-t-elle des poles éloignez des *Des cercles polaires.*
poles du Monde de la mefme quantité ; d'où il fuit
que par le mouvement diurne des cieux, les poles de
l'eclyptique décrivent des cercles paralleles à l'equateur,
qui font diftans des poles du Monde de 23. degrez 30.
minutes ; Et ce font ces cercles qu'on appelle les Cercles
Polaires.

En tranfportant les deux Tropiques & les deux cercles XXVII

D

Polaires sur la surface de la Terre, on la divise en cinq parties, qu'on appelle les cinq Zones ; entre lesquelles celle qui est comprise entre les deux Tropiques, se nomme la Zone Torride ; celles qui sont comprises entre les Tropiques & les cercles Polaires, se nomment les Zones Temperées ; & enfin les deux autres, chacune desquelles est comprise d'un cercle polaire, s'appellent les Zones Froides.

On appelle une Année, le temps auquel le soleil parcourt toute l'Eclyptique ; ce qu'il fait à peu prés en 365. jours 5. heures & 49. minutes.

Pour faire qu'on s'assujettist autant qu'il seroit possible à cette sorte d'année dans tout l'Empire Romain, & faire en sorte que les cinq heures & 49. minutes, que l'année a de plus que les 365. jours dont elle estoit ordinairement composée, causassent le moins d'erreur qu'il se pourroit, Jules Cesar ordonna que doresnavant, de quatre ans en quatre ans, l'année seroit composée de 366. jours ; Par ce moyen, l'année n'estoit plus longue qu'il ne faloit, que de onze minutes seulement, ou environ, ce que l'on n'estima pas alors estre une erreur fort considerable.

Cependant cette erreur s'estoit peu à peu tellement accreüe avec le temps, qu'au lieu que du temps des premiers Chrestiens le soleil n'entroit dans le signe du Belier que le 21. de Mars, quinze cens ans aprés il y entroit dés le onziéme ; ce qui faisoit une difference de dix jours ; Et c'est ce qui a fait que le Pape Gregoire XIII. a ordonné qu'on retranchast ces dix jours d'erreur en l'année 1582 ; & ainsi, au lieu que cette année devoit avoir

365. jours, elle n'en eût que 355 ; Et dautant qu'à la longue on feroit toûjours retombé dans la mefme erreur,
à moins d'y apporter quelque reglement, il a arrefté
qu'à chaque commencement de fiecle, l'année ne feroit
point augmentée d'un jour, fi ce n'eft de quatre fiecles
en quatre fiecles.

Comme les Anglois, & quelques autres peuples, n'ont point voulu recevoir cette correction, auffi diffe-rent-ils de dix jours d'avec nous, dans la façon de mar-quer le temps ; Ainfi, lors que nous comptons le 25. de Janvier, ils ne comptent encore que le quinziéme.

XXXI. Pourquoy les dates d'un mefme jour de divers peuples ne s'accordent pas toûjours.

Le temps que le foleil employe à parcourir les fignes du Belier, du Taureau, & des Gemeaux, s'appelle la Premiere faifon de l'année, ou le Printemps ; Et comme le foleil fe trouve au premier point du Belier environ le 21. de Mars, c'eft en ce jour auffi que commence le Printemps.

XXXII. Du Prin-temps, 1. faifon.

Le temps auquel le foleil parcourt les trois fignes fui-vans, qui font l'Ecrevice, le Lion, & la Vierge, fe nom-me l'Efté, qui commence environ le 21. de Juin.

XXXIII. De l'Efté 2. faifon.

Le temps auquel le foleil parcourt les fignes de la Balance, du Scorpion & du Sagittaire, s'appelle l'Au-tomne, qui commence environ le 23. Septembre.

XXXIV. De l'Au-tomne 3. faifon.

Et le temps que le foleil employe à paffer par les fi-gnes du Capricorne, du Verf-eau, & des Poiffons, s'appelle l'Hyver, qui commence environ le 21. De-cembre.

XXXV. De l'Hyver 4. faifon.

Nous experimentons plus de chaleur quand le foleil eft vers le folftice d'Efté, que quand il eft vers le folfti-ce d'Hyver ; Ce qu'on a jufqu'à prefent tâché d'expli-

XXXVI. Qu'on s'eft trompé en difant pour-

*quoy il fait
plus chaud
l'Esté que
l'Hyver.*

quer, en difant que les rayons du foleil tombent fur la furface de la Terre moins obliquement en Efté qu'en Hyver ; Toutesfois cette opinion perd toute fa vray-femblance, quand on confidere que la furface de la Terre n'eft pas unie comme une glace de miroir, & qu'eftant raboteufe, il y a toûjours autant d'endroits qui reçoivent des rayons à plomb, l'Hyver que l'Efté.

*XXXVII.
La veritable
caufe pour-
quoy il fait
plus chaud
l'Esté que
l'Hyver.*

Il vaut donc mieux dire que l'air dans lequel nous vivons, s'élevant au deffus de la Terre jufqu'à la hauteur d'environ deux ou trois lieuës, où les Vents ny les Nuages n'arrivent jamais, fa furface doit eftre fort unie, de mefme que celle de toutes les liqueurs qui ne font point agitées ; Et comme c'eft une proprieté des rayons de lumiere qui fe prefentent pour paffer d'un milieu dans un autre, de n'y pas entrer tous, mais de fe reflechir d'autant plus, que leur cheute eft plus oblique, il s'enfuit qu'il doit parvenir plus de rayons jufqu'à nous, quand le foleil eft vers le Solftice de l'efté, que quand il eft vers le Solftice de l'hyver ; Et c'eft de cette grande quantité de rayons qui penetrent alors iufques à nous, que provient cette chaleur que nous experimentons en Efté.

*XXXVIII.
Que plus un
lieu eft proche
de la ligne &
plus il y doit
faire chaud.*

Delà, l'on peut conclure qu'il doit faire d'autant plus chaud dans un Païs, que le foleil approche plus prés de fon Zenith ; Ainfi, comme le foleil approche plus prés du Zenith de Rome que du Zenith de Paris, il s'enfuit qu'on doit experimenter plus de chaleur à Rome qu'à Paris.

XXXIX.

L'on conclura encore, qu'il doit faire plus chaud fur

la ligne Equinoxiale, qu'en toute autre contrée de la Terre, tant parce que le soleil passe deux fois l'année par le Zenith des peuples qui y sont, qu'à cause qu'il ne s'éloigne jamais tant du Zenith de ces peuples qu'il fait de celuy des autres.

Neantmoins il peut bien arriver que l'experience paroisse contraire à ce raisonnement, à cause qu'il peut intervenir dans de certains païs des causes particulieres qui augmentent ou qui diminuent les effets de la cause generale. Ces causes particulieres peuvent estre de trois sortes, à sçavoir, les vents, la qualité du terroir, & la situation. Car premierement, il est certain que les vents qui viennent de la Mer sur les Terres y doivent beaucoup temperer la chaleur; En second lieu, plus la Terre est sablonneuse, & moins elle émousse l'action des rayons du soleil, lesquels par consequent peuvent en se reflechissant ajoûter quelque chaleur à l'air, outre celle qu'ils luy avoient déja imprimée en tombant directement; Enfin, plus les lieux sont bas, pourvû qu'ils soient d'ailleurs autant éclairez, plus l'air y est grossier, ce qui le rend plus propre à faire sentir la chaleur qu'il a.

Le mouvement du soleil estant une fois étably dans l'exactitude Geometrique, l'on peut aprés cela dresser aisément des tables qui marquent en quel point de l'Eclyptique le soleil se rencontre chaque jour; D'ailleurs, on a des tables qui contiennent la declinaison de chaque point de l'Eclyptique; si-bien qu'on peut à point nommé sçavoir chaque jour quelle declinaison a le soleil à midy.

D iij

Cette connoiſſance fournit un moyen fort aiſé de trouver la Latitude du lieu où l'on eſt, en quelque jour de l'année que ce ſoit, pourvû que l'air ſoit ſerein. Il n'y a qu'à prendre avec un inſtrument l'élevation du ſoleil par deſſus l'horiſon à l'heure de midy, c'eſt à dire la plus grande de tout le jour; puis, ſi le ſoleil eſt dans la partie du Monde où eſt le Pole que l'on ne voit pas, ajoûter ſa declinaiſon à l'élevation qu'on aura trouvée; ou, s'il eſt dans l'autre partie du Monde, oſter cette declinaiſon de la meſme élevation; au moyen dequoy, l'on aura l'élevation de l'Equateur, laquelle eſtant oſtée de 90. degrez, le reſte ſera l'élevation du Pole, la quantité de laquelle eſt égale à la Latitude que l'on cherchoit.

De ce meſme fondement, l'on peut encore déduire quelle doit eſtre la Latitude du lieu où le plus long jour d'Eſté ſera d'une quantité donnée; ſi-bien que l'on peut par-là determiner la quantité de chaque Climat: Car il faut ſçavoir que par ce mot-là, l'on entend un eſpace de Terre compris entre deux cercles paralleles à la ligne Equinoxiale, tellement éloignez l'un de l'autre, qu'il y ait la difference d'une demye heure, entre le plus long jour d'Eſté de l'un de ces cercles, & le plus long jour d'Eſté de l'autre.

Plus on s'éloigne de la ligne équinoxiale, & plus auſſi le plus long jour d'Eſté augmente; Juſques-là que ſi l'on eſtoit ſur le cercle polaire, le plus long jour ſeroit de 24. heures, c'eſt à dire, de douze heures, ou de 24. demy heures plus long que ſur la ligne équinoxiale; D'où il ſuit, qu'il doit y avoir vingt-quatre Climats, en-

tre la ligne équinoxiale & le cercle polaire. Et dautant
qu'à Paris le plus long jour d'Esté est de seize heures,
c'est à dire, de huit demy heures plus long que sur la
ligne équinoxiale, il s'ensuit que nous sommes à la fin
du 8. Climat, ou au commencement du 9.

Quand on s'éloigne un peu du cercle Polaire en tirant vers le Pole, on doit experimenter un grand accroissement au plus long jour d'Esté; ce qui est cause
qu'en ces lieux-là, l'on appelle Climat, un espace de
Terre compris entre deux cercles paralleles à la ligne
équinoxiale, tellement éloignez l'un de l'autre, qu'il y
ait la difference d'un mois entre le plus long jour d'Esté de l'un de ces cercles, & le plus long jour d'Esté de
l'autre; Et dautant que sur le pole l'on a un jour continuel de six mois, il s'ensuit qu'il y a six Climats entre le
cercle Polaire & le Pole voisin.

XLV.
Comment on determine les climats au delà du cercle polaire.

Autant qu'il y a de Climats entre la ligne équinoxiale & l'un des Poles, autant en faut-il concevoir entre la mesme ligne & l'autre Pole; d'où il suit qu'il y a
en tout soixante Climats; Ce qui ne s'accorde pas avec
ce qu'en ont écrit les Anciens, qui en comptoient
beaucoup moins; Mais cette difference vient, de ce
que par le mot de Climat, ils entendoient une Terre
habitée; Et comme ils ne connoissoient pas les Zones
qui sont du côté du Pole Antarctique, & qu'ils n'estimoient pas non plus que la Zone Torride & la Zone
Froide Septentrionale fussent habitables, cela faisoit
qu'ils ne comptoient que fort peu de Climats.

XLVI.
Pourquoy les Anciens n'ont point étably tant de climats que les modernes.

Pour ne rien omettre de ce qui regarde le Soleil, il
faut remarquer que son Apogée a changé de place dans

XLVII.
Que l'Apo-

le Ciel : Car au lieu que du temps de Noftre Seigneur il eftoit environ le 18. degré des Gemeaux, il eft prefentement environ le 8. degré de l'Ecrevice. L'on obferve auffi que la diftance qu'il y a entre le centre de la Terre & le centre de l'Excentrique du Soleil, qui eft ce qu'on nomme l'Excentricité de cet aftre, n'eft plus fi grande qu'elle eftoit autres fois ; Ainfi, le Soleil n'eft plus fi loin de nous l'Efté qu'il eftoit, & en eft un peu plus loin l'Hyver.

Le progrés de l'Apogée, & la diminution de l'Excentricité, n'ont fuivy aucune regle ; & quelque fuppofition qu'on ait pû faire jufqu'à prefent, on n'en a pû trouver aucune, qui s'accordaft entierement avec les obfervations des Aftronomes qui ont vêcu en divers temps.

CHAPITRE VIII.

Obfervations & conjectures touchant les Etoiles Fixes.

COMME les Phénomenes des Etoiles Fixes ne fe font fait connoître que dans l'efpace de plufieurs fiecles, & que les derniers Obfervateurs ont remarqué plufieurs particularitez que ceux qui les avoient precedé n'avoient point apperceües, cela a fait qu'ils ont de temps en temps formé des conjectures affez differentes touchant leur mouvement.

Hyparque a paffé la plus grande partie de fa vie fans

remarquer

remarquer autre chose touchant les Etoiles fixes, sinon qu'elles avoient un mouvement d'Orient en Occident, dans des cercles qui luy sembloient exactement paralleles à l'Equateur; ce qui luy fit conclure qu'elles estoient toutes enchassées dans la solidité d'un mesme Ciel (qu'on nomme le Firmament) qu'il plaça au delà de toutes les Planetes; Et parce qu'il n'estimoit pas qu'il fust necessaire que ce Ciel empruntast ce mouvement, qui est simple, de quelque autre Ciel qui fust au dessus de luy, il assura que c'estoit le dernier de tous les Cieux, & que c'estoit luy qui servoit à entraîner tous les autres du sens qu'il tournoit, & ainsi que c'estoit le Premier Mobile.

Que Hyparque n'a reconnu dans les Etoiles fixes que le simple mouvement d'Orient en Occident.

Hyparque ayant donc cette opinion que les Etoiles Fixes ne changeoient point de place dans le Ciel, il estima qu'elles pouvoient servir pour determiner les routes des Planetes; De mesme qu'on pourroit se servir de plusieurs rochers qui seroient dans la Mer, pour marquer le cours des Navires, qui ne laissent aucuns vestiges dans les lieux par où ils passent. Il employa donc son industrie à mesurer la distance qu'il y a de chaque Etoile fixe à l'Eclyptique du Soleil, ce qui s'appelle la Latitude d'une Etoile ; puis à determiner le nombre des degrez & des minutes de l'Eclyptique, que l'on compte d'Occident en Orient, depuis le premier point du signe du Belier, jusqu'au point vis-à-vis duquel correspond chaque Etoile, ce qu'on appelle sa Longitude ; mais la mort l'ayant prevenu, ce n'a esté que sa posterité qui a pû executer ses desseins.

III.
Comment il determina les longitudes & les latitudes des Etoiles fixes.

Ptolomée qui vint environ deux cens ans aprés Hy-   IV.

E

parque, se proposa d'établir le mouvement des Planetes; Et ayant eu la curiosité d'observer si son prédecesseur avoit esté exact à marquer les longitudes & les latitudes des Etoiles fixes, il trouva que leur latitude estoit à la verité telle qu'Hyparque l'avoit marquée, mais que leur longitude estoit augmentée de deux degrez.

V. Il conclud delà, qu'outre que les Etoiles fixes se mouvoient d'Orient en Occident en 24. heures, elles avoient encore un autre mouvement d'Occident en Orient, dans des cercles paralleles à l'Eclyptique, suivant lequel, estant avancées de deux degrez en 200. ans, c'estoit pour achever leur periode entiere en trente six mille ans.

VI. Et dautant que le Firmament ne pouvoit avoir qu'un seul mouvement qui luy fust propre, il luy attribua le mouvement de trente-six mille ans, & assura qu'il empruntoit le mouvement journal d'Orient en Occident d'un Ciel qui devoit estre au delà. Et c'est ainsi que l'on a commencé à croire que le Premier Mobile estoit un Ciel qui ne contenoit aucune Etoile, & qui envelopoit le Firmament.

VII. Les Astronomes qui sont venus depuis Hyparque, ont reconnu le mouvement des Etoiles fixes d'Occident en Orient, qui est tellement accru, que la longitude de chaque Etoile est augmentée d'environ 28. degrez, pardessus celle qu'elle avoit au temps de Nostre Seigneur; Mais comme ce progrés a esté inégal en differens siecles, ils ont assigné des durées bien differentes de toute sa Periode. Les uns ont dit qu'elle doit s'achever en quarante-neuf mille ans ; d'autres en vingt-cinq mille ; & d'autres en differens temps ; Et les derniers Aftronomes, qui ont eu connoiffance des obfervations des autres, ont affuré que le mouvement des Etoilles fixes eftoit irregulier, & qu'il eftoit impoffible d'en marquer précifément la durée.

Cette opinion ne s'accordant pas avec celle des Arif-toteliciens, qui enfeignent que les Cieux font incapables de changement, quelques-uns ont mieux aimé dire que le Firmament tend de luy mefine à fe mouvoir regulierement, & que s'il y paroift de l'irregularité, cela vient d'une caufe étrangere. Ainfi, l'on s'eft imaginé qu'il y a entre le Firmament & le Premier Mobile un certain Ciel, qui par fon mouvement propre ne fait que balancer d'Orient en Occident, puis d'Occident en Orient ; ce qui fait que le mouvement apparent des Etoiles fixes eft quelques-fois hâté, & quelques-fois retardé. Ce Ciel a efté appellé le Ciel Cryftalin.

VIII.
Comment on a etably un Ciel cryfta-lin.

Il faut encore remarquer que l'Eclyptique, qui eft maintenant éloignée de l'Equateur de 23. degrez 30. minutes, en eftoit diftante de 23. degrez 52. minutes du temps de Ptolomée. Pour expliquer ce changement l'on a encore inventé un Ciel Cryftalin, auquel l'on a attribué un balancement du Septentrion au Midy, & du Midy au Septentrion.

IX.
Changement arrivé à la declinaifon de l'Eclypti-que ; & l'etabliffement d'un fecond Cryftalin.

Quel que foit le progrés du Firmament, foit qu'il foit regulier ou irregulier, comme il n'eft gueres fenfible pendant la vie d'un homme, il fuffit qu'un Aftronome ait une fois en fa vie obfervé les Longitudes & les

X.
Qu'un Aftronome peut confiderer les Etoiles, comme fi elles

n'avoient que le simple mouvement diurne.

Latitudes des Etoiles fixes, pour s'en servir à determiner le mouvement des Planetes.

CHAPITRE IX.

Observations de la Lune.

I.
Premiere obfervation de la Lune.

EN obfervant le mouvement de la Lune, comme on fait celuy du Soleil, l'on trouve à peu prés les mefmes Phénomenes : Car premierement on remarque qu'elle décrit tous les jours d'Orient en Occident au tour de la Terre un Cercle qui paroift comme parallele à l'Equateur.

II.
2. Obferva-tion.

Mais du jour au lendemain l'on reconnoift que ce n'eft pas un veritable cercle qu'elle décrit, parce qu'elle change tous les jours le lieu de fon Lever & de fon Coucher ; Ce qu'elle fait fi fenfiblement, que le Soleil ne change pas davantage en 13. ou 14. jours, qu'elle fait d'un jour à l'autre.

III.
3. Obferva-tion.

La Lune a des bornes dans l'Horifon & dans le Meridien, au delà defquelles elle ne paffe jamais, & qui font à peu prés les mefmes que celles du Soleil.

IV.
4. Obferva-tion.

La Lune va moins vîte d'Orient en Occident que les Etoiles fixes ; Ce qu'on obferve affez fenfiblement en une feule nuit, &c.

V.
Que ces obfervations ne fuffifent pas pour de-terminer le

Sur ces obfervations l'on peut fonder cette conjecture, que pendant que la Lune eft tous les jours emportée d'Orient en Occident par le mouvement du premier mobile, elle a encore un mouvement propre d'Oc-

cident en Orient, dans un cercle qui coupe l'Equateur, *mouvement propre de la Lune.*
& qui s'en écarte vers les deux Poles, à peu prés autant
que fait l'Eclyptique; Mais on ne fçauroit juger à l'œil
fi ce cercle de la Lune eft le mefme que l'Eclyptique,
ou fi c'en eft un autre.

On eft donc icy obligé d'avoir recours à la metho- *VI.*
de qu'Hyparque s'eftoit propofée, c'eft à dire, qu'il *Comment on connoift le*
faut tous les jours mefurer la diftance de la Lune à deux *mouvement propre de la*
Etoiles fixes dont les longitudes .& les latitudes foient *Lune.*
connües, pour avoir chaque jour la longitude & la latitude de la Lune; Par là l'on découvre que la Lune
paroift avancer par jour d'environ 13. degrez & demy
d'Occident en Orient, dans un cercle qui coupe l'E-
clyptique, & qui s'en écarte de part & d'autre de cinq
degrez, en forte qu'elle parcourt ce cercle entier en
27. jours & demy, ou environ.

C'eft ce temps-là qu'on nomme le Mois Periodique *VII.*
de la Lune, qu'il ne faut pas confondre avec une au- *Du mois Pe-riodique, &*
tre forte de mois, qu'on appelle Synodique, qui eft le *du mois Syno-*
temps de vingt-neuf jours & demy que la Lune em- *dique.*
ploye depuis qu'elle a efté une fois avec le Soleil fous
un mefme degré du Zodiaque, jufqu'à ce qu'elle fe
rencontre une autre fois avec luy fous un autre degré.

La rencontre de la Lune avec le Soleil fous un mef- *VIII.*
me degré du Zodiaque, s'appelle Conjonction, ou Nou- *Qu'eft-ce que Conjonction*
velle Lune. *ou Nouvelle Lune.*

La rencontre de la Lune à 90. degrez de diftance du *IX.*
Soleil, s'appelle Quadrature, ou Quartier de la Lune; *Qu'eft-ce que Quadrature*
& il y en a deux. *ou Quartier de la Lune.*

La rencontre de la Lune à 180. degrez de diftance *X.* *Qu'eft-ce que oppofition ou pleine Lune.*

du Soleil, s'appelle Oppofition, ou Pleine Lune.

XI.
Comment la Lune paroift environ le temps de la conjonction.

La Lune ne paroift point du tout au temps de la Conjonction, mais un jour ou deux devant ou aprés, elle paroift fous la figure d'un Croiffant, dont les cornes font toûjours tournées vers la partie du Ciel oppofée au Soleil.

XII.
Comment elle paroift environ le temps de l'oppofition.

Ce Croiffant fe remplit d'autant plus que la Lune fe trouve éloignée du Soleil; & elle paroift pleine, ou toute ronde, au temps de l'Oppofition.

XIII.
Que le Diametre de la Lune ne paroift pas toûjours egal.

Le Diametre de la Lune ne nous paroift pas toûjours égal; & l'on remarque que c'eft au temps des Quadratures qu'il paroift le plus petit, & que c'eft dans le temps de fon Oppofition, ou environ le temps de fa Conjonction, qu'il paroift le plus grand.

XIV.
Que fon mouvement apparent d'occident en orient eft inegal.

Le progrés d'Occident en Orient de la Lune, eft plus fenfible au temps de l'oppofition & de la conjonction, qu'au temps des quadratures.

XV.
Que la Lune ne fe meut pas toûjours fous un mefme cercle.

Le Cercle fous lequel la Lune eft veuë avancer d'Occident en Orient n'eft jamais le mefme; elle en decrit chaque mois un nouveau, & traverfe l'Eclyptique en divers points, dont la fuite eft d'orient en occident.

XVI.
De la tefte & de la queüe du Dragon.

On appelle la Tefte du Dragon, ou le Nœud Afcendant, celle des deux interfections de l'Eclyptique & du cercle de la Lune, où cette Planette paffe de la partie Meridionale du monde (au refpect de l'Eclyptique,) dans la partie Septentrionale; & l'autre interfection s'appelle la Queüe du Dragon, ou le Nœud Defcendant.

XVII.
Changement de la Tefte

La Tefte du Dragon eftant une fois dans un point de l'Eclyptique, elle ne fe rencontre dans le mefme point qu'au bout d'environ dix-neuf ans.

Ajoûtez à toutes ces Apparences , qu'on voit fouvent paſſer la Lune entre nos yeux & quelques Aſtres;
mais qu'on n'a jamais vû aucun Aſtre paſſer entre la
Lune & nous.

Ce ſont là toutes les Apparences dont les Aſtrono-
mes ſe ſont le plus mis en peine de chercher les raiſons;
Mais outre cela les Phyſiciens ont remarqué , il y a
déja long temps, qu'environ le temps de la Conjonction, la Lune n'eſt pas ſeulement viſible par ſon Croiſſant , mais meſme par tout le reſte de ſa ſurface qui
nous regarde, laquelle paroiſt d'une couleur cendrée.

du Dragon.

XVIII.
Que la Lune paſſe ſouvent entre des Aſtres & nous.

XIX.
De la foible lumiere qui paroiſt par fois ſur le corps de la Lune.

CHAPITRE X.

Conjectures pour rendre raiſon des Apparences de la Lune.

POur ſatisfaire à ces Apparences, Ptolomée a jugé
que le Ciel de la Lune eſtoit le plus proche de la
Terre.

Qu'outre que ce Ciel eſt emporté chaque jour d'o-
rient en occident par le premier mobile, il a encore
un autre mouvement qui luy eſt propre, par lequel il
avance chaque jour d'occident en orient de treize degrez & demy alentour des poles du Zodiaque.

Que la Lune n'eſt pas placée immediatement dans
ſon ciel; mais que ſon ciel contient un certain grand

I.
Premiere Conjecture de Ptolomée.

II.
2 Conjecture.

III.
Epicicle de la Lune.

corps rond, qu'on nomme Epicicle, vers la circonfe-rence duquel le corps de la Lune eſt enchaſſé à peu prés comme un diamant dans une bague.

IV.
Mouvement
de l'Epicicle

Que cet Epicicle dans lequel la Lune eſt enchaſſée, tourne par le bas d'occident en orient, & par le haut d'orient en occident; & tourne de telle ſorte, que le petit cercle qu'il fait décrire à la Lune, eſt toûjours dans le plan du grand cercle, dans lequel cette Planete eſt emportée en 27. jours & demy au tour de la Terre.

V.
Durée du
mouvement
de l'Epicicle.

La durée du mouvement de l'Epicicle alentour de ſon centre eſt telle, que la Lune ſe trouve dans la partie baſſe de cet épicicle, ou dans ſon Perigée, quand elle eſt conjointe ou oppoſée au Soleil; & qu'elle eſt dans la partie haute, ou dans ſon Apogée, au temps de cha-que Quadrature; c'eſt à dire, que le nombre des degrez dont la Lune eſt emportée dans ſon Epicicle, eſt dou-ble du nombre des degrez, dont cet Epicicle s'éloigne du Soleil.

VI.
Que la Lune
reçoit ſa lu-
miere du So-
leil.

Enfin Ptolomée ſuppoſe, aprés Thales le Mileſien, que la Lune eſt un corps Spherique qui n'a point de lumiere, & qui reçoit du Soleil toute celle par laquelle elle ſe fait voir.

VII.
Que par ces
ſuppoſitions
on rend rai-
ſon des pre-
mieres appa-
rences de la
Lune.

De ces ſuppoſitions, l'on déduit fort aiſément tous les Phénomenes de la Lune qui ont eſté rapportez les premiers, & qui reſſemblent à ceux du Soleil.

VIII.
Pourquoy la
Lune paroiſt
ſe mouvoir
d'occident en
orient.

Il eſt encore évident qu'on peut expliquer par là comment la Lune paroiſt décrire un cercle d'occident en orient ſous le Zodiaque, puis qu'on ſuppoſe qu'elle le décrit effectivement.

IX.

De plus, puis qu'au temps des conjonctions & des
oppoſitions,

oppositions, la Lune est supposée estre dans la partie basse de son Epicicle, & qu'y estant elle est emportée d'occident en orient; comme ce mouvement conspire avec celuy de son ciel, qui emporte l'Epicicle tout entier du mesme côté, il suit de là necessairement que le mouvement apparent de la Lune en ce sens-là doit alors estre fort sensible; & comme elle est aussi voisine de la Terre, cela la doit faire paroître assez grande. Pourquoy ce mouvement est plus vîte aux temps des conjonctions & des oppositions.

Au contraire, puis qu'au temps des Quadratures la Lune est supposée estre dans la partie haute de son Epicicle, où estant elle est emportée d'orient en occident, la quantité dont elle est meüe en ce sens-là par son Epicicle, doit estre rabattuë de la quantité dont son ciel la porte d'occident en orient, si-bien qu'elle ne peut alors avancer que du surplus ; & partant son progrés apparent d'occident en orient doit sembler moindre qu'en aucun autre temps de sa periode ; Et comme sa distance de la Terre est alors augmentée de la quantité du diametre de son Epicicle, il s'enfuit qu'elle doit paroître plus petite. X.
Pourquoy il est moins vîte au temps des quadratures.

Comme la Lune n'a point de lumiere d'elle-mesme, & qu'elle emprunte du Soleil celle qui la rend visible, il est évident qu'elle ne doit point paroître au temps de sa conjonction, puis qu'en ce temps-là, sa partie haute qui est éclairée n'est pas tournée vers Nous, & que la basse qui est tournée vers Nous n'est pas éclairée. XI.
Pourquoy la Lune ne paroist pas au temps de la conjonction.

Quand la Lune se trouve éloignée du Soleil vers l'orient ou vers l'occident, elle doit paroître sous la forme d'un Croissant, parce que de sa moitié qui est éclairée XII.
Raison du Croissant de la Lune.

il n'y en a qu'une partie qui soit tournée vers la Terre ; & ses cornes doivent paroître tournées vers la partie du ciel opposée au Soleil, parce que c'est de ce côté là que finit sa lumiere.

XIII.
Pourquoy elle paroist toute ronde dans l'oppo-sition.

Au temps de l'Opposition, la Lune a toute sa partie basse tournée vers le Soleil & vers Nous, c'est pourquoy elle nous doit paroître toute pleine.

XIV.
Pourquoy la Lune nous cache quel-quefois d'au-tres etoiles.

Comme le ciel de la Lune est supposé le plus proche de la Terre, il s'ensuit qu'elle peut bien passer entre Nous & quelques Astres ; Mais cela estant, aucun Astre ne sçauroit passer entre elle & Nous ; ainsi qu'il s'ob-serve.

XV.
D'où vient la foible lu-miere qui pa-roist sur le corps de la Lune.

Touchant cette foible lumiere que l'on apperçoit sur le corps de la Lune environ le temps de sa conjonc-tion, Galilée est le premier, que je sçache, qui s'est avi-sé qu'elle estoit causée par les rayons du Soleil que la Terre reflechit vers là. Ce qu'il prouve premierement, parce que la Terre estant un corps opaque, elle doit necessairement renvoyer une partie de la lumiere qu'-elle reçoit ; Secondement, parce que la Lune ne fait voir celle dont nous parlons, que quand elle corres-pond à peu prés vis-à-vis le milieu de la moitié de la Terre qui est éclairée du Soleil ; Et enfin, parce que cette lumiere de la Lune est plus sensible, lors qu'estant orientale à nostre égard, elle est éclairée par les parties Terrestres de l'Asie, qui reflechissent beaucoup de lu-miere, que lors qu'estant occidentale, elle n'est éclai-rée que par les eaux de l'Ocean, qui n'en reflechissent que tres-peu, & qui absorbent la plus grande partie de celle qu'elles reçoivent.

CHAPITRE XI.

Des Eclypses.

QUAND la Lune passe entre la Terre & le Soleil, & qu'elle nous en dérobe la veuë, cela s'appelle une Eclypse de Soleil; laquelle est d'autant plus grande, qu'elle nous en cache une plus grande partie; & qui peut mesme estre Totale, si elle nous le cache tout entier.

Ce que c'est qu'une Eclypse de Soleil.

Il n'arrive que rarement que le Soleil soit entierement eclypsé, à cause que la grandeur apparente de la Lune n'égale que rarement la grandeur apparente du Soleil, & que pour l'ordinaire elle est un peu plus petite.

II. D'où vient qu'il y en a peu de totales.

Comme la Terre est d'une grandeur assez considerable eu égard au peu de distance qu'il y a d'icy à la Lune, il peut arriver que cette Planete passera entre le Soleil & certaines contrées, & qu'elle ne passera point entre cet Astre & d'autres contrées; d'où il suit, qu'à l'égard de certains peuples le Soleil peut paroître beaucoup eclypsé, tandis qu'il ne le paroîtra point du tout à l'égard de quelques autres.

III. Que divers peuples de la Terre ne voyent pas en mesme temps le Soleil egalement eclypsé.

Il est évident qu'il ne peut y avoir d'Eclypse de Soleil, que lors que la Lune est nouvelle, ou conjointe au Soleil, & qu'il y en auroit à chaque conjonction, si le mouvement d'occident en orient de la Lune se faisoit précisement sous l'Eclyptique; Mais parce que le

IV. Qu'il ne peut y avoir d'Eclypse de Soleil que lors que la Lune est nouvelle, & qu'il n'y

cercle qu'elle décrit s'en écarte quelque peu, il arrive plufieurs conjonctions fans Eclypfe ; & il n'en fçauroit jamais arriver, que la Lune ne foit alors vers la tefte ou vers la queuë du Dragon.

Le mouvement d'occident en orient de la Lune eftant fort fenfible, elle paffe fort vîte au deffous du Soleil lors qu'elle l'eclypfe, de forte qu'elle ne nous le fçauroit cacher que fort peu de temps ; Et quand l'Eclypfe feroit Totale, les tenebres ne dureroient prefque qu'un moment, à caufe que nous recevrions incontinent quelque peu de lumiere de la partie du Soleil qui commenceroit à fe découvrir.

Il peut arriver que quand la Lune eft oppofée au Soleil, elle foit dans la tefte ou dans la queuë du Dragon, ou qu'elle en foit affez proche ; & cela eftant, elle ne doit point du tout paroître, à caufe que la Terre luy fait ombre, & l'empêche de recevoir la lumiere du Soleil, qui eft ce qui la rend vifible. Ce defaut de lumiere, ou cette ombre dans laquelle la Lune fe trouve, eft ce qu'on nomme Eclypfe de Lune ; laquelle n'eft que Partiale, & non pas Totale, quand la Lune eftant éloignée de fes Nœuds, il arrive qu'elle ne s'enfonce qu'en partie dans l'ombre de la Terre.

Quand au temps de l'oppofition, la Lune eft fort éloignée de fes Nœuds, comme elle a alors beaucoup de latitude, elle n'entre point du tout dans l'ombre de la Terre ; ce qui fait que toutes les fois que la Lune eft pleine il n'y a pas d'Eclypfe.

Lors que la Lune entre dans l'ombre de la Terre, ou qu'elle en fort, fa partie qui eft eclypfée nous paroift toûjours en forme de cercle ; Et comme l'on a des *de la Terre eſt ronde.* obſervations d'un grand nombre d'Eclypſes, pendant leſquelles, la Lune eſt entrée dans l'ombre, & en eſt ſortie, par toutes ſortes d'endroits, & qu'on a toûjours experimenté la meſme choſe, il s'enſuit que l'ombre de la Terre eſt ronde.

Et comme ces differentes obſervations ont eſté *IX.* faites, quand la Lune eſtoit vis-à-vis de diverſes con- *Que la Terre* trées de la Terre, c'eſt une confirmation de ce que *eſt ronde en* nous avons déja avancé, que la Terre eſt ronde en tout *tout ſens.* ſens.

Quand la Lune paſſe par le milieu de l'ombre, elle *X.* demeure eclypſée pendant un aſſez long temps, com- *Que le Dia-* me de deux ou trois heures ; ce qui nous apprend que *metre de la* le Diametre de la Lune eſt beaucoup moindre que le *Lune eſt* Diametre de l'ombre. *moindre que le Diametre de l'ombre.*

De plus, quand il arrive une eclypſe de Lune, plus *XI.* cette Planete eſt proche de la Terre, & plus l'eclypſe *Que l'ombre* dure ; d'où l'on conclud que l'ombre de la Terre eſt *de la Terre* plus large auprés de la Terre qu'elle n'eſt plus loin ; & *va en dimi-* ainſi qu'elle va diminuant en forme de cone à meſure *nuant.* qu'elle s'en éloigne.

De ce que la Lune eſt plus petite que l'ombre de la *XII.* Terre, & que cette ombre va diminuant en forme *Que la Lune* de cone, il s'enſuit que la Lune eſt plus petite que la *eſt plus pe-* Terre. *tite que la Terre.*

Et dautant que l'ombre de la Terre ne ſçauroit ainſi *XIII.* aller en diminuant, ſi le corps lumineux qui l'éclaire *Que le Soleil* n'eſt plus grand qu'elle, nous devons conclure que le *eſt plus grâd* Soleil eſt plus grand que la Terre. *que la Terre.*

XIV.
Que tous les peuples qui peuvent voir la Lune au temps d'une Eclypse, en voyent le commencement en mesme temps.

Comme la partie de la Lune qui entre dans l'ombre de la Terre perd veritablement sa lumiere, tous les peuples à qui la Lune est visible lors qu'elle commence à s'éclypser, peuvent s'en appercevoir en mesme temps, & remarquer cette espece de breche qui se fait sur le bord du cercle sous lequel elle paroissoit un peu auparavant; & ainsi, si tous ces peuples avoient fait un complot, de vouloir tous ensemble, & en un mesme moment, faire une mesme chose, par exemple, observer exactement quelle heure il seroit, ou faire quelque autre chose, le commencement d'une eclypse de Lune leur pourroit servir de signal.

XV.
Comment on peut connoitre de combien un endroit de la Terre est plus oriental qu'un autre.

Si divers peuples, qui auroient observé separément quelle heure il estoit en leur païs en un mesme moment, venoient en suitte à s'entre-communiquer leurs observations, ou s'ils les communiquoient toutes à un seul homme, il seroit aisé de conclure que tous ceux qui auroient observé la mesme heure en ce mesme moment, seroient situez sur un mesme meridien de la Terre; Et comme il est d'autant plûtost midy en une contrée, qu'elle est plus avancée vers l'Orient, l'on sçauroit que celle-là seroit plus orientale qu'une autre, s'il y estoit plûtost midy qu'à cette autre; Et dautant que le mouvement diurne du Soleil est de quinze degrez par heure, l'on doit penser qu'une contrée est plus orientale qu'une autre, d'autant de fois quinze degrez, que cette contrée a d'heures d'avance pardessus l'autre.

XVI.
De la Longi-

Le nombre des degrez dont un endroit de la Terre est plus oriental qu'un autre, s'appelle la difference

des Longitudes; & comme cette connoiſſance eſt tres- *tude Terreſ-*
importante , il eſt bon de ſe la rendre familiere par *tre.*
quelque exemple. Poſons qu'au commencement d'une
eclypſe de Lune, l'on ait obſervé qu'il eſtoit à Paris
onze heures 34. minutes aprés midy , & qu'on ait man-
dé de l'Iſle de Fer (qui eſt l'une des Canaries) qu'il y
eſtoit au meſme temps dix heures du ſoir, la difference de ces deux obſervations ſeroit d'une heure 34. minutes ; ce qui montreroit qu'il y auroit 23. degrez 30.
minutes pour la difference des Longitudes d'un lieu
à l'autre ; Et meſme, ſi l'on prenoit pour le premier
Meridien celuy qui paſſe par l'Iſle de Fer, cette difference marqueroit la veritable longitude de Paris.

Mais dautant que les Eclypſes de Lune n'arrivent XVII.
que rarement, & meſme que l'air n'eſt pas toûjours ſe- *Qu'il eſt dif-*
rein quand il en arrive, il s'enſuit qu'on n'a que rarement *ficile de trou-*
le moyen d'obſerver les Longitudes. *ver les Lon-*
gitudes.

Les Longitudes & les Latitudes des divers endroits XVIII.
de la Terre eſtant connuës, leur ſituation eſt determi- *Fondemens*
née ſur le Globe ; Ainſi, les preceptes qui ſervent à *de la Geogra-*
établir cette connoiſſance, ſont les principaux fonde- *phie.*
mens ſur leſquels toute la Geographie eſt appuyée.

La Marine meſme, ou l'Art de Naviger, conſiſtant XIX.
auſſi principalement à bien déterminer de temps en *Fondement*
temps le lieu de la Mer où l'on ſe trouve (ce qui ne ſe *de l'Art de*
peut faire exactement que par la longitude & la lati- *Naviger.*
tude) le moyen de connoître l'une & l'autre eſt encore
le principal fondement de la Navigation.

CHAPITRE XII.

De la Grandeur de la Terre ; de la Distance qu'il y a d'icy à la Lune & au Soleil ; & de la Grandeur absoluë de ces deux Astres.

I.
Moyen de trouver la Quantité du Circuit de la Terre.

CE qui a esté dit jusqu'icy estant bien entendu, l'on a un moyen facile pour déterminer la Quantité du Circuit de la Terre, son Diametre, la Distance qu'il y a d'icy à la Lune, sa Grandeur en comparaison de la Terre, la Distance qu'il y a d'icy au Soleil, & la Quantité de son Diametre. Pour donc déterminer le Circuit de la Terre, il n'y a qu'à choisir deux Villes qui ayent une mesme longitude, c'est à dire, qui soient sous un mesme Meridien, & prendre la difference de leur latitude, c'est à dire, le nombre des degrez & minutes du Meridien Terrestre qui est compris entre l'une & l'autre de ces deux Villes, car c'en est la difference ; En suite dequoy, si l'on sçait combien il y a de lieües d'une Ville à l'autre, il sera aisé de connoître combien chaque degré en comprend ; & par consequent l'on pourra aisément sçavoir combien les trois cens soixante degrez du circuit de la Terre valent de lieües.

II.
Exemple.

Par exemple, supposons qu'on ait choisi Paris & Amyens pour ces deux Villes ; elles ne different point toutes deux en longitude, estant toutes deux sous le mesme Meridien ; D'ailleurs la latitude de Paris est de quarante-huit degrez cinquante-cinq minutes, & celle d'Amyens d'Amyens de quarante-neuf degrez cinquante-cinq minutes ; Et partant l'Arc du Meridien Terreſtre qui eſt compris entre Paris & Amyens eſt d'un degré ; Or l'on compte vingt-huit lieuës de Paris à Amyens, ou pour mieux dire vingt-cinq, en rabattant trois lieuës pour la curvité du chemin ; & ainſi, un degré du Meridien Terreſtre vaut vingt-cinq lieuës ; & par conſequent les trois cens ſoixante degrez de ſon circuit, qui eſt celuy de la Terre, valent neuf mille lieuës.

Maintenant, la circonference de quelque cercle que ce ſoit eſt à ſon Diametre, comme vingt-deux à ſept ; c'eſt pourquoy la circonference de la Terre eſtant de neuf mille lieuës, l'on conclud que ſon diametre en vaut environ deux mille huit cens ſoixante-trois ; D'où il ſuit que la diſtance qu'il y a d'icy au centre de la Terre, eſt à peu prés de quatorze cens trente & une lieuës.

III.
De la diſtance qu'il y a d'icy au centre de la Terre.

Pour déterminer maintenant la diſtance qu'il y a du centre de la Terre à la Lune, il faut préſuppoſer qu'on ait étably le mouvement de cette Planete dans l'exactitude Geometrique, en ſorte que l'on puiſſe à jour nommé marquer ſon lieu dans le Zodiaque, & l'élevation qu'elle a ſur l'Horiſon qu'on nomme Rationel, que l'on conçoit paſſer par le centre de la Terre. Aprés cela, il faut, de l'endroit où l'on eſt, obſerver ſon élevation pardeſſus l'horiſon commun, c'eſt à dire, pardeſſus un plan que l'on conçoit parallele à l'horiſon Rationel ; Maintenant la difference de ces deux élevations eſt égale à l'angle compris de deux rayons viſuels, ou de deux lignes droites, qui partiroient du centre de la Terre & du lieu où l'on eſt, pour aboutir au centre

IV.
Comment on connoiſt la diſtance de la Terre à la Lune ; & ce que c'eſt que parallaxe.

de la Lune ; & cet angle (qu'on nomme la Paralaxe de la Planete) eſtant connu, le calcul nous apprend aiſément la diſtance qu'il y a du centre de la Terre à la Lune.

V.
Exemple.

Cecy ſe comprendra mieux par la figure ſuivante, dans laquelle le petit cercle repreſente la Terre, dont le centre eſt D ; A marque le lieu où eſt l'Obſervateur ; C D E eſt l'horiſon Rationel ; & la ligne F G repreſente l'horiſon commun, ou ſenſible qui paſſe par le lieu de l'Obſervateur, & qui eſt parallele à l'horiſon Rationel ; le grand Cercle eſt le Meridien dans lequel eſt la Planete à l'endroit marqué B ; ſon élevation par deſſus l'horiſon Rationel eſt l'angle B D E ; & ſon élevation par deſſus la ſurface F G , eſt l'angle B A G ; la difference de ces deux angles eſt l'angle A B D , qui eſt ce que l'on appelle la Paralaxe , laquelle eſtant connuë l'on trouve la ligne D B , qui eſt la diſtance du centre de la Terre à la Lune, comme auſſi la ligne A B , qui eſt celle de l'Obſervateur à la Lune ; en ſuite de quoy, meſurant l'angle ſous lequel la Lune paroiſt, qui eſt ce qu'on nomme ſon Diametre Apparent , l'on trouve la quantité de ſon vray Diametre.

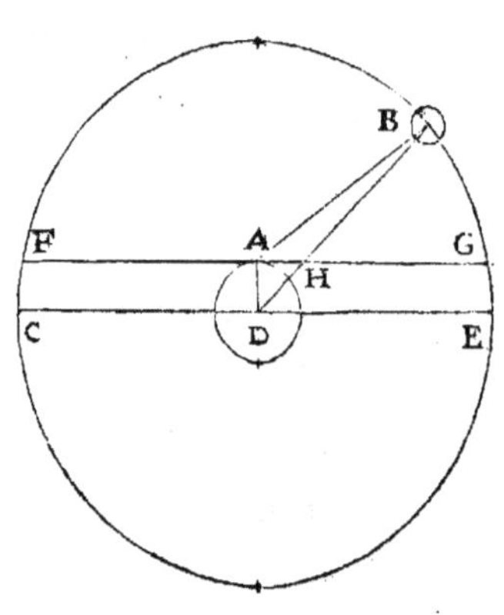

VI.
Quelle eſt la diſtance de

En faiſant le calcul ſur des obſervations exactes, l'on trouve que la plus grande diſtance du centre de la

Terre à la Lune, est un peu plus que de 66. demy-dia-metres de la Terre, que la moindre distance est d'environ 51, & que son vray Diametre est un peu plus que le quart de celuy de la Terre ; d'où l'on conclud que le corps de la Terre est environ quarante-cinq fois plus grand que le corps de la Lune.

la Terre à la Lune ; & sa grandeur en comparaison de la Terre.

La Paralaxe d'un Astre est d'autant plus petite que cet Astre est éloigné de la Terre, où qu'il est élevé par dessus l'Horison ; & celle du Soleil est insensible, à moins qu'il ne soit dans l'Horison, c'est à dire, dans un cercle qui borne nostre veuë. Il y a beaucoup de circuit à faire pour connoître la Paralaxe du Soleil quand il est dans l'Horison ; Mais aprés avoir bien tout calculé, l'on trouve que sa plus grande distance du centre de la Terre, est d'environ quinze cens cinquante demy-diametres de la Terre ; que sa moindre distance est de quatorze cens quarante six ; & que son Diametre contient environ sept fois & demy celuy de la Terre ; D'où il suit que le Soleil est environ quatre cens trente-quatre fois plus grand que la Terre.

VII. Quelle est la distance de la Terre au Soleil ; & la grandeur absoluë de cet Astre.

CHAPITRE XIII.

Des Apparences de Mercure, & de Venus.

LA Planete de Mercure est fort petite, & il n'y a gueres que ceux à qui un Astronome l'a fait con-noître, qui la puissent discerner d'avec les Etoiles ;

I. Comment on peut connoî-tre Mercure.

on la prendroit pour une étoile fixe, tant elle est brillante.

II.
Comment on peut connoître Venus.

Venus est la Planete la plus remarquable aprés le Soleil & la Lune, à cause de sa grandeur apparente ; presque tous les païsans la connoissent sous le nom de l'Etoile du Berger.

III.
Quel est le mouvement apparent de Mercure & de Venus.

Lors que suivant la methode d'Hyparque, on compare Mercure & Venus avec les étoiles fixes, pour connoître leur situation au respect de l'Eclyptique, l'on s'apperçoit que chacune de ces Planetes avance d'Occident en Orient, sous un cercle qui coupe l'Eclyptique en deux points opposez, & qui s'en écarte de part & d'autre d'une quantité déterminée, à sçavoir celuy de Mercure de six degrez seize minutes, & celuy de Venus de trois degrez trente minutes.

IV.
Quel est le temps de la Periode de Mercure & de Venus.

Mercure & Venus employent environ un an à parcourir leurs cercles ; & s'ils paroissent quelquefois aller plus lentement, ils semblent en recompense par aprés aller plus vîte, sans garder en cela aucune regle ; neantmoins leurs revolutions se font de telle sorte, qu'à les compter par années, le nombre des unes se trouve toûjours égal à celuy des autres ; & ainsi l'on peut dire qu'ils font une revolution par an.

V.
De combien Mercure & Venus s'éloignent du Soleil.

Mercure & Venus paroissent toûjours assez prés du Soleil ; Mercure ne s'en éloignant tout au plus que de vingt-huit degrez, & Venus de quarante-huit, tantost vers l'Orient, & tantost vers l'Occident.

VI.
Quel temps Mercure & Venus em-

Quand Mercure & Venus sont les plus orientaux qu'ils puissent estre au respect du Soleil, c'est à dire, quand Mercure est plus oriental que le Soleil de vingt-huit degrez, & Venus de quarante-huit, l'on obſerve qu'auſſi-toſt aprés ils deviennent peu à peu auſſi occi- *ployent à s'é-* dentaux à ſon égard, qu'ils avoient eſté orientaux; *loigner du* Aprés quoy, leur mouvement apparent vers l'orient *Soleil.* s'augmente, en ſorte qu'ils devancent encore le Soleil, & deviennent auſſi orientaux à ſon égard qu'auparavant, ſçavoir Mercure au bout d'environ ſix mois, & Venus au bout d'environ dix-neuf.

On a vû quelquefois la Lune nous cacher Mercure & Venus; & ces deux Planetes ont eſté veuës paſſer en- *VII.* tre le Soleil & nous.

VII.
Que Mercure
& Venus
paroiſſent
quelquefois
entre le Soleil
& nous.

CHAPITRE XIV.

Conjectures pour expliquer les Apparences de Mercure & de Venus.

PTolome'e a penſé que Mercure & Venus avoient *I.* chacun un ciel, qu'il plaçoit entre le ciel de la Lune *Des lieux* & celuy du Soleil; Et il eſtimoit que le ciel de Mercure *qu'occupent* eſtoit le plus proche de la Terre, & que celuy de Ve- *Mercure &* nus en eſtoit le plus éloigné. *Venus dans le Ciel.*

Il vouloit qu'outre le mouvement diurne d'orient en *II.* occident, qui eſt commun à tous les Cieux, ceux de Mer- *Des Epicicles* cure & de Venus euſſent encore un mouvement pro- *de Mercure* pre, par lequel ils emportoient d'occident en orient un *& de Venus.* Epicicle, dans la circonference duquel ces Aſtres eſ- toient placez, & qui ſe mouvoit par enhaut d'occident en orient, & par embas d'orient en occident.

G iij

Que le mouvement propre des cieux de Mercure & de Venus s'achevant en un an, ils emportoient de telle forte leurs Epicicles, que leurs centres correfpondoient toûjours à peu prés fous l'endroit du Zodiaque où eftoit le Soleil.

Il ajoûtoit que l'Epicicle de Mercure avoit environ cinquante-fix degrez de diametre apparent, & que fon mouvement autour de fon propre centre s'achevoit en fix mois; Que l'Epicicle de Venus avoit quatre-vingt feize degrez de diametre, & qu'il achevoit fon tour alentour de fon centre en dix-neuf mois.

Il eft inutile de s'étendre pour montrer en particulier que moyennant cette fuppofition on fatisfait à toutes les Apparences qui ont efté cy-deffus rapportées, la chofe eft trop évidente pour s'y arrefter; Il fuffit feulement de remarquer que les centres des Epicicles eftant toûjours à peu prés fous le Soleil, cela fait que Mercure & Venus ne s'en fçauroient écarter que d'une quantité déterminée; & que le temps que ces Epicicles employent à faire leur tour alentour de leur centre, n'eftant pas bien commenfurable avec le temps auquel le Soleil parcourt l'Eclyptique, delà vient que la durée des revolutions apparentes de Mercure & de Venus fous le Zodiaque, eft fi bizarrement differente.

Les Aftronomes des derniers fiecles ont remarqué que quand Venus commence à s'éloigner du Soleil vers l'orient, & qu'elle n'en eft encore qu'à une mediocre diftance, elle paroift fort grande; au lieu que quand elle eft à la mefme diftance en rapprochant du Soleil, elle paroift fort petite; Et au contraire que quand Venus commence à s'éloigner du Soleil vers l'occident elle paroift fort petite, & que fa grandeur apparente augmente lors qu'elle vient en fuite à s'en rapprocher.

C'eft ce Phénomene que j'ay dit cy-deffus qu'on croyoit ne pouvoir pas s'accorder avec l'opinion de Copernic touchant les mouvemens de Venus & de Mercure ; Mais le fcrupule qu'on avoit là-deffus a efté levé depuis l'invention des lunettes de longue-veuë: Car Galilée, qui eft le premier qui en a fait faire d'affez longues pour regarder les Aftres , ayant remarqué & fait remarquer à d'autres , que Venus paroift toute ronde quand on la voit fort grande, & qu'elle n'a que la figure d'un Croiffant, quand on la voit fort petite, on n'a plus douté que cette Planete ne tournaft autour du Soleil,& qu'elle n'en empruntaft fa lumiere.Ainfi,l'on a compris qu'il y a un temps auquel Venus eft plus loin de la Terre que n'eft le Soleil, & que c'eft alors que fa partie éclairée eftant tout-à-fait tournée de noftre côté, elle nous paroift toute ronde & fort grande ; & tout au contraire, qu'il y a un autre temps auquel elle eft plus prés de nous que le Soleil, & que c'eft alors que de fa moitié qui eft illuminée n'y ayant qu'une portion que nous puiffions voir , elle doit paroître fous la figure d'un Croiffant, & fort petite.

VII.
Des figures apparentes de Venus, & que cette Planete tourne autour du Soleil.

Nous avons vû, aprés Galilée, ces diverfes formes de Venus ; mais pour Mercure, nos lunettes, non plus que celles de Galilée, n'ayant pas efté affez longues, il ne nous a pû paroître que fous une forme incertaine. Mais comme des perfonnes fort exactes & dignes de

VIII.
Que Mercure tourne auffi autour du Soleil.

foy nous ont aſſuré d'avoir vû dans Mercure les meſmes changemens de forme qu'on voit en Venus, nous
ne faiſons aucune difficulté de dire qu'il ſe meut auſſi
bien qu'elle autour du Soleil.

IX.
Que l'opinion de Ptolomée touchant Venus & Mercure eſt fauſſe.

Si Venus & Mercure eſtoient dans des Cieux plus bas
que le Soleil, ainſi que diſoit Ptolomée, comme ils
ne s'en éloignent pas beaucoup, ils ne pourroient jamais paroître ronds; d'où il ſuit que ſon opinion à l'é-
gard de Mercure & de Venus eſt abſolument fauſſe.

CHAPITRE XV.

Des Apparences de Mars, de Iupiter, & de Saturne.

I.
Comment on peut connoître Mars, Jupiter, & Saturne.

MArs, Jupiter, & Saturne ſe peuvent reconnoître entre les autres Planetes, en ce qu'elles nous
paroiſſent plus grandes que Mercure, & moindres que
le Soleil, la Lune, & Venus. Jupiter paroiſt plus grand
& plus éclatant que Mars & Saturne; Mars a une lumiere rougeâtre; & Saturne nous paroiſt paſle.

II.
Du mouvement apparent de ces trois Planetes.

Lors que l'on compare ces trois Planetes avec les
Etoiles fixes, l'on remarque qu'elles avancent d'occident
en orient, ſous des Cercles qui coupent l'Eclyptique en
des points oppoſez, & qui s'en écartent diverſement;
Le cercle de Mars s'éloigne de l'Eclyptique d'un degré
cinquante minutes; celuy de Jupiter s'en éloigne d'un
degré vingt minutes; & celuy de Saturne de deux degrez trente & une minutes.

Mars

Mars paroiſt achever ſon cercle dans l'eſpace d'environ un an, & cent trente-deux jours; Jupiter dans l'eſpace d'onze ans, & environ trois cens dix-huit jours; & Saturne en vingt-neuf ans, & environ cent quatre-vingt-trois jours.

Le mouvement apparent de ces trois Planetes n'eſt pas uniforme; Car tantoſt on les voit avancer d'occident en orient, & alors on les appelle Directes; tantoſt on les voit pluſieurs jours de ſuite ſous un meſme endroit du Firmament, & alors on les nomme Stationaires; & tantoſt on voit qu'elles retournent vers l'occident, & alors on les nomme Retrogrades; Aprés quoy elles ſont derechef Stationaires, & puis Directes.

Le temps qui s'écoule du milieu d'une retrogradation de Mars juſqu'au milieu de la ſuivante, eſt d'environ deux ans & quarante-neuf jours; celuy du milieu d'une Retrogradation de Jupiter juſqu'au milieu de la ſuivante, eſt d'environ un an & trente-trois jours; Et celuy du milieu d'une Retrogradation de Saturne juſqu'au milieu de la ſuivante, eſt d'environ un an & treize jours.

Quelque bizarre inegalité qu'il y ait entre ces trois Planetes, pour le temps qui ſe rencontre d'une Retrogradation à l'autre, elles s'accordent toutes trois en ce point, que chacune d'elles eſt toûjours Retrograde quand la Terre eſt interpoſée entre le Soleil & elle.

L'Arc du Zodiaque que Mars parcourt en retrogradant, eſt plus grand que celuy ſous lequel ſe fait la retrogradation de Jupiter; & l'arc ſous lequel ſe fait la retrogradation de Jupiter, eſt plus grand que ce-

III.
De la durée de leur mouvement.

IV.
Des directions, ſtations, & retrogradations de Mars, de Jupiter, & de Saturne.

V.
Du temps de leurs retrogradations.

VI.
Qu'ils ſont toûjours retrogrades quand la Terre eſt interpoſée entre eux & le ſoleil.

VII.
Que Mars retrograde plus que Jupiter, & Jupiter plus que Saturne.

H

luy que parcourt Saturne en retrogradant.

Les grandeurs apparentes de ces trois Planetes augmentent, quand elles sont Retrogrades; Mars paroist alors environ six fois plus grand que quand il est Direct, Jupiter environ trois fois, & Saturne à peine deux fois.

On n'a jamais vû passer aucune de ces trois Planetes entre le Soleil & la Terre, & souvent on les a vû passer entre la Terre & les Etoiles fixes.

CHAPITRE XVI.

Conjectures pour expliquer les Apparences de Mars, de Iupiter, & de Saturne.

PTOLOME'E leur donne à chacun un Ciel, qu'il place un peu au delà de celuy du Soleil, & beaucoup au deçà du Firmament; Il veut que celuy de Mars soit le plus proche de Nous, puis celuy de Jupiter, & aprés celuy de Saturne.

Il dit que chacun de ces Cieux contient un Epicicle, vers la circonference duquel sa Planete est enchassée; que l'Epicicle de Mars paroist plus grand que celuy de Jupiter; & que l'Epicicle de Jupiter paroist plus grand que celuy de Saturne.

Outre le mouvement diurne d'orient en occident, ces Cieux en ont encore un autre d'occident en orient, qui leur est propre, par lequel ils emportent ces Epicicles sous tous les endroits du Zodiaque, sous lesquels nous avons dit que les corps de ces Planetes corref- *piter, & de Saturne.* pondent ; Et la durée de leur mouvement, eſt le temps que nous avons remarqué cy - deſſus (quand nous avons parlé de leurs Apparences) que ces Planetes employent pour paroître faire un cercle entier ſous les Etoiles fixes.

Pendant que ces Epicicles ſont ainſi emportez par les Cieux qui les contiennent, ils tournent eux-meſmes alentour de leurs centres, & emportent chacun leur Planete par enhaut d'occident en orient, & par embas d'orient en occident ; Et le temps d'une revolution entiere de l'Epicicle de chacune de ces Planetes, eſt le meſme que celuy que nous avons remarqué cy-devant entre le milieu d'une retrogradation & le milieu de la ſuivante.

IV.
Du mouvement de leurs Epicicles.

Il eſt évident que ces ſuppoſitions n'expliquent pas ſeulement le mouvement apparent que l'on remarque en ces Planetes, par lequel elles ſemblent tourner en vingt-quatre heures alentour de la Terre, mais encore le mouvement qu'elles ont d'occident en orient ſous les Etoiles fixes ; ſous leſquelles premierement chaque Planete doit paroître avancer aſſez ſenſiblement vers l'orient, lors qu'elle eſt dans la partie haute de ſon Epicicle ; à cauſe que ſon mouvement eſt alors compoſé de celuy qu'elle a dans la circonference de cet Epicicle, & de celuy que cet Epicicle a dans le Ciel ; Secondement, elle doit paroître Retrograde, lors qu'elle eſt au bas de ſon Epicicle ; parce que le mouvement qu'il a alentour de ſon centre, la diſpoſe à avancer beaucoup davantage vers l'occident, qu'elle ne fait vers l'orient par le mouvement du Ciel qui l'emporte avec ſon Epi-

V.
Que ces mouvemens ſatisfont aux directions, ſtations, & retrogradations de Mars, de Jupiter, & de Saturne.

cicle ; Et enfin, elle doit paroître Stationaire , quand elle est vers les deux extremitez de la partie basse de son Epicicle , parce qu'alors le tournoyement de son Epicicle ne l'a fait ny plus ny moins avancer vers l'occident, que le mouvement de son Ciel la fait avancer vers l'orient.

VI.
Pourquoy Mars paroist retrograder plus que Jupiter , & Jupiter plus que Saturne.

Mars doit retrograder sous un plus grand arc du Zodiaque, que celuy sous lequel se fait la retrogradation de Jupiter ; à cause que l'Epicicle de Mars est supposé plus grand que celuy de Jupiter ; Par une semblable raison, Jupiter doit retrograder dans une plus grande étenduë de ce cercle que ne fait Saturne.

VII.
Pourquoy ces trois Planetes paroissent plus grandes estant retrogrades.

Une Planete qui est Retrograde, doit paroître plus grande que quand elle est Directe, à cause qu'en ce temps là elle est plus prés de nous, estant au bas de son Epicicle.

VIII.
Pourquoy la grandeur apparente de Mars augmente plus que celle de Jupiter.

La grandeur apparente de Mars doit augmenter plus sensiblement que la grandeur apparente de Jupiter ou de Saturne, à cause que Mars estant plus prés de nous, la quantité dont il approche de la Terre, qui est celle de la longueur du diametre de son Epicicle, est plus considerable que celle des deux autres. Par la mesme raison, la grandeur apparente de Jupiter doit changer plus sensiblement que celle de Saturne.

IX.
Pourquoy Mars, Jupiter &Saturne ne nous peuvent cacher que quelques Etoiles fixes.

Les Cieux de ces trois Planetes estant placez au delà du Ciel du Soleil, il est impossible qu'elles passent jamais entre cet Astre & la Terre ; mais elles peuvent bien nous cacher quelques Etoiles fixes, à cause qu'elles sont supposées au deçà du Firmament.

X.

Galilée s'estant servy de lunettes de longue-veuë ,

s'eſt le premier apperceu de ces quatre petites Etoiles, *Des Gardes de Jupiter.*
dont j'ay déja parlé, qui accompagnent toûjours Ju-
piter ; de part & d'autre duquel elles ſe meuvent tantoſt
vers l'orient, & tantoſt vers l'occident, avec des éloi-
gnemens inégaux. Ce ſont ces étoiles que Galilée a nom-
mées les étoiles de Medicis, & que l'on appelle icy les
Gardes ou Satellites de Jupiter.

Galilée a auſſi remarqué que Saturne paroiſt ſous *XI. Des figures changeantes de Saturne.*
une figure changeante, qui eſt tantôt ronde & tantôt
ovale ; mais les lunettes dont nous nous ſervons eſtant
plus longues que les ſiennes, nous remarquons que
Saturne paroiſt ſucceſſivement ſous les figures qui ſont
icy repreſentées.

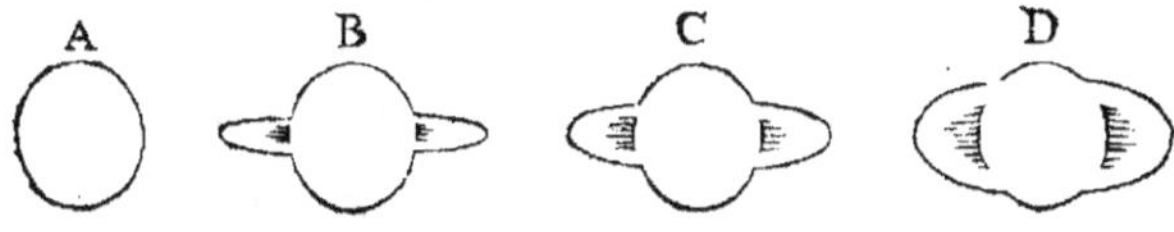

Nous appercevons auſſi une petite Etoile, qui ſemble *XII. Qu'une petite Etoile accompagne toûjours Saturne.*
décrire autour de Saturne une ovale, dont le plus grand
diametre s'étend, du ſens de la plus grande dimenſion
apparente de Saturne.

Touchant les petites Etoiles qui accompagnent Ju- *XIII. Du mouvement des Gardes de Jupiter.*
piter, Galilée a penſé qu'elles tournoient autour de cette
Planete, & décrivoient des cercles qui ſont dans un
meſme plan, & que ce plan eſtant continué paſſoit par
le centre de la Terre. M. Caſſini Profeſſeur à Boulon-
gne, a trouvé par des obſervations fort exactes, qu'il y a
une de ces quatre étoiles qui s'éloigne de part & d'autre de Jupiter de cinq demy diametres de cette Planete,

& qui fait ſa revolution en un jour, dix-huit heures, vingt-huit minutes; Que la ſeconde, qui eſt un peu plus grande, s'en écarte de part & d'autre de huit de ſes demy diametres, & qu'elle fait ſa revolution en trois jours, treize heures, dix-huit minutes; Que la troiſiéme, qui eſt plus grande que les deux autres, s'en écarte de meſme, de treize de ſes demy diametres, & fait ſon tour en ſept jours, trois heures, cinquante-ſept minutes; Et enfin que la quatriéme, qui eſt la plus petite de toutes, s'éloigne auſſi de part & d'autre de Jupiter, de vingt-trois de ſes demy diametres, & qu'elle fait ſon tour en ſeize jours, dix-huit heures, neuf minutes.

XIV.
Que Jupiter tourne alentour de ſon centre.

On ne peut concevoir que ces quatre petites Etoiles tournent ainſi alentour de Jupiter, & que leur mouvement puiſſe durer, à moins qu'elles ne ſoient emportées par un petit tourbillon de matiere qui environne Jupiter. Mais comme il ſuit delà que Jupiter meſme doit auſſi tourner alentour de ſon propre centre, nous en aurions peut-eſtre douté, nonobſtant la conviction de noſtre raiſon, ſi nous n'en avions eſté depuis peu convaincus par une belle obſervation que M. Caſſini a faite il n'y a pas long temps. Il a donc le premier remarqué, & nous a en ſuite donné occaſion de remarquer, une certaine tache ſur le corps de Jupiter, laquelle commençant à paroître vers un des bords de cette Planete, paroiſt en ſuite vers ſon centre, & delà vers l'autre bord; & qui aprés s'eſtre dérobée quelque temps à noſtre veuë, recommence à paroître vers le bord où elle avoit paru la premiere fois; Et le temps que l'on a remarqué que cette tache, & par conſequent

Jupiter, employe à faire un tour, eſt d'environ neuf
heures.

Une ſemblable tache que l'on voit ſur le corps de
Mars, prouve auſſi que cette Planete tourne autour
de ſon centre, dans le temps d'environ vingt-quatre
heures.

X V.
*Que Mars
tourne auſſi
alentour de
ſon centre.*

Galilée a admiré les changemens de Saturne ſans en
comprendre la cauſe, non plus que pluſieurs Philoſophes, qui ſe ſont tourmentez vainement ſur ce ſujet.
Mais il n'y a pas long temps que M. Hugens, Gentil-
homme Hollandois, s'eſt heureuſement aviſé d'expliquer ce Phénomene, en ſuppoſant que Saturne eſt un
corps ſpherique, autour duquel, & à certaine diſtance,
eſt un anneau fort mince, dont la largeur eſt aſſez ſenſible, & qui eſtant continuée paſſe par le centre de Saturne; Et il veut que cet anneau, auſſi-bien que Saturne,
luiſe par la lumiere du ſoleil.

XVI.
*Conjecture
pour expli-
quer les fi-
gures chan-
geantes de
Saturne.*

Cela eſtant, il montre que Saturne doit paroître rond,
comme il a eſté repreſenté cy-devant vers A, lors qu'il
eſt tellement ſitué dans le monde, que le plan de cet
anneau eſtant continué, vient à paſſer par la Terre ; par
ce qu'il n'y a alors que l'épaiſſeur de cet anneau qui ſoit
tournée vers nous, & que cette épaiſſeur eſt inſenſible.
Mais quand cet anneau eſt dans une autre ſituation, en
ſorte que ſon plan nous eſt viſible, alors il doit paroître
ſous la figure d'une ovale, telle que B, C, ou D, qui paroiſt d'autant plus large, que noſtre œil ſe trouve plus
élevé pardeſſus ſon plan.

XVII.
*Explication
de ces figures*

Touchant la petite Etoile qui accompagne Saturne,
il veut qu'elle ſe meuve ſur le plan de cet anneau, &

XVIII.
*Du mouve-
ment de l'E-*

qu'elle acheve son tour alentour de cette Planete en
seize jours ou environ.

En assemblant toutes les parties du Monde dont il a
esté cy-dessus parlé, & les disposant dans l'ordre que
nous avons dit, on compose la figure suivante, qui represente le Monde selon la pensée de Ptolomée.

SYSTHEME DE PTOLOMEE.

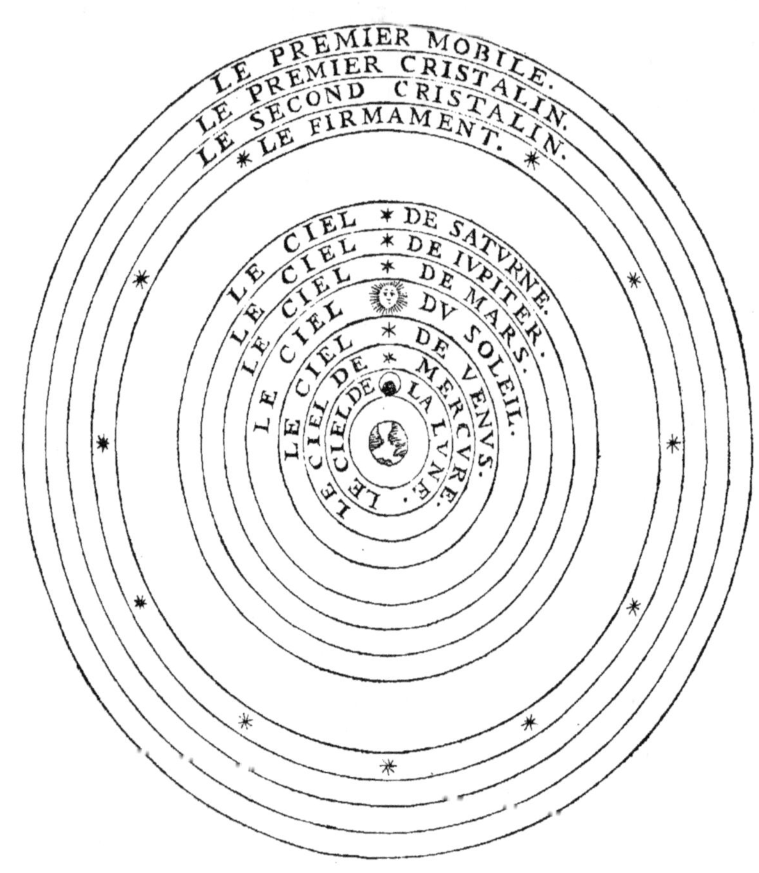

SUITE

SVITE DE LA COSMOGRAPHIE,

OU

Explication des Apparences, en suppofant que la Terre tourne en vingt-quatre heures alentour de son centre.

CHAPITRE XVII.

Avis touchant les Poles, & les Cercles.

DANS la suppofition que l'on fait que la Terre tourne en 24. heures alentour de son centre, afin d'expliquer le mouvement apparent du Ciel, les deux points de fa superficie qui ne tournent qu'en eux-mefmes, font de veritables Poles; & les Cercles que tous les autres points de cette superficie décrivent alentour, font des Cercles de Longitude Terreftre, dont le plus grand eft l'Equateur Terreftre, ou la Ligne Equinoxiale.

I.
Des Poles de la Terre.

Tout de mefme, les deux points du Firmament qui correfpondent vis-à-vis des Poles de la Terre, & qui paroiffent immobiles, tandis que le refte femble tourner, font les Poles apparens du Ciel; & le Cercle que l'on conçoit vis-à-vis de l'Equateur terreftre, eft l'Equateur apparent du Ciel.

II.
Des Poles apparens du Ciel.

Lors que l'on veut defigner dans la fuperficie de la Terre l'Horifon d'un lieu particulier, quelque hypothefe

III.
De l'Horifon.

I

que l'on ait faite auparavant, l'on conçoit cet horifon à quatre-vingt-dix degrez à la ronde de ce lieu-là, & l'horifon que l'on imagine dans le Ciel paffe neceffairement par les endroits qui correfpondent vis-à-vis de l'horifon terreftre; Et dautant qu'en fuppofant que les Cieux fe meuvent, ces endroits des Cieux font les mefmes que fi c'eftoit la Terre qui tournaft, il s'enfuit que dans l'une & dans l'autre de ces fuppofitions, l'horifon eft toûjours le mefme.

IV.
Des Meridiens terreftres.

Les Cercles de Latitude, & les Meridiens terreftres, font auffi les mefmes; Et dautant que les Meridiens du Ciel font toûjours conceus aux endroits qui font vis-à-vis des Meridiens terreftres, & que ces endroits font auffi toûjours les mefmes dans les deux fuppofitions, il s'enfuit que les Meridiens celeftes doivent eftre icy les mefmes, que ceux qui ont déja efté établis dans l'hypothefe qui admettoit le mouvement diurne dans le Ciel.

CHAPITRE XVIII.

Explication des Apparences du Soleil.

I.
Premiere Conjecture.

CONCEVEZ premierement, qu'encore que la diftance qu'il y a d'icy au Soleil foit fort grande, celle qu'il y a d'icy au Firmament eft encore incomparablement plus grande; Or il vous eft libre de vous l'imaginer fi grande qu'il vous plaira, parce que jufqu'à cette heure on n'a point encore trouvé le moyen de la pourvoir déterminer.

Secondement, penſez que la matiere celeſte qui environne le Soleil, & qui s'étend à la ronde à une diſtance beaucoup moindre que celle où ſont les Etoiles fixes,
mais beaucoup plus grande que celle où nous ſommes,
tourne d'occident en orient autour de cet Aſtre ; &
qu'elle emporte de telle ſorte la Terre avec ſoy, que
ſans interrompre le tournoyement qu'elle a en 24. heures
alentour de ſon centre, elle avance d'un mouvement
qui ne differe pas ſenſiblement d'un mouvement de
Parallelifme, & décrit en un an autour du Soleil un cercle un peu excentrique, ſur le plan duquel ſon axe incline de 23. degrez trente minutes.

Par cette ſuppoſition, il eſt premierement évident
que le Soleil, auſſi bien que tout ce qu'il y a de viſible
dans le Ciel, doit chaque jour paroître décrire d'orient
en occident un cercle parallele à l'Equateur.

En ſecond lieu, la Terre tournant d'occident en
orient autour du Soleil, nous le devons voir avancer en
ce ſens-là ſous differens endroits du Firmament ; ſous
lequel il doit paroître décrire un cercle, qui ſeroit ſans
doute le meſme que l'Equateur, ſi l'axe de la Terre eſtoit perpendiculaire au plan de ſon cercle annuel ; Mais
qui en differe neceſſairement, & qui le coupe, en s'en
éloignant de 23. degrez & demy, à cauſe que l'axe de la
Terre incline de pareille quantité ſur ce plan.

Aprés avoir fait voir comme le Soleil doit chaque
jour paroître tourner d'orient en occident alentour de
la Terre, & décrire en ce ſens-là des cercles paralleles
à l'Equateur ; & de plus, qu'il doit auſſi avoir un mouvement apparent d'occident en orient ſous une Eclyp-

tique qu'il semblera parcourir en un an, il est aisé à juger qu'on peut satisfaire à toutes les apparences particulieres, dont il a esté auparavant fait mention ; c'est pourquoy il seroit superflu de s'y arrester davantage.

VI.
Que les grãdeurs apparentes des Etoiles fixes ne doivent point changer, non plus que le Pole apparent du Ciel.

Je ne veux pas cependant omettre d'établir icy deux veritez tres-importantes pour le sujet que nous traitons; La premiere est, qu'encore que la distance qu'il y a de la Terre à certaines Etoiles fixes, augmente ou diminüe en six mois de temps, de toute la quantité du diametre de son Cercle annuel, neantmoins ces mesmes Etoiles ne nous doivent point paroître plus grandes en un temps qu'en un autre ; La seconde verité est, qu'encore que le circuit que fait la Terre en un an autour du Soleil soit fort grand à le considerer tout seul, & par rapport aux mesures dont nous nous servons sur la Terre, neantmoins le Pole apparent du Ciel ne doit pas changer visiblement, & doit toûjours se rencontrer pendant toute l'année à la mesme distance sensible de l'Etoile Polaire.

VII.
Pourquoy la grandeur apparente des Etoiles fixes ne chãge point.

Quant à la premiere de ces deux veritez, outre qu'elle se prouve, parce que la quantité du diametre du Cercle annuel de la Terre, pour grande qu'elle paroisse à nostre imagination, n'est pas sensible, & n'est presque rien en comparaison de la distance immense qu'il y a d'icy au Firmament, elle se démontre encore par une raison à laquelle je ne crois pas que personne ait jamais pris garde. Cette raison est, que nous ne connoissons la grandeur d'une Etoile fixe, que par la grandeur de la partie du fond de l'œil qui est ébranlée lors que nous nous tournons vers elle pour la regarder; Or l'impreſſion que fait une Etoile eſt ſi forte, qu'elle s'étend dans un eſpace dont le diametre eſt peut-eſtre mille fois plus grand que celuy de ſa veritable image; Ainſi, nous la voyons incomparablement plus grande que nous ne la devrions voir. Cela eſtant, quand bien meſme on ſuppoſeroit que le Diametre du Cercle annuel de la Terre, fuſt ſi grand en comparaiſon de la diſtance qu'il y a d'icy au Firmament, que nous fuſſions deux fois plus prés d'une Etoile en un temps qu'en un autre, ſa veritable image deviendroit bien deux fois plus grande, mais l'ébranlement ne s'étendant à la ronde qu'autant qu'il a accoûtumé de s'étendre, tout ce qui en pourroit arriver, ſeroit que le diametre de la fauſſe image par laquelle nous connoiſſons la grandeur d'une étoile lors que nous en ſommes les plus proches, ſeroit par ce moyen plus grand que celuy de la fauſſe image qui ſe trace quand nous en ſommes les plus éloignez, de la milliéme partie de ſon Diametre, ce qui n'eſtant pas ſenſible, il s'enſuit auſſi que la grandeur apparente de l'image ne devroit pas augmenter ſenſiblement.

Pour l'immutabilité du Pole apparent du Ciel, elle eſt uniquement fondée ſur l'exceſſive diſtance qu'il y a d'icy au Firmament, & ſur ce que l'axe de la Terre avance d'un mouvement de Parallcliſme; D'où il ſuit que le changement de lieu qui arrive au Pole du Ciel, eſtant préciſément égal au changement de lieu qui arrive au Pole de la Terre, le changement qui arrive au Pole du Ciel devient tout à fait inſenſible, eſtant regardé de ſi loin.

VIII.
Pourquoy la diſtance qu'il y a du pole apparent du ciel à l'Etoile polaire ne change point pendant toute l'année

I iij

CHAPITRE XIX.

Explication du mouvement apparent des Etoiles Fixes.

I.
Que le mouvement diurne des Etoiles fixes suit du tournoyement de la Terre.

IL ne s'agit pas icy du mouvement diurne, dont l'apparence suit évidemment du tournoyement de la Terre alentour de son centre ; La question est d'un autre mouvement, par lequel chaque Etoile Fixe semble augmenter la Longitude qu'elle avoit du temps d'Hyparque.

I I.
Conjecture pour expliquer le mouvement periodique des Etoiles fixes.

Pour satisfaire à ce Phénomene, vous n'avez qu'à concevoir que la Terre tournant chaque année autour du Soleil, ne garde pas exactement le parallelisme, & qu'elle chancelle si imperceptiblement, qu'en plusieurs milliers d'années chacun de ses Poles décrit un petit cercle d'orient en occident.

III.
Comment les Etoiles fixes paroissent se mouvoir d'occident en orient.

Comme en suite de cette supposition l'on conçoit que l'Equateur terrestre correspond à diverses parties du Ciel, il s'ensuit aussi que l'Equateur celeste change de mesme, & coupe l'Eclyptique en differens points, dont la suite est d'orient en occident ; Et dautant que c'est depuis l'intersection de ces deux Cercles que l'on compte la Longitude des Etoiles, on doit necessairement de siecle en siecle la voir augmenter d'une certaine quantité.

IV.
Comment le progrés d'oc-

Le changement qui arrive à la Longitude d'une Etoile pendant un certain nombre d'années, ne sçauroit qu'il ne foit femblable à celuy qui arrive à la Longitude d'une autre étoile ; Mais toutes les Etoiles enfemble peuvent bien changer de Longitude plus fenfiblement en un fiecle qu'en un autre, s'il arrive que le chancelement de la Terre foit plus fenfible en ce fiecle-là qu'en cet autre.

cident en orient des Etoiles fixes eft inégal.

Pour expliquer la diminution de la declinaifon de l'Eclyptique, que les Aftronomes qui font venus depuis Hyparque ont de temps en temps remarquée, il faut feulement penfer que le chancelement de la Terre ne s'eft pas fait, fans que fon axe fe foit quelque peu redreffé fur le plan de l'Eclyptique : Car delà il fuit que l'Equateur du Ciel, doit paffer pardeffus des endroits du Firmament, plus proches du cercle, fous lequel il femble que le Soleil fe meut ; Et ainfi, y ayant moins de diftance de l'Eclyptique à l'Equateur qu'il n'y avoit autrefois, l'on doit juger que le premier de ces Cercles s'eft approché de l'autre.

V. Comment la declinaifon de l'Eclyptique a de temps en temps diminué.

Le chancelement qui eft icy attribué à la Terre fait que les Poles changent de lieu ; D'où il fuit qu'ils ne doivent pas toûjours correfpondre aux mefmes endroits du Firmament. Auffi les Aftronomes modernes ont-ils obfervé, qu'ils correfpondent prefentement à des endroits du Firmament qui font beaucoup plus proches de l'Etoile Polaire qu'ils ne l'eftoient du temps d'Hyparque.

VI. Que le Pole de la Terre ne correfpond plus au mefme endroit du Ciel où il correfpondoit autresfois.

Mais quelque chancelement, ou quelque tranfport que l'on fuppofe en la Terre, il ne faut pas penfer qu'il puiffe arriver aucun changement à l'élevation du Pole apparent du Ciel par deffus l'Horifon de quelque lieu

VII. Que le chancelement de la Terre ne peut apporter aucun chan-

particulier, tandis que les mefmes points de la fuperficie de la Terre luy ferviront de Poles; dautant qu'à
mefure que chaque Pole changera de fituation, la Terre
toute entiere en changera auffi, & l'Horifon par confequent à proportion; Ainfi, fi l'on fuppofoit que le
Pole de la Terre vinft à correfpondre à un point du
Firmament different de celuy auquel il correfpondoit
auparavant, de la quantité de fix degrez, l'Horifon que
l'on conçoit fur la Terre ne manqueroit pas auffi de
correfpondre à un endroit different de celuy auquel il
correfpondoit auparavant, de pareille quantité; D'où il
fuit, que la quantité de l'élevation du Pole par deffus
l'horifon feroit toûjours la mefme.

Il eft vray que fi l'on fuppofoit que la Terre vinft à
tourner alentour d'autres Poles que ceux alentour defquels elle tournoit auparavant, alors cette élevation
paroîtroit en effet changer; Ce qui s'accorderoit avec
l'opinion de quelques modernes, qui pretendent que
la Latitude de Paris, & par confequent l'élevation du
Pole, n'eft plus la mefme qu'elle eftoit autrefois, & que
les bornes du coucher du Soleil ne font plus auffi les
mefmes.

⁂⁂⁂⁂⁂⁂⁂⁂⁂⁂⁂

CHAPITRE XX.

Explication du mouvement de Mercure, & de Venus.

NOus fçavons déja que Mercure & Venus font
beaucoup plus prés du Soleil que n'eft la Terre;

Cela

Cela estant, il est inutile de rien supposer de nouveau pour expliquer leurs apparences, qui se concluent toutes necessairement de ce qui a esté supposé pour satisfaire aux apparences du Soleil.

Et premierement, puis que la Terre tourne en 24. heures alentour de son centre d'occident en orient, il s'enfuit que Mercure & Venus doivent paroître se mouvoir d'orient en occident, & décrire chaque jour un cercle parallele à l'Equateur.

Ils doivent aussi chacun décrire un cercle autour du Soleil d'occident en orient, à cause qu'ils sont compris dans la matiere celeste qui emporte la Terre en ce fens-là.

De plus, suivant cette loy de Méchanique, fondée en raison & en experience, sçavoir est, Que tout corps qui se meut en rond tend à décrire le plus grand Cercle qu'il est possible, Mercure & Venus doivent toûjours se rencontrer sous le Zodiaque, de mesme que fait la Terre, à cause que c'est le plus grand cercle que décrive la matiere celeste dont ils sont emportez.

Les Cercles que Mercure & Venus décrivent autour du Soleil, estant plus petits que celuy dans lequel la Terre est emportée, on doit conclure que les periodes veritables de ces deux Planetes s'achevent en moins d'un an.

Toutesfois il doit sembler qu'elles employent plus de temps à faire leur tour, qu'elles n'en employent en effet; à cause qu'ayant établi le commencement d'une periode, quand ces Planetes estoient entre le Soleil & la Terre, l'on ne croit pas que cette periode soit ache-

K

vée, à moins qu'elles ne s'y trouvent une seconde fois; Mais comme la Terre a changé de place elle-mesme, pendant que ces Planetes faisoient leur tour, & qu'à la fin de leur periode, elle ne se trouve plus au mesme endroit qu'elle estoit au commencement, il s'ensuit qu'une periode apparente de chacune de ces Planetes, doit necessairement comprendre non seulement le tour qu'elle a fait, mais de plus autant de chemin que la Terre a fait durant tout ce temps-là.

VII.
Que Venus acheve son tour en moins de huit mois.

Cecy estant bien entendu, l'on ne trouvera pas étrange que Venus, qui a un moindre tour à faire que la Terre, paroisse neantmoins ne le faire qu'en dix-neuf mois : Car la Terre ayant fait un peu plus d'un tour & demy dans cet espace de temps, Venus a dû faire plus de deux tours & demy, lors que l'on croit qu'elle n'en a fait qu'un, d'où il suit qu'elle acheve son tour en moins de huit mois.

VIII.
Que Mercure acheve son tour environ en 4. mois.

Et dautant que Mercure paroist faire son tour en six mois, ou environ, pendant lesquels la Terre a fait un demy tour, il s'ensuit que Mercure acheve son tour en prés de quatre mois.

CHAPITRE XXI.

Explication du mouvement de Mars, de Jupiter, & de Saturne.

I.
Que Mars, Jupiter, &

COMME nous sçavons déja que Mars, Jupiter, & Saturne paroissent tellement tourner autour du Soleil , que les Cercles qu'ils décrivent enferment celuy de la Terre, cela nous oblige à croire que ces Planetes nagent comme elle dans la matiere celeste, & qu'elles sont plus éloignées du Soleil que n'est la Terre.

Saturne sont plus éloignez du Soleil que la Terre.

Cela estant, il s'ensuit qu'outre que Mars , Jupiter, & Saturne doivent paroître tourner d'orient en occident en 24. heures alentour de la Terre, ils doivent estre emportez par la matiere celeste qui les contient, du sens que Mercure, Venus, & la Terre sont emportez.

II. Comment ils paroissent tourner en 24. heures d'orient en occident a- lentour de la Terre.

Suivant la mesme loy de Méchanique dont nous venons de parler, les Cercles que Mars, Jupiter, & Saturne décrivent, doivent estre sous le Zodiaque ; Et comme ils sont plus grands que celuy que la Terre décrit, il est aisé à juger qu'ils ne les peuvent pas achever en aussi peu de temps que la Terre en employe pour achever le sien. Ainsi nous sçavons pourquoy Mars fait son tour en prés de deux ans, Jupiter en douze, & Saturne en trente, comme l'experience le fait voir, à sçavoir, parce qu'estant plus éloignez du Soleil que n'est la Terre, dans l'éloignement où ils sont, la matiere celeste qui les emporte doit employer ce temps-là à faire son tour.

III. Pourquoy Mars, Jupiter , & Saturne , employent plusieurs années à tournerau- tour du Soleil.

Quoy que ces Planetes se meuvent toûjours d'un mouvement direct, sans jamais s'arrester ny retrograder, neantmoins il y doit necessairement paroître des stations & retrogradations, & mesme dans le temps auquel on se persuade qu'il en arrive, sçavoir, des retrogradations, toutes les fois que la Terre passe entre le Soleil & elles: Car comme alors nous avançons plus

IV. Comment ces Planetes pa- roissent re- trograder.

vîte qu'elles vers le mefme côté, nous les devons voir de jour en jour correfpondre à divers endroits du Firmament, & aller vers le côté oppofé à celuy dont nous fommes emportez.

V.
Comment elles paroiffent ftationaires.

Et quant aux Stations, on en doit obferver devant & aprés chaque Retrogradation ; à caufe que la détermination du mouvement de la Terre, eft alors un peu de biais au refpect de la détermination du mouvement de la Planete ; Et ainfi la vîteffe avec laquelle nous fommes alors emportez, ne fert qu'à nous faire avancer autant qu'il faut, pour voir plufieurs jours de fuite la Planete fous le mefme endroit du Firmament.

VI.
Explication plus particuliere des flations & des retrogradations.

Cecy fe comprendra mieux par une figure. Pofons, par exemple, que le Cercle qui eft icy marqué A foit le Soleil ; que B C foit le Cercle annuel de la Terre ; que D M foit le Cercle d'une des Planetes, Mars, Jupiter, & Saturne ; & que F G reprefente le Firmament ; Cela eftant, fi l'on fuppofe que la Planete foit en D, & la Terre en B (afin que nous foyons prefts de paffer bien-toft entre elle & le Soleil,) nous la devons voir alors fous l'endroit du Firmament marqué F. En fuite dequoy, fi la Terre ayant paffé en H, la Planete qui avance moins fe trouve feulement en E, nous la devons voir encore en F fous le mefme endroit du Firmament ; ce qui explique celle de fes Stations qui précede fa Retrogradation ; Aprés quoy, fi nous fuppofons que la Terre ait avancé jufqu'en I, & la Planete en L, alors nous la devons voir fous l'endroit du Firmament marqué G, qui eft plus occidental que le point F, fous lequel elle paroiffoit auparavant ; ce qui explique fa Retrograda-

tion ; Enfin, fi nous fuppofons que la Terre foit parve-
nuë en c, & la Planete en m, nous la devons voir encore fous le mefme endroit g ; ce qui explique fa feconde Station qui fuit fa Retrogradation.

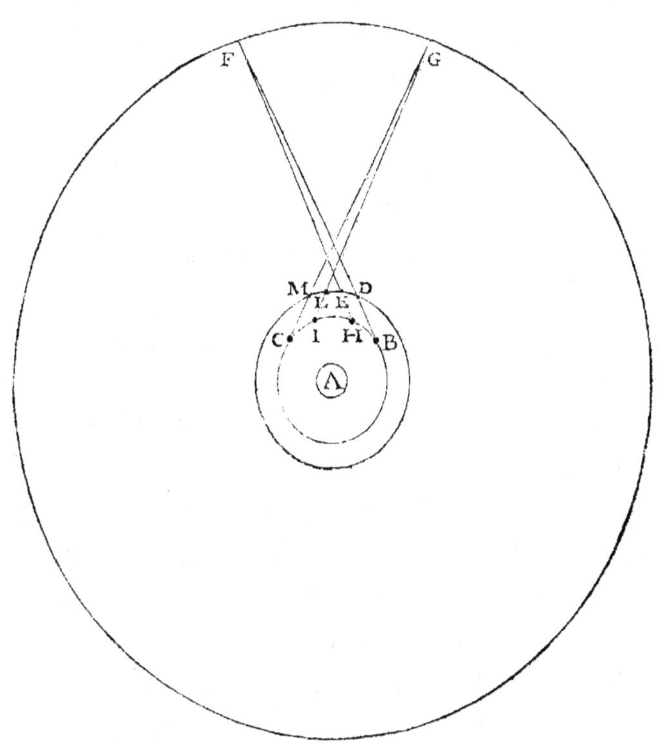

Le voifinage de Mars rend l'Arc f g, c'eft à dire, la
diverfité de fon afpect, & fa retrogradation, plus grande que la diverfité de l'afpect, & la retrogradation de
Jupiter ; Et comme Jupiter eft plus prés de nous que
Saturne, par la mefme raifon, la diverfité de fon afpect,
& fa retrogradation, eft encore plus grande que celle
de l'afpect de Saturne ; D'où il fuit, que Mars en retro-

VII.
D'où vient
que Mars,
Jupiter, &
Saturne re-
trogradent
inégalement.

K iij

gradant, doit paroître parcourir une plus grande étenduë du Ciel que ne fait Jupiter ; & que la retrogradation
de Saturne doit paroître la moindre.

VIII.
*Pourquoy ces
Planetes pa-
roiffent plus
grandes ef-
tant retro-
grades ; &
pourquoy
leurs gran-
deurs appa-
rentes aug-
mentent ine-
galement.*

Comme fuivant cette hypothefe , quand la Terre
eft entre le Soleil & l'une de ces Planetes , nous en
fommes alors plus proches, que fi le Soleil eftoit entre cette Planete & Nous, de toute la quantité du Diametre du Cercle annuel de la Terre, il s'enfuit que
cette Planete doit paroître plus grande ; Or c'eft a-
lors le temps de fa retrogradation ; Il eft donc évident que la grandeur apparente de la Planete Retrograde , doit furpaffer la grandeur fous laquelle elle
nous paroift quand elle eft Directe. Et comme la grandeur de ce Diametre, qui fait noftre approchement de
Mars, eft une plus grande partie de la diftance dont
nous eftions auparavant éloignez de luy, que ce mefme Diametre, qui fait auffi noftre approchement de
Jupiter , n'eft de la diftance dont nous eftions éloignez de Jupiter, il s'enfuit que l'augmentation de la
grandeur apparente de Mars doit eftre plus grande
que l'augmentation apparente de Jupiter ; Et comme
noftre approchement de Saturne n'eft gueres fenfible,
à caufe de fon trop grand éloignement, il s'enfuit que
fa grandeur apparente ne doit prefque point augmenter lors qu'il devient Retrograde.

CHAPITRE XXII.

Explication du mouvement de la Lune.

Les Eclypſes de Lune & du Soleil, la grandeur apparente du corps de la Lune, la force de ſa lumiere, & ſa paralaxe, nous ayant fait connoître que la Lune n'eſt pas beaucoup éloignée de Nous, il eſt aiſé de ſe perſuader qu'elle eſt compriſe dans le petit tourbillon au milieu duquel eſt la Terre.

I. Que la Lune eſt compriſe dans le tourbillon particulier de la Terre.

Et dautant que la matiere de ce tourbillon tourne alentour de ſon centre d'occident en orient, elle doit auſſi entraîner la Lune en ce ſens-là autour de la Terre; Mais comme le circuit que la Lune fait, eſt beaucoup plus grand que celuy que fait la Terre, on peut bien penſer que ſi la Terre fait ſa revolution en 24. heures, la Lune ne pourra faire la ſienne qu'en prés d'un mois.

II. Que la Lune doit eſtre emportée d'occident en orient alentour de la Terre.

Ce long temps que la Lune employe à faire ſa revolution alentour de la Terre, eſt cauſe qu'elle paroiſt chaque jour faire preſque un tour entier d'orient en occident, tandis que dans le meſme temps la Terre tourne d'occident en orient ; Mais cela n'empeſche pas, que dans le temps d'un mois, ou environ, la Lune ne paroiſſe parcourir d'occident en orient tous les degrez du Zodiaque.

III. Comment la Lune peut paroître tourner en 24. heures d'orient en occident, & en un mois d'occident en orient.

Il faut icy prendre garde que le tourbillon qui emporte la Lune, & dont la Terre occupe le centre, eſ-

IV. Pourquoy le mouvement

tant pressé entre les Cieux de Venus & de Mars, cela fait qu'il n'est pas exactement rond, mais de la figure d'une ovale, dont le moindre Diametre estant continué passe par le centre de ces Cieux, c'est à dire par le Soleil. Cela estant, il suit necessairement que la matiere fluide de ce petit tourbillon qui coule autour de la Terre, doit se mouvoir plus vîte aux endroits où son chemin est plus étroit, qu'aux endroits où il est plus large; Ainsi, la Lune qui est emportée par cette matiere, se rencontrant au temps des conjonctions & des oppositions dans ces endroits qui sont plus étroits, son mouvement vers l'orient doit alors estre plus sensible qu'en un autre temps.

La figure du chemin de la Lune, qui est celle d'une ovale, l'empesche encore de s'éloigner de la Terre aux Conjonctions & aux Oppositions autant qu'aux Quadratures; Ce qui fait que c'est environ le temps des Conjonctions & des Oppositions que la Lune doit estre veuë sous un plus grand Diametre.

Si le mouvement de la matiere du petit tourbillon qui emporte la Lune, devoit s'accorder seulement avec le tournoyement de la Terre, la Lune devroit paroître avancer d'occident en orient sous l'Equateur; Et au contraire, si le mouvement de cette matiere avoit à s'accorder seulement avec le mouvement de la matiere du grand tourbillon du Soleil, la Lune ne devroit paroître que sous l'Eclyptique; Mais ayant à s'accorder avec ces deux mouvemens, il s'ensuit que la Lune ne sera pas emportée ny sous l'Equateur, ny sous l'Eclyptique, mais sous un troisiéme Cercle, qui approchera davantage de

l'Eclyptique

l'Eclyptique que de l'Equateur, à cause que la Lune est
plus proche de la matiere du tourbillon du Soleil, qu'-
elle n'est de la Terre.

Les differentes faces sous lesquelles la Lune paroist en
divers temps, & les Eclypses de Soleil s'expliquent de
mesme dans cette hypothese que dans la précedente.

Quoy que dans cette hypothese il soit assez facile de s'i-
maginer l'assemblage de tous les Cieux, nous avons pour-
tát jugé à propos de le representer dans la figure suivante.

VII.
Que les differentes faces de la Lune s'expliquent icy comme dans l'hypothese precedente.

SYSTHEME DE COPERNIC.

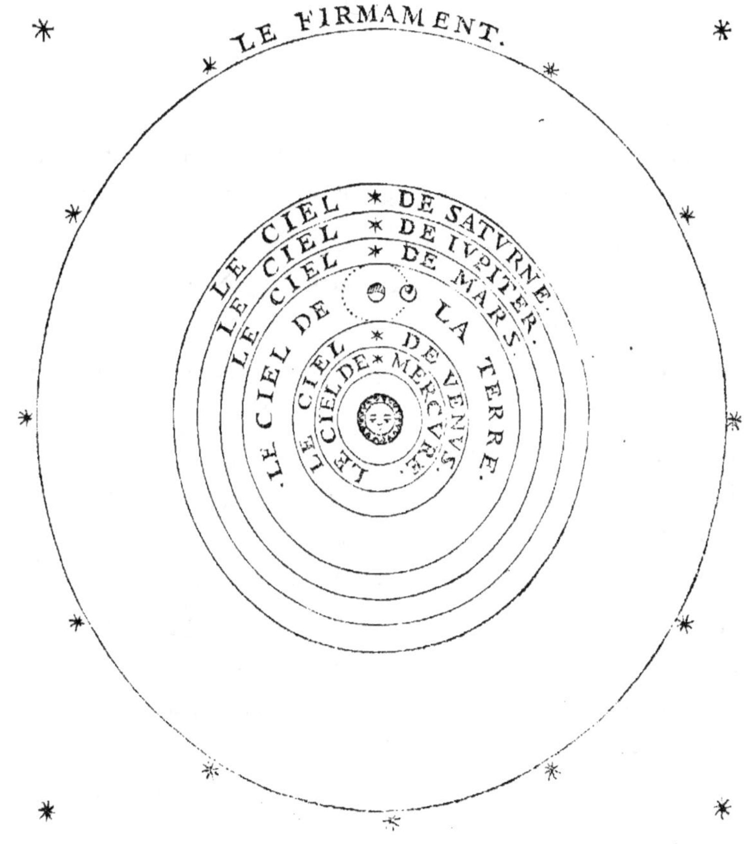

L

CHAPITRE XXIII.

Du Syftheme de Tycho-Brahé.

I.
*Premiere cô-
venance de
Tycho avec
Copernic.*

OU T R E les deux idées que Ptolomée & Copernic nous ont donné du Syftheme du Monde, Ty-
cho-Brahé nous en a donné une troifiéme, qu'on peut
dire participer des deux autres : Car quant à la fituation
des parties de l'Univers, Tycho s'accorde avec Copernic, hormis feulement qu'il veut que le Firmament ait
la Terre pour centre.

II.
*Premiere
convenance
avec Ptolo-
mée.*

Et pour expliquer le mouvement des Cieux, & premierement le mouvement apparent de tout le Ciel, qui
femble s'achever en vingt-quatre heures, Tycho eft
de l'avis de Ptolomée, & veut comme luy que la Terre
foit en repos au centre du Monde, & que toute la
machine des Cieux foit entraînée alentour d'elle d'o-
rient en occident dans l'efpace d'un jour, par l'action du
Premier Mobile.

III.
*2. Conve-
nance avec
Ptolomée.*

Il explique auffi comme Ptolomée & fes Difciples,
le mouvement que les Etoiles fixes paroiffent avoir en
particulier.

IV.
*2. Conve-
nance avec
Copernic.*

Mais pour rendre raifon des mouvemens apparens
des Planetes, on peut dire qu'il eft tout-à-fait d'accord
avec Copernic, c'eft à dire, qu'il eftime que Mercure,
Venus, Mars, Jupiter, & Saturne, tournent d'occident
en Orient autour du Soleil, & la Lune autour de la
Terre, dans les temps marquez par Copernic. Il

ajoûte ſeulement de plus, que le Soleil tournant autour
de la Terre d'occident en orient, & emportant avec
ſoy toute cette grande maſſe dont il eſt le centre, &
qui eſt compoſée de tous les Cieux de ces Planetes, il
la fait mouvoir tout d'une piece, d'un certain mouvement de Parallelifme, qui fait que la Terre gardant
toûjours la meſme diſtance à l'égard des divers points
du Firmament, ſe rencontre ſucceſſivement dans tous
les endroits compris entre les Cieux de Venus & de
Mars, où Copernic vouloit qu'elle correſpondiſt dans
l'eſpace d'un an.

Ainſi, toute la difference qu'on peut remarquer entre l'opinion de Copernic & celle de Tycho au ſujet de
la Terre, en tant qu'on la compare avec la matiere
fluide du Monde par où elle paſſe, ou qui paſſe à côté
d'elle, conſiſte, en ce que Copernic parle du tranſ-
port de la Terre, comme feroit un homme, qui voulant expliquer comment il auroit eſté de Paris à Orleans, marqueroit un certain chemin qu'il diroit avoir
parcouru par le mouvement d'un caroſſe traîné par
des chevaux; au lieu que Tycho en parle, comme feroit un autre homme, qui ayant auſſi eſté en caroſſe de
Paris à Orleans, & par le meſme chemin, ne voudroit
point cependant reconnoitre de mouvement, ny dans
le caroſſe, ny dans les chevaux; Mais diroit que le
chemin ſe feroit meu, que les roües du caroſſe auroient ſimplement tourné alentour de leurs eſſieux, &
que les chevaux n'auroient fait que lever les jambes,
pour laiſſer gliſſer le chemin par deſſous eux, & pour ne
ſe pas laiſſer emporter.

V.
Comment
l'hypotheſe
de Tycho eſt
differente de
celle de Co-
pernic.

L ij

VI.
Que l'hypo-
thefe de Ty-
cho explique
fort bien tou-
tes les appa-
rences.

Ceux à qui les hypothefes de Ptolomée & de Copernic feront un peu familieres, ne trouveront pas beaucoup de difficulté à remarquer la convenance de celle-cy avec les apparences, & reconnoîtront qu'elle explique fort bien les Directions, les Stations, & les Retrogradations des Planetes.

CHAPITRE XXIV.

Reflexions fur les hypothefes de Ptolomée, de Copernic, & de Tycho.

I.
Qu'il ne
peut y avoir
qu'une feule
de ces trois
hypothefes
qui foit
vraye.

NOus n'avons pas fujet de croire que la ftructure du Monde foit autre que celle dont nous pouvons avoir l'idée, parce qu'il eft indubitable, que dans les chofes purement naturelles, nous devons juger fuivant ce que nous penfons. Mais comme on propofe icy trois idées touchant une mefme chofe, laquelle pourtant ne peut eftre que d'une feule façon, nous fommes neceffairement obligez d'en rejetter deux comme fauffes, & de n'en retenir tout au plus qu'une comme vraye.

II.
Comment on
peut faire le
choix de
l'une de ces
hypothefes.

Le choix du party que nous avons à prendre, dépend des reflexions que nous pouvons faire fur les penfées de Ptolomée, de Copernic, & de Tycho, & de la comparaifon de leurs opinions entre elles : Car fi nous en remarquons quelqu'une qui contienne quelque chofe qui choque l'experience ou la raifon, nous ne devons faire aucune difficulté de la rejetter, pour retenir feulement celle, où nous ne trouverons rien de choquant. Et mesme, quand nous ne trouverions aucune repugnance dans toutes les trois, toûjours devrions-nous nous attacher à celle qui est la plus simple, & qui suppose le moins; à cause qu'autant qu'il y aura de Phénomenes qui pourront estre expliquez par son moyen, & sans faire de nouvelles suppositions, ce seront autant de preuves qu'elle peut estre vraye.

L'Hypothese de Ptolomée, comme il a esté déja remarqué, repugne à l'experience, en ce qui concerne les diverses faces sous lesquelles Venus & Mercure nous apparoissent.

III.
Qu'on doit rejetter l'hypothese de Ptolomée.
1. Raison.

Elle choque aussi la raison, entant qu'elle admet ces librations des Cieux crystalins: Car c'est admettre un grand changement pour en expliquer un moindre. En effet, un corps qui avance toûjours vers un mesme côté, quoy qu'inégalement vîte, ne change pas tant, que celuy qui ayant commencé à se mouvoir vers un certain côté, retourne tout à coup vers le côté opposé. Ajoûtez que ce balancement mesme qu'on introduit pour rendre raison de l'inégalité du progrés des Etoiles fixes, n'est pas suffisant pour l'expliquer; dautant que les Astronomes trouvent le plus souvent que ce qu'ils en déduisent par leurs calculs ne s'accorde pas avec les apparences.

IV.
2. Raison.

Elle doit aussi estre rejettée pour le grand nombre de suppositions particulieres qu'elle enferme, & que l'on fait à chaque occasion qui se presente d'expliquer quelque nouveau Phénomene; De sorte qu'il n'y en a pas un qui se puisse déduire de ce qui a déja esté supposé à

V.
3. Raison.

l'occasion d'un autre, & qui par consequent puisse estre pris pour confirmer cette hypothese.

VI.
4. Raison.

Ajoutez que comme elle attribuë au Premier Mobile la vertu d'emporter avec soy d'orient en occident tous les Cieux qu'il enferme, on ne sçauroit comprendre comment il n'emporte pas aussi la Terre ; d'autant plus, que les partisans de cette opinion la supposent sans action, & qu'ils se gardent bien de luy attribuer aucun mouvement particulier, par lequel elle puisse autant avancer d'occident en orient, que le PremierMobile l'emporte d'orient en occident, qui est cependant l'unique moyen dont ils se sont servis, pour faire comprendre comment le Firmament & les Cieux des Planetes n'achevent pas leurs revolutions dans le mesme temps que le Premier Mobile acheve la sienne.

VII.
Que la pesanteur ne sçauroit empêcher que la Terre ne soit emportée par le premier mobile.

Je sçay bien qu'on a coûtume de dire que la pesanteur de la Terre s'oppose à ce qu'elle soit emportée par le mouvement des Cieux qui l'environnent ; mais je sçay bien aussi que cette raison ne vaut rien : Car comme l'experience ne nous fait connoître autre chose de la pesanteur, sinon que c'est une qualité par laquelle les corps Terrestres tendant tous vers le centre de la Terre, tendent aussi par mesme moyen à s'unir les uns aux autres, il semble qu'il est aussi absurde de l'appliquer à l'effet auquel on l'employe, qu'il seroit absurde de dire que plusieurs personnes qui seroient dans un batteau qu'on tourneroit en rond, pourroient s'empêcher de tourner, en s'embrassant les uns les autres, & tâchant de s'unir le plus étroitement qu'il est possible.

VIII.

Enfin c'est une marque assez visible que l'opinion de

Ptolomée n'eſt pas vraye, de ce que les Philoſophes qui l'ont ſuivie depuis tant de ſiecles, n'ont encore pû trouver la raiſon de deux ſortes de mouvemens qui ſont tres-conſiderables , & qu'ils reconnoiſſent eux-meſmes eſtre de tres-grande importance ; Le premier eſt celuy que les choſes peſantes ont vers le bas , & les choſes legeres vers le haut, c'eſt a dire, qu'ils n'ont pû juſqu'à preſent comprendre enquoy conſiſtent la peſanteur & la legereté ; L'autre eſt celuy par lequel les eaux de la Mer hauſſent & baiſſent tous les jours deux fois, à certaines heures reglées ; qui eſt ce qu'on nomme le Flux & le Reflux de la Mer.

Qu'en demeurant dãs l'hypotheſe de Ptolomée, on n'a pû expliquer la peſanteur & la legereté, ny le Flux & le Reflux de la Mer.

L'on n'a gueres moins de ſujet de ne ſe pas arreſter à l'opinion de Tycho, qu'on en a de rejetter celle de Ptolomée, puis qu'elle a preſque tous les meſmes defauts; Et ſi l'on peut dire qu'elle fait moins de ſuppoſitions pour expliquer le mouvement des Planetes, & qu'elle rend fort bien raiſon des faces apparentes de Venus, il faut auſſi avoüer qu'elle admet une choſe fort choquante, & à laquelle noſtre raiſon ne ſe ſçauroit apprivoiſer, quand elle ſuppoſe ce mouvement par lequel la naſſe compoſée des Cieux des Planetes avance en un ſn vers touſ les endroits du Firmament : Car quand on ſuppoſeroit que l'Auteur de la Nature luy auroit d'aſbord imprimé ce mouvement, l'on ſeroit obligé de reconnoître, que ſuivant les loix de la Nature , qu'il a luy meſme établies, & par leſquelles nous voyons que toutes les choſes ſe gouvernent, il devroit ſe ralentir, & ceſſer à la fin; puis que ſuivant ces meſmes loix, il doit ſe communiquer à la matiere celeſte, que la maſſe à qui

IX.
Que l'opinion de Tycho n'eſt pas moins defectueuſe que celle de Ptolomée.

Tycho l'attribuë chasse des endroits où elle tend.

X.
*Que l'hypo-
theje de Co-
pernic est la
plus vray-
semblable.*

L'opinion de Copernic est sans doute la plus simple des trois : Car aprés le peu de suppositions qu'il fait pour expliquer les mouvemens apparens du Soleil & des Etoiles fixes, il n'en fait plus aucune ; & tous les Phénomenes des Planetes qu'il explique ensuite, & sur tout les Directions, les Stations, & les Retrograda- tions de Mars, de Jupiter & de Saturne, sont autant de preuves qui confirment son opinion, & qui nous indui- sent à croire qu'il pourroit bien avoir rencontré la verité.

XI.
*Confirma-
tion de l'hy-
pothese de
Copernic.*

On peut encore en estre persuadé, en considerant que comme il n'y a qu'un Soleil pour éclairer la Terre & les Planetes, & que les Planetes ne luisent que par une lumiere étrangere qu'elles empruntent de luy, il est vray-semblable que la Terre reçoit aussi sa lumiere de la mesme façon que les Planetes ; Or on ne peut pas douter qu'elles ne la reçoivent en tournant autour du Soleil ; Et il y a mesme grande apparence que c'est aussi en tournant alentour de leurs propres centres, puisque les observations nous apprennent que cela est certain de Mars, de Jupiter, & de Saturne ; Et cela estant, l'on peut bien penser que la Terre est sujette à ces mesmes revolutions, que Copernic luy attri- buë.

XII.
*Que cette
hypothese
bien enten-
düe n'attri-
büe aucun
mouvement
à la Terre.*

Et ce qu'il y a de commode ou d'avantageux dans cette opinion, c'est qu'on peut contenter par là les personnes raisonnables, & celles qui sont scrupuleuses ; celles-là en leur donnant la liberté de penser comme il leur plaira, & de donner tel nom qu'ils voudront au transport qui se fait de la Terre ; & celles-cy, qui

apprehenderoient

apprehenderoient de faillir si elles attribuoient du mouvement à la Terre, en leur faisant prendre garde qu'il
n'y a pas lieu de s'allarmer pour cela contre cette hypothese; puis qu'en effet ce ne peut estre que fort im-
proprement qu'on luy peut attribuer du mouvement.
Car si l'on comprend bien que le mouvement n'est
autre chose que l'application successive d'un corps, par
tout ce qu'il a d'exterieur, aux diverses parties des corps
qui l'environnent & qui l'avoisinent immediatement,
l'on connoîtra que ce qu'on nomme le mouvement
diurne de la Terre, appartient plûtost à la masse composée de la Terre, des Mers, & de l'Air, qu'à la Terre
en particulier, laquelle doit estre reputée dans un
parfait repos, tandis qu'elle se laisse emporter par le
torrent de la matiere où elle nage; de mesme qu'-
on dit qu'un homme est en repos qui dort dans un
Navire, pendant que le Navire se meut veritablement.
Et de mesme l'on connoîtra, que ce mouvement qu'on
a coûtume d'appeller le mouvement annuel de la Terre,
ne luy appartient aucunement, non pas mesme à la
masse composée de la Terre, des Eaux, & de l'Air,
mais bien à la matiere celeste qui emporte cette masse
autour du Soleil.

Pour les objections qu'on a coûtume de faire con- XIII.
tre cette hypothese, comme par exemple, qu'il s'ensui- *Que les ob-*
jections qu'-
vroit qu'une pierre qu'on lâche dans l'air d'un lieu fort *on fait con-*
tre l'hypo-
élevé, ne devroit pas tomber sur l'endroit de la Terre *these de Co-*
pernic n'ont
sur lequel elle correspondoit perpendiculairement *aucune force.*
quand on l'a laschée, mais plûtost sur un autre endroit
plus reculé vers l'occident, à cause que pendant qu'elle

M

defcend, la Terre eft emportée vers l'orient, & autres femblables, elles ne peuvent eftre propofées que par ceux qui ne fe font pas donné la peine de mediter ferieufement fur les diverfes circonftances du mouvement : Car quiconque y aura tant foit peu pris garde, reconnoîtra facilement, que fuivant cette grande loy de la Nature, qui eft, Que chaque chofe perfifte d'elle-mefme autant qu'elle peut dans fa façon d'Eftre, tous les corps Terreftres, qui tournent depuis long temps avec la Terre d'occident en orient, ont autant de difpofition qu'elle, à avancer en ce fens-là ; Par confequent, une pierre qu'on a lâchée d'un lieu fort élevé, ne fçauroit defcendre qu'en avançant juftement autant que la Terre ; ce qui fait qu'elle doit neceffairement tomber fur l'endroit fur lequel elle correfpondoit perpendiculairement quand on l'a lâchée, & où l'experience fait voir qu'elle tombe en effet. Et à moins que l'air n'ait quelque agitation étrangere, telle que pourroit eftre celle de quelque vent, il ne faut pas penfer qu'il puiffe en aucune façon changer la ligne dans laquelle la pierre eft difpofée à defcendre ; puis qu'il avance luy mefme vers l'orient autant que la Terre, & qu'il faudroit qu'il allaft moins vîte qu'elle, pour retarder le mouvement de la pierre, ou qu'il allaft plus vîte, pour le hâter.

IX.
Que nous preferons l'hypothefe de Copernic aux deux autres.

Aprés ces éclairciffemens nous n'avons aucune difficulté à prendre party, & à nous declarer pour l'hypothefe qu'on a coûtume d'attribuer à Copernic ; Deforte que, quand cy-aprés nous parlerons de noftre hypothefe, ce fera de celle-là dont nous entendrons parler, & que nous fuppoferons en continuant de philofopher.

CHAPITRE XXV.

De la Nature des Astres.

PERSONNE ne doute que le Soleil ne luise par sa propre lumiere : Car nous n'appercevons dans le Monde aucun corps plus lumineux que luy, dont il puisse emprunter celle qu'il a.

I.
Que le Soleil luit par sa propre lumiere.

Ce que nous avons déja remarqué touchant la Lune & Venus, nous fait connoître que ces Planetes luisent par la lumiere qu'elles reçoivét du Soleil; Et dautant que les autres Planetes ne nous paroissent pas avoir plus de lumiere que Venus, & qu'elles tournent comme elle & comme la Terre autour du Soleil (ce qui marque quelque sorte de dépendance) nous nous persuadons aisément qu'elles luisent comme elles par la seule lumiere qu'elles reçoivent de cet Astre.

II.
Que les autres Planetes luisent par la lumiere qu'elles reçoivent du Soleil.

Pour les Etoiles fixes, elles brillent beaucoup plus que ne font les Planetes, ce qui doit nous faire conclure qu'elles sont lumineuses d'elles-mesmes comme le Soleil : Car mesme elles en sont si éloignées, qu'il n'y a aucune apparence qu'elles pûssent estre veuës, si c'estoit de luy qu'elles empruntassent leur lumiere ; De mesme qu'on ne sçauroit voir sans de bonnes lunettes les Gardes de Jupiter, & la petite Etoile qui accompagne Saturne.

III.
Que les Etoiles fixes luisent par leur propre lumiere.

Cela estant, nous devons penser que les Etoiles fixes font comme autant de soleils placez en divers endroits

IV.
Qu: les Etoiles fixes ne

different en
rien du Soleil.

du Monde ; Auſſi pour en faire connoître la nature &
les proprietez, nous nous contenterons d'expliquer icy
la nature & les proprietez du Soleil ; l'explication de
l'un pouvant ſervir à faire connoître les autres.

V.
Ce que c'eſt
que le corps
du Soleil.

Nous ſçavons déja que la partie du Monde dont
noſtre Soleil occupe le centre, & qui s'étend à la ronde
beaucoup au delà de Saturne, eſt comme un tourbillon, dont toute la matiere, hormis la Terre & les Planetes, eſt fort liquide & tranſparente. Ajoûtons à cela,
que toute cette vaſte étenduë de matiere n'eſt compoſée que de celle du premier & du ſecond Element, &
qu'il y en a meſme une plus grande quantité du premier, qu'il n'en faut pour remplir tous les intervalles
que les parties du ſecond laiſſent neceſſairement entre
elles. En ſuite dequoy, comme il eſt certain que les
corps qui ſe meuvent en rond, tendent à s'éloigner du
centre de leur mouvement, & que les plus gros & plus
maſſifs, tels que ſont les parties du ſecond Element,
ont plus de force pour cet effet que n'en ont les autres,
il s'enſuit neceſſairement que les parties du ſecond Element doivent s'éloigner du centre commun, & s'approcher les unes des autres, autant que leur figure & leur
mouvement particulier le peuvent permettre ; Et ainſi,
qu'elles doivent chaſſer vers le lieu qu'elles quittent,
toute la matiere du premier Element qui ſe trouve pardeſſus la quantité qui eſt neceſſaire pour remplir leurs
intervalles. Et partant, il eſt certain que vers le milieu
du tourbillon que nous habitons, il doit y avoir une
certaine quantité de matiere qui n'eſt compoſée que
de celle du premier Element ; Et c'eſt cet amas de ma-

tiere subtile, qui occupe le centre du tourbillon où nous sommes, que nous prenons pour le corps du Soleil.

Au moins y trouvons-nous toutes les proprietez que l'experience nous fait certainement connoître se rencontrer dans le Soleil. Car premierement cet amas de matiere subtile, ou ce corps tres-liquide, que nous pouvons comparer à une flamme tres-pure, ne sçauroit n'estre pas rond du sens qu'il tourne ; c'est à dire, que si on le coupoit par un plan parallele à l'Eclyptique, en quelque endroit que se fist la section, elle devroit toûjours estre un cercle ; autrement il s'ensuivroit qu'il y auroit des parties du second Element, qui ne seroient pas éloignées autant qu'elles peuvent, du centre du cercle qu'elles décrivent ; ce qui est impossible, les Cieux estant liquides.

VI.
Pourquoy le soleil est rond au sens de l'Eclyptique.

De plus, comme il y a toûjours une grande quantité de la matiere du premier Element qui fait effort pour s'éloigner du centre du tourbillon, & qui s'en éloigne en effet, par les intervalles que les parties du second Element laissent entre elles ; avec cette circonstance, que cet effort se continuë dans des plans paralleles à l'Eclyptique, & point du tout vers les Poles ; Il arrive delà que le Monde estant plein, cette matiere qui échape ainsi de la masse du Soleil, en détermine d'autre à y rentrer par ses Poles.

VII.
Que pendant qu'il échape de la matiere par l'Eclyptique, il en revient d'autre par les Poles.

Et dautant que nous considerons toutes les Etoiles fixes comme autant de soleils, qui doivent par consequent avoir leurs Poles & leurs Eclyptiques particulieres, & d'où il se doit faire un écoulement semblable à

VIII.
Que les poles du Soleil, ou de quelque Etoile fixe que ce soit, cor-

M iij

celuy que je viens de décrire, il faut penfer que ce qui fort par les endroits qui font vers l'Eclyptique d'un Aftre, entre dans un autre par fes Poles. Ce qui fe confirme auffi, de ce que nous ne fçaurions concevoir que plufieurs tourbillons puiffent fubfifter long-temps, fans fe détruire les uns les autres, & fans fe confondre plufieurs en un, fi les Poles des uns ne correfpondent vis-à-vis les Eclyptiques des autres.

Or la matiere du premier Element qui entre dans un Aftre par l'un de fes Poles, continüe fon chemin en ligne droite, jufqu'à ce qu'elle rencontre les parties du fecond Element qui font vers le Pole oppofé; contre lefquelles elle heurte, & qu'elle pouffe de toute fa force & avec toute l'impetuofité de fon mouvement; Aprés quoy elle fe reflechit, & tourne en rond, dans des plans perpendiculaires à l'Eclyptique, & mefme de tous côtez & en tous fens; repouffant ainfi les parties du fecond Element, qui avancent plus prés que les autres du centre de l'Aftre qu'elles environnent; lequel par confequent doit eftre rond, non feulement d'un Pole à l'autre, & au fens de l'Eclyptique, mais auffi felon toutes les autres dimenfions de fa maffe; D'où il fuit que le Soleil doit eftre exaĉtement rond.

Nous trouvons encore que le Soleil doit eftre lumineux; Dautant que la matiere dont il eft compofé, pouffant à la ronde les parties du fecond Element, ajoûte aux divers mouvemens qu'elles ont déja pour compofer comme elles font un corps liquide, l'impreffion qui eft requife pour faire qu'en rencontrant le fond de nos yeux, elles ébranlent les extremitez des petits filets qui y font, & ainſi nous faſſent avoir le ſentiment de la lumiere.

En ſuite dequoy, il eſt aiſé à juger que le Soleil eſt virtuellement chaud, c'eſt à dire, qu'il a le pouvoir d'exciter en nous le ſentiment de la chaleur: Car il a déja eſté montré cy-deſſus, que ce pouvoir accompagne neceſſairement celuy de luire, & qu'il luy eſt propor-tionné; ſi-bien que le Soleil eſtant fort lumineux, il ne ſe peut qu'il ne ſoit auſſi fort chaud.

Ce qu'il y a icy à conſiderer, eſt, que quelques-unes des parties dont le Soleil eſt compoſé, ſe peuvent quel-quefois rencontrer & diſpoſer de telle maniere, qu'en-core qu'elles continüent de ſe mouvoir à l'égard des parties du ſecond Element dont elles ſont environnées, elles demeurent cependant en repos les unes à l'égard des autres, & compoſent ainſi un corps opaque, ſem-blable à de l'écume qui ſe forme ſur la ſurface des li-queurs qui commencent à boüillir; Ce qui doit ſer-vir à rendre raiſon des taches que les lunettes d'appro-che nous font fort ſouvent remarquer ſur le corps du Soleil.

Et il eſt à remarquer touchant ces taches, qu'on n'en ſçauroit gueres appercevoir que vers l'Eclyptique; à cauſe que quand il s'en ſeroit formé quelques-unes vers les Poles, à peine auroient-elles commencé à devenir un peu grandes, qu'elles auroient eſté contraintes de quitter ces lieux-là, & de ſe retirer vers l'Eclyptique; tant parce que la matiere qui deſcend du Ciel, & qui entre par les Poles de l'Aſtre, les y chaſſe & les y pouſſe, que parce que ſuivant les regles du mouvement, l'effort qu'elles font pour s'éloigner du centre du cercle qu'ï elles décrivent, les auroit fait approcher de l'Eclypti-que, comme le lieu qui en eſt le plus éloigné.

XIV.
Comment la lumiere du Soleil a eſté affoiblie pen-dant plu-ſieurs mois.

Toutesfois l'on peut penſer qu'il pourroit s'en eſ-tre formé une ſi grande quantité, que s'eſtant arreſ-tées les unes contre les autres, elles auroient ainſi cou-vert preſque entierement le corps du Soleil, lequel par conſequent n'auroit pû luire alors avec tant de force qu'auparavant; Ce qui s'accorde avec ce que nous li-ſons dans quelques Hiſtoriens, qu'il y a eu des années entieres, pendant leſquelles le Soleil n'a paru qu'avec une lumiere fort debile, & qui permettoit qu'on le regardaſt fixement, ſans en eſtre à peine éblouïy.

XV.
Que cet af-foibliſſement n'a pû eſtre imputé aux nüages ; & que les E-toiles fixes ne reçoivent pas leur lu-miere du So-leil.

Or comme pendant ce temps-là on n'a point remar-qué que les Etoiles fixes fuſſent moins lumineuſes qu'à l'ordinaire, cela nous montre que cet affoibliſſement de la lumiere du Soleil, ne pouvoit pas alors eſtre impu-té à des vapeurs & à des exhalaiſons qui ſe ſeroient ren-contrées dans l'air : car ſi cela euſt eſté, elles nous en auroient dérobé la veuë; Et en meſme-temps cela nous fait voir que les Eſtoiles fixes n'empruntent pas leur lumiere du Soleil : car ſi cela eſtoit, elles auroient dû alors paroître moins vives, ou meſme ſans lu-miere.

XVI.
Comment les taches du Soleil peu-vent diſpa-roître.

La comparaiſon que nous venons de faire des ta-ches du Soleil avec de l'écume qui s'aſſemble au deſſus de quelque liqueur qui commence à boüillir, nous don-ne occaſion de penſer qu'elles ſe peuvent diſſiper à la longue, cóme fait l'écume; ſoit que la matiere liquide du Soleil, qui eſt tres-mobile & tres-agitée, cómence par le

deſſous

deſſous de la tache à deſunir les parties qui s'eſtoient arrêtées les unes contre les autres, ſoit que cette meſme matiere paſſant par deſſus, faſſe enfoncer la tache qui na-
geoit ſur ſa ſurface; de meſme que quand une liqueur
boult à gros boüillons, elle s'éleve & gliſſe ſur l'écume,
& la précipite enfin au fond du vaiſſeau.

Et remarquez, que ſi quelques-unes de ces taches
diſparoiſſent de cette façon, la matiere liquide qui paſſe
& gliſſe par deſſus, & qui à cauſe du retreciſſement de
ſon chemin va beaucoup plus vîte, pouſſe extraordinairement les parties du ſecond Element qui correſpondent à cet endroit, & ainſi elle nous y doit faire appercevoir une lumiere plus vive que dans le reſte de la
ſurface du Soleil; & c'eſt ce qui s'obſerve en effet: Car
il arrive quelquesfois qu'une tache qu'on voyoit ſur le
corps du Soleil, ayant diſparu du jour au lendemain, il
ſemble qu'une flamme extraordinairement claire ait
ſuccedé à ſa place.

XVII.
Pourquoy le Soleil paroiſt plus lumineux aux endroits où il y avoit un peu auparavant une tache.

On peut meſme penſer que des taches peuvent eſtre
ſi épaiſſes, qu'eſtant beſoin d'un fort long-temps pour
les diſſoudre tout-à-fait, elles ont le loiſir de remonter
vers la ſurface de la liqueur dans laquelle elles avoient
eſté enfoncées, & de s'y enfoncer derechef, avant que
de pouvoir eſtre totalement diſſipées. Et cela peut empêcher que nous ne nous étonnions de voir que certaines taches, qu'on avoit remarquées ſur le corps du Soleil, diſparoiſſent, & paroiſſent en des temps auſquels
on auroit peine à croire qu'elles euſſent pû eſtre entierement diſſipées, & que d'autres ſe fuſſent formées de
nouveau.

XVIII.
Comment des taches peuvent paroitre tout à coup.

XIX.
Comment des Etoiles fixes difparoiffent , & d'autres paroiffent de nouveau.

Si de pareils changemens arrivoient à quelques étoiles fixes , comme elles font incomparablement plus éloignées de nous que le Soleil, il eft aifé à juger qu'elles pourroient bien ceffer tout-à-fait de paroître, en de certaines rencontres, où le Soleil paroîtroit feulement un peu moins lumineux. Ainfi, l'on n'a pas fujet d'admirer qu'on voye prefentement au Ciel certaines étoiles fixes que les Anciens n'y ont point apperceuës, & qu'ils en ayent auffi remarqué en leur temps quelques-unes que nous ne voyons plus. Et mefme, l'on ne doit plus rien trouver d'étrange en cette fameufe étoile qu'on obferva la premiere fois , environ le 10. Novembre 1572. entre les étoiles qui compofent la Conftellation qu'on nomme la Caffiopée , laquelle parut tout d'un coup plus grande & plus luifante que pas une des étoiles fixes, & qui fembla en fuite s'affoiblir & diminuer peu à peu, jufqu'à ce qu'enfin elle difparut tout-à-fait en Mars 1574. fans avoir jamais changé la fituation qu'elle avoit paru avoir d'abord, entre les étoiles fixes d'alentour.

XX.
Que le Soleil n'eft pas juftement au centre de fon tourbillon.

Par ce qui a efté dit jufqu'à cette heure, il s'enfuit que le lieu du Soleil doit eftre au centre de l'efpace irregulier que fon Tourbillon occupe entre plufieurs autres Tourbillons qui ont des Etoiles fixes à leurs centres ; Mais fi nous confiderons que la matiere du premier Element, qui s'écoule & paffe d'un Tourbillon dans un autre, peut bien n'eftre pas déterminée à aller juftement au centre de cet autre Tourbillon, l'on conclura que l'Aftre d'un Tourbillon, doit eftre dans un lieu moyen entre le centre du Tourbillon, & l'endroit

où tend la matiere du premier Element que les autres
Tourbillons luy envoyent.

Cela estant, toute la matiere celeste qui tourne autour d'un Astre, sera plus ou moins resserrée en quelques endoits qu'en quelques autres ; & ainsi les cercles,
que les diverses portions de cette matiere décriront,
seront excentriques à l'égard de l'Astre autour duquel
elles se meuvent ; & c'est la raison pourquoy la Terre
ne tourne pas toujours à égale distance du Soleil. Et
mesme, comme nous voyons que les pailles & les morceaux de bois qui flottent sur l'eau, se rencontrant dans
un tourbillon ne décrivent pas toujours un mesme cercle, mais que celuy qu'ils décrivent, est tantost plus
proche & tantost plus éloigné du centre du tourbillon;
De mesme, la Terre qui tourne autour du Soleil, peut
bien ne pas décrire toûjours un mesme cercle ; Et ainsi, la plus grande distance qu'il y a entre le Soleil & elle,
qui est ce que l'on nomme son Apogée, peut changer
en divers siecles, & se remarquer tantost sous un endroit du Firmament,& tantost sous un autre.

De tout ce qui regarde l'explication du mouvement
apparent du Ciel, il ne nous reste plus qu'à rechercher
la cause qui fait que la Terre estant emportée par un
mouvement annuel autour du Soleil, avance de telle
sorte, que son Axe demeure toûjours parallele à soy-
mesme, ou ce qui est la mesme chose, qui fait que ses
Poles regardent toûjours à peu prés les mesmes endroits
du Firmament ; Ce qui ne sera pas difficile à résoudre,
pourvû que l'on considere que le mouvement diurne
de la Masse composée de la Terre, des eaux, & de l'air,

N ij

XXI.
Raison des
Apogées du
Soleil.

XXII.
D'où vient
que l'axe de
la Terre ob-
serve à peu
prés un Pa-
rallelisme.

détermine la matiere ſubtile, qui eſt en continuel mouvement dans le ſein de la Terre, à en ſortir, & à s'éloigner de ſon axe dans des plans paralleles à l'Equateur; & qu'en meſme temps il doit neceſſairement y rentrer, par les endroits de ſa ſurface qui ſont autour de ſes Poles, autant d'autre ſemblable matiere, qui luy vient des parties voiſines de l'Eclyptique de quelque autre tourbillon : Car par ce moyen l'on peut bien penſer que ſi la Terre a une fois commencé à recevoir celle qui part de certains endroits du Firmament, elle continuë de la recevoir plus commodement que toute autre qui viendroit d'ailleurs ; à cauſe que ſes pores ſont plus diſpoſez à la recevoir , & en ſont penetrez ſans interruption ; Au moyen dequoy, c'eſt une neceſſité que ces meſmes pores que nous concevons paralleles à l'axe du mouvement diurne, ſoient tellement tournez, que la matiere qui y entre les rencontre directement ; Et cela eſtant, les poles de la Terre doivent toûjours regarder les meſmes endroits du Ciel des Etoiles fixes, & ſon axe par conſequent doit conſerver ſon Parallelisme.

XXIII.
Que les Planetes ne ſont pas parfaitement ſpheriques.

Pour achever de dire icy en peu de mots ce que l'on peut penſer de la nature des Planetes, outre que nous ſçavons déja que ce ſont des corps ronds, qui ne luiſent que par la lumiere du Soleil , nous pouvons icy ajoûter, que puis qu'ils ſont viſibles partout, & en toute ſorte d'aſpects, leurs ſuperficies doivent eſtre inégales, comme celle de la Terre. En quoy je m'apperçois bien que je m'éloigne de l'opinion de la plus-part des Philoſophes, qui ſe perſuadent devoir attribuer à tout ce qu'il y a dans le Ciel, toutes les perfections qu'ils font capables d'imaginer ; & qui croyant que la figure exactement fpherique, eft en foy & abfolument une perfection, ne manquent pas de dire que les Planetes font parfaitement rondes. Mais je m'écarte fort volontiers d'une opinion qui n'eft fondée en aucune raifon , & d'où il s'enfuivroit que les Planetes ne feroient vifibles que par un tres - petit endroit de leurs fuperficies : Car cela pofé, tous les autres reflechiroient neceffairement la lumiere qu'ils reçoivent vers d'autres côtez que celuy ou l'œil pourroit eftre arrefté ; Outre que cette pretenduë politeffe de la fuperficie des Planetes ne s'accorde pas avec l'experience : Car par exemple , les lunettes de longue-veuë nous font appercevoir vers les bords de la lumiere qui eft receuë fur le corps de la Lune, certaines noirceurs ou obfcuritez inégales , qui reffemblent aux ombres que nos montagnes caufent dans les vallées, lefquelles diminuent & fe diffipent à la fin tout-à-fait, quand le Soleil regarde ces lieux moins obliquement. Et ce font ces differentes noirceurs & obfcuritez, dont quelques-unes viennent de ce que la Lune a des parties qui ne reflechiffent pas tant de lumiere que les autres, qui ont donné lieu à la plus-part de ceux qui regardent la Lune, de s'y figurer des yeux, un nez, & une bouche, &c. Mais les lunettes de longue-veuë ne nous y font rien remarquer de femblable.

Cela eftant, nous pouvons penfer que les Planetes ne font pas beaucoup differentes de la Terre, laquelle en effet ne paroîtroit point autrement à un homme qui

XXIV. *Reffemblance des planetes à la Terre.*

N iij

la regarderoit estant dans la Lune, que la Lune nous
paroist en la regardant de la Terre. Non pas que nous
voulussions asseurer qu'il y eust des animaux dans la Lune , & dans les autres Planetes ; ou qu'il s'y fist des
generations toutes semblables à celles qui se font sur
la Terre : Car encore que cela puisse estre, il est aussi
certain qu'il est possible que cela ne soit pas ; Et dans
les occasions où l'on manque de raison certaine pour
se déterminer, il semble qu'il y ait particulierement de
la temerité à tenir pour une opinion qui s'éloigne de la
creance commune.

CHAPITRE XXVI.

Des Cometes.

I.
Pourquoy il
est icy traité
des Cometes.

QUAND j'ay cy-dessus rapporté les observations
des divers Corps Celestes, j'aurois pû rapporter
aussi celles que l'on a faites de temps en temps des
Cometes ; Mais parce que la croyance commune des
Philosophes ne les place pas dans le Ciel, & que je ne
voulois pas augmenter la difficulté de la matiere que je
traitois, par l'application qu'il eust falu avoir à un sujet que l'on ne connoist pas bien encore, je ne l'ay pas
alors voulu faire ; Mais maintenant considerant que
l'on a de tout temps fait paroître beaucoup de curiosité pour connoître la nature des Cometes, je n'estime pas que je doive tellement abandonner cette
matiere, que je n'en die au moins ce que l'on en sçait

maintenant de plus certain ; laiſſant à ceux qui viendront aprés nous à philoſopher d'une autre maniere,
lors que de nouvelles obſervations, ſi jamais il s'en preſente d'autres, les obligeront de changer nos hypothe-
ſes, & de reformer nos penſées.

Ce que nous appellons des Cometes, ſont certains
Corps Lumineux que l'on voit quelquesfois paroître
entre les Aſtres, ſous differente grandeur, & qui approche de celle ſous laquelle nous voyons les Planetes de
Mars, de Jupiter, ou de Saturne; Leur lumiere eſt gran-
dement foible, en ſorte que dans le temps le plus ſerein,
on ne les voit gueres autrement, que comme on voit
Mars, Jupiter, & Saturne au travers d'un peu de broüillard.

II.
Qu'eſt-ce
qu'on appelle
une Comete.

Le corps de la Comete eſt ordinairement accompagné de certains rayons de lumiere qui s'éloignent en
s'affoibliſſant, & qui dans la maniere de ſe répandre,
ne manquent jamais de ſuivre une certaine regle qu'il
eſt tres-important de remarquer : ſçavoir eſt, Que ſi le
Soleil eſt à peu prés en oppoſition avec la Comete, ces
rayons ſe répandent également à la ronde, & font comme une chevelure alentour d'elle ; Au lieu que ſi le Soleil eſt dans tout autre aſpect, ils ſe portent ſeulement
vers la partie du Ciel qui eſt oppoſée à celle où il eſt ;
Ainſi, ſi cet Aſtre eſt oriental au reſpect de la Comete,
elle paroiſt darder ſes rayons du côté de l'occident ; &
s'il eſt occidental, elle les jette vers l'orient ; Et lors
qu'ils ſe jettent ainſi vers un ſeul côté, ils ſe font voir
fort longs, juſqu'à paroître quelquesfois occuper environ la douziéme partie du circuit du Ciel.

III.
Des rayons
qui ſemblent
partir du
corps des
Cometes.

IV.
Du temps de l'apparition des Cometes.

Il n'y a point de regle certaine pour le temps auquel les Cometes se font voir; quelquesfois il se passe plusieurs années sans qu'il en paroisse aucune, & quelquesfois on en voit plus d'une en moins de deux mois.

V.
Du lieu où elles se font voir.

La partie du Ciel où elles commencent à se faire voir, n'est pas non plus déterminée, quelques-unes ayant commencé à paroître vers l'Eclyptique, & d'autres vers les Poles du Monde.

VI.
De leur durée.

Il n'y a aussi rien de certain touchant la durée de leur apparition: Car quelques-unes n'ont paru que peu de jours, au lieu que d'autres ont esté veües pendant plusieurs mois.

VII.
Comment elles cessent de paroître.

Une des principales circonstances qui est à observer, est, qu'un peu devant qu'une Comete cesse entierement de paroître, l'on voit tous les jours sa grandeur apparente diminuer, & mesme sa lumiere s'éteindre petit à petit.

VIII.
Du mouvement des Cometes.

Elles paroissent toutes tourner chaque jour d'orient en occident alentour de la Terre, & décrire en ce sens-là des cercles à peu prés paralleles à l'Equateur; Et outre ce mouvement apparent qui leur est commun avec tous les Astres, elles en ont encore un sous le Firmament, qui leur est propre & particulier, & qui n'a aucune détermination reglée, quelques-unes se portant vers l'orient, d'autres vers l'occident, & d'autres vers d'autres endroits.

IX.
De leur mouvement propre.

La vîtesse de ce mouvement propre n'est pas égale en toutes les Cometes, mais fort diverse & inégale, les unes parcourant beaucoup plus de degrez d'un grand cercle que ne font les autres; La vîtesse mesme
du

du mouvement de chaque Comete ne paroiſt pas non plus toûjours égale : Car les Arcs qu’elle parcourt chaque jour, ſont tantoſt plus grands, & tantoſt plus petits ; en telle ſorte neantmoins, que ſi l’on menoit du centre de la Terre pluſieurs lignes droites qui paſſaſſent par les endroits où la Comete ſe trouve tous les jours à la meſme heure, elles diviſeroient en parties à peu prés égales une autre ligne droite qui toucheroit le cercle que la Comete décrit, à l’endroit où ſon mouvement paroiſt le plus rapide.

Le chemin qu’elles parcourent n’eſt pas auſſi toûjours égal, les unes traverſant quelquesfois une bien plus grande partie du Ciel que non pas les autres ; Mais quelque étenduë du Ciel qu’elles parcourent, on n’en a point remarqué, ou fort peu, qui ayent décrit ſous le Firmament plus de la moitié d’un grand cercle ; c’eſt à dire, qui ayent traverſé plus de la moitié du Ciel.

X.
Du cours des Cometes.

Lors qu’une Comete eſt veüe darder ſes rayons vers l’endroit du ciel où ſon mouvement propre ſemble la porter, ces rayons s’appellent une Barbe ; au contraire, lors qu’ils s’étendent vers la partie du ciel d’où ſon mouvement propre ſemble l’éloigner, ils ſe nomment une Queuë ; & lors qu’ils ſe répandent également à la ronde, on les appelle une Chevelure. Ainſi, la Comete qui parut il n’y a pas long-temps, vers le commencement du mois de Decembre de l’année 1664. dans la partie meridionale du Monde, & au reſpect de laquelle le Soleil eſtoit oriental, dardant ſes rayons vers l’occident, où ſon mouvement propre la faiſoit tendre,

XI.
De la Barbe, de la Queuë, & de la Chevelure des Cometes.

O

puiſſe par hazard rencontrer auſſi-toſt ce qui arrivera, comme ce qui n'arrivera pas , auſſi bien que le plus grand Aſtrologue du monde.

XIII.
Effets fauſſe-ment attri-buez à la Lune.

Sans m'arreſter donc davantage à cette matiere, qui ne merite pas une plus longue diſcuſſion, & qu'il ſeroit indigne à un Philoſophe de traiter plus ſerieuſement, je diray ſeulement encore un mot ſur certaines fauſſes opinions que la credulité des hommes a receuës , & que les Aſtrologues ne manquent pas de faire valoir , & de tourner à leur avantage. On eſtime, par exemple, que la Lune a une vertu particuliere de ronger les pierres ; que les os des Animaux ſont pleins de moëlle dans le Croiſſant de la Lune , & qu'ils en ſont preſque vuides & ne contiennent preſque que du ſang dans le decours; & que les écrevices, les huiſtres, & beaucoup d'autres poiſſons ſont plus pleins vers la Nouvelle où Pleine Lune que vers les Quadratures.

XIV.
La cauſe qui fait que certaines pierres pa-roiſſent ron-gées.

Quant à ce qui regarde la diſſipation des pierres, c'eſt à tort qu'on en accuſe la Lune ; puis qu'elle ne darde ſes rayons que ſur les meſmes endroits où le Soleil fait tomber les ſiens ; Et il me ſemble qu'il eſt bien plus raiſonnable de prendre cet Aſtre pour la cauſe de ces effects, que non pas la Lune : Car il eſt tres-croyable que la chaleur du Soleil peut bien en pluſieurs années calciner certaines pierres, de meſme que la flamme en calcine en peu d'heures ; En ſuite dequoy, ce n'eſt pas merveille ſi l'humidité de l'air peut reduire ces meſmes pierres en pouſſiere, comme nous voyons qu'elle y reduit la chaux.

XV.

De meſme, c'eſt une erreur de croire que les os des ani-

maux foient pleins de moëlle en certains temps particuliers de la Lune, & vuides en d'autres : Car des obfervations de plus de 25. années, m'ont affuré qu'en quelque
temps que ce foit, on rencontre des os qui font pleins
de moëlle, & d'autres qui n'en ont que tres-peu ; fi-
bien que cette diverfité dépend de quelque autre caufe. Et ce que l'on peut croire de plus probable, eft,
que le defaut de moëlle dans quelques animaux, provient ou du defaut de nourriture, ou des fatigues que
ces animaux ont foufertes : Car j'ay remarqué qu'il ne
fe trouve guere de moëlle, dans les os des moutons
qu'on a tuez immediatement aprés qu'on les a fait venir à Paris des Provinces fort éloignées ; au lieu qu'il
s'en trouve beaucoup, dans les os de ceux qui fe font
quelque temps repofez dans les bergeries des Faux-
bourgs de cette Ville, où l'on a eu le foin de les bien
nourrir.

Que les os des animaux ne font pas pleins de moelle en certains temps de la Lune & vuides en d'autres, & d'où vient cette difference.

C'eft auffi une erreur, & une chofe qui repugne à l'experience, que de croire que les écrevices, les huiftres,
& autres poiffons foient plus pleins, ou moins maigres,
en un certain temps de la Lune qu'ils ne font en un
autre ; Et cette erreur ne s'eft gliffée, comme la plus-
part des autres, que pour avoir temerairement pris
pour la caufe d'un effet, ce qui ne l'eftoit point du tout,
& qui n'eftoit que l'effet d'un pur hazard, & d'une rencontre fortuite ; Auffi n'y a-t-il perfonne qui ait voulu
y prendre un peu garde, qui n'ait cent fois en fa vie
experimenté le contraire, & reconnu la fauffeté de femblables opinions populaires.

XVI.
Que les Ecrevices ne font pas non plus pleines ou vuides, en de certains temps.

Que fi les poiffons femblent quelquesfois plus mai-   XVII.

dont nous avons l'obligation à M. Hugens; Il prend un vaisseau de fayence, de couleur blanche, de figure ronde, qui a sept ou huit pouces de Diametre, dont le fond est plat, & dont les bords sont hauts d'environ trois pouces; Il emplit d'eau ce vaisseau, & aprés y avoir mis un peu de cire d'Espagne pilée, que sa pesanteur fait tomber au fond, & que sa couleur rouge rend fort visible sur ce fond blanc, il le couvre d'une glace de verre fort transparente, dont il scele les bords avec ceux du vaisseau, pour empêcher que rien n'en puisse échaper. Cela fait, il attache ce vaisseau sur une machine, ou sur un pivot, qu'il peut faire tourner & arrester comme bon luy semble; puis le faisant tourner, comme cette poudre qui touche le fond du vaisseau, ne glisse pas dessus si aisément que l'eau, & que pour cela mesme elle est plus facilement entraînée; delà il arrive qu'elle acquiert plus de mouvement en rond que ne fait l'eau, ce qui l'oblige à s'éloigner du centre au tour duquel elle estoit éparse, & à se ranger contre les bords; Et alors, faisant cesser tout à coup le mouvement de sa machine, & arrestant par conséquent le vaisseau qui y est attaché, la cire d'Espagne qui frote contre le fond, & dont les parties sont raboteuses, ne se meut plus si vîte que l'eau, dont le mouvement ne se ralentit pas tant, à cause de la facilité qu'elle a de glisser contre les corps qu'elle touche; Et c'est dans ce moment qu'il fait voir que l'eau ressemble à la matiere fluide qui environne la Terre, & que cette poudre de cire d'Espagne ressemble aux parties de la Terre qu'on a coûtume de voir descendre dans l'air. Car

cette poudre eſt contrainte alors de rapprocher du centre de ſon mouvement, vers lequel elle eſt chaſſée par
les parties de l'eau qui tendent à s'en éloigner avec
plus de force ; & là elle s'aſſemble en une petite maſſe
ronde, ſemblable à la Terre.

L'on voit donc aſſez clairement par-là, que la peſanteur peut bien n'eſtre à proprement parler qu'une
moindre legereté ; Et quoy qu'il ſuive delà que les
corps qui deſcendent n'ayent d'eux-meſmes aucune inclination à deſcendre, il eſt évident neantmoins que
ce mouvement doit eſtre appellé Naturel, puis qu'il reſulte de l'ordre étably dans la Nature.

IX.
Que la pe-
ſanteur n'eſt
qu'une moin-
dre legereté;
& que la
deſcente des
choſes peſan-
tes doit eſtre
nommée na-
turelle.

Or qu'il y ait dans la Maſſe compoſée de la Terre,
de l'Eau, & de l'Air, des parties qui ont beaucoup plus
de mouvement que les autres, cela ſe conclud de ce
que la Terre n'a pas de ſoy la force qui fait qu'elle
tourne en 24. heures autour de ſon centre ; mais qu'-
elle eſt emportée par le cours d'une matiere fluide qui
l'environne & qui la penetre de toutes parts : Car cette
matiere entant que fluide a beaucoup plus de mouvement qu'il ne luy en faut pour tourner en 24. heures avec
la Terre ; Si-bien que ſes parties employent le ſurplus
de cette force, tant à tourner plus vîte qu'elle en meſme
ſens, qu'à ſe mouvoir de tous côtez d'une infinité de diverſes façons; Et dautant que le Monde eſtant plein, elles
ne ſçauroient que difficilement échaper de l'eſpace
qu'elles occupent, la plus-part ſont neceſſairement déterminées à tourner en rond, dans un nombre innombrable de ſuperficies ſpheriques concentriques à la
Terre ; Et c'eſt en cela que conſiſte le plus de force qu'a

X.
Que la ma-
tiere fluide
qui enviror-
ne la Terre a
plus de force
à s'éloigner
du centre.

Q ij

cette matiere fluide pour s'éloigner du centre de la Terre, que n'en ont les autres parties Terreſtres.

Quand je parle icy de la matiere fluide qui environne la Terre, j'entens principalement la matiere du premier & du ſecond Element qui ſe rencontre dans l'air ou dans l'eau, à cauſe que c'eſt elle qui a le plus de mouvement; & qu'en comparaiſon d'elle, les parties de l'eau & de l'air doivent icy paſſer pour des parties terreſtres, comme eſtant incomparablement plus groſſes & moins agitées; Et ainſi, quoy que ces parties nagent dans cette matiere, les impreſſions toutes contraires qu'elles reçoivent à toutes rencontres, font qu'elles ne peuvent jamais acquerir une rapidité fort notable, qu'elles puiſſent long-temps conſerver.

Maintenant pour connoître plus clairemenr quelle peut eſtre l'action de la matiere fluide, jettez les yeux ſur la figure ſuivante; où ce qui eſt compris dans le cercle A B C D repreſente la Maſſe compoſée de la Terre, de l'eau, & de l'air, dont le centre eſt E, & où le petit cercle F G H I, repreſente la Terre; Diviſez en ſuite par la penſée toute cette Maſſe en pluſieurs pyramides, dont les ſommets s'aillent unir au centre de la Terre, l'une

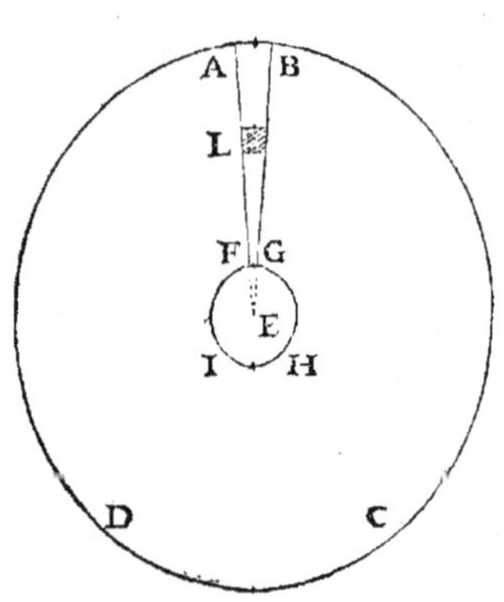

deſquelles ſoit icy repreſentée par A E B; Cela ſuppoſé, vous connoîtrez premierement, qu'encore que toutes les diverſes parties qui compoſent chaque pyramide, tendent à s'éloigner du centre E, elles ne s'en peuvent pas neantmoins éloigner toutes à la fois, à cauſe qu'il n'y a point d'eſpace vuide alentour de la Maſſe qu'elles compoſent, & que la matiere qui y eſt, reſiſte à ſon déplacement. Vous connoîtrez de plus, qu'une ſeule de ces pyramides, comme A E B, ne peut pas auſſi s'éloigner toute entiere, en ſe groſſiſſant par l'extremité A B, & en contraignant la matiere qui eſt de part & d'autre, à rapprocher du centre; puis que la matiere des pyramides qui ſont à côté, tend auſſi à s'éloigner du meſme centre, & qu'elle n'a pas moins de force pour cela que celle de la pyramide A E B, au moins ſi nous ſuppoſons que la matiere terreſtre qui ſe rencontre dans chaque pyramide, eſt déja autant proche du centre qu'elle peut eſtre.

Mais ſi nous ſuppoſons qu'il y ait un corps Terreſtre comme L, dans la pyramide A E B, & qu'il n'y en ait point de ſemblable dans les pyramides d'alentour, vous connoîtrez aiſément que celle-là aura moins de force à s'éloigner du centre, que chacune des autres qui ſont autour d'elle, de la quantité dont le corps L en a moins que la matiere fluide dont il occupe la place; D'où vous conclurez, que la matiere de quelques-unes de ces pyramides s'éloignera du centre, & forcera le corps L, à s'en rapprocher, en meſme façon que ceux qui eſtiment que tous les corps ſont peſants, diſent que l'eau force le liege à monter.

La peſanteur d'un corps eſt donc proportionnée à la quantité de la matiere fluide qui l'oblige à deſcen-

XIII.
Explication particuliere de la peſanteur d'un corps.

XIV.
Pourquoy les plus gros

Q iij

corps pesent
plus que ceux
qui font
moindres.
XV.
Pourquoy des
corps de pa-
reil volume
pesent inéga-
lement.

dre ; C'est pourquoy, plus un corps est gros, & plus il y a lieu de croire qu'il est pesant.

Toutesfois cela n'est pas toûjours vray, & ne le peut estre que lors que toutes choses sont égales : Car il faut remarquer que tous les corps Terrestres ayant des pores que la matiere du premier & du second Element penetre fort aisément, c'est une necessité qu'ils en contiennent toûjours une certaine quantité, laquelle ayant autant de force qu'une pareille quantité de celle qui est dans les pores d'un égal volume d'air, qui doit monter en leur place, fait qu'il n'y a que le surplus qui doive estre consideré. De plus, il y a toûjours aussi quelque quantité de matiere Terrestre dans chaque portion d'air, laquelle doit estre aussi rabattuë avec autant de celle qui compose le corps pesant, avec lequel on la compare ; Tellement que toute la pesanteur d'un corps consiste, en ce que le reste de la matiere subtile qui est dans la portion d'air, qui doit prendre sa place, a plus de force à s'éloigner du centre de la Terre, que n'en a le reste de la matiere Terrestre qui compose ce corps. Et comme toutes ces choses se peuvent diversifier en plusieurs diverses façons, delà vient l'inégalité de la pesanteur de certains corps qui sont d'un égal volume ; & c'est aussi la raison pourquoy il y en a qui paroissent assez gros, & qui cependant n'ont qu'une pesanteur fort mediocre.

XVI.
Pourquoy les
corps pesants
augmentent
leur vîtesse
en tombant.

Pour ce qui regarde la vîtesse avec laquelle les corps pesants se portent vers la Terre, & la proportion que gardent dans leur cheute les corps de differente pesanteur, il y a plusieurs belles choses à considerer ;

Et premierement l'on peut demander, d'où vient que la vîteſſe de ces corps augmente à meſure qu'ils deſcendent dans l'air ; A quoy il eſt aiſé de répondre que lors qu'un corps commence à deſcendre, ſa viteſſe ne ſçauroit eſtre fort grande, à cauſe que la matiere ſubtile qui doit prendre ſa place, & qui ſeule agit ſur luy, ne le peut faire avancer avec toute la viteſſe avec laquelle elle tend à s'éloigner du centre de la Terre ; Mais que quand une fois il a eſté ébranlé, & qu'il a commencé à deſcendre, la matiere ſubtile qui eſt au deſſous de ce corps, & qui tend toûjours avec grande force à gagner le haut autant qu'elle peut, continüe de le pouſſer vers le bas, & ainſi ajoûte inceſſamment de nouveaux degrez de viteſſe à ceux qu'il avoit déja receus ; Et c'eſt ce qui fait que ſa viteſſe augmente à tous momens, & que ſa cheute eſt d'autant plus rude, qu'il a commencé à deſcendre de plus haut.

Il eſt vray, & c'eſt une ſeconde conſideration qu'il y a icy à faire, qu'un corps pourroit eſtre parvenu à un tel degré de viteſſe, qu'elle ne pourroit plus augmenter ; tant parce que l'air ne ſeroit plus capable de luy ouvrir un plus libre paſſage ; que parce qu'ayant acquis autant de mouvement vers le bas, que la matiere ſubtile qui l'avoit fait deſcendre en a elle-meſme vers le haut, rien ne pourroit plus luy fournir de nouveaux degrez de mouvement qui pûſſent augmenter ſa viteſſe.

XVII.
Qu'elle peut eſtre parvenüe à un tel degré qu'elle n'augmente plus.

Enfin pour déterminer la proportion de la viteſſe que doivent garder dans leur cheute les corps dont les peſanteurs ſont inégales, il faut bien prendre garde à

XVIII.
Que la viteſſe de la cheute des

corps inéga-
lement pe-
sants n'est
pas propor-
tionnee à
leur pesan-
teur.

cette regle ; sçavoir est, Qu'un corps qui se meut fort vîte, peut bien augmenter la vitesse d'un autre qu'il rencontre, qui a moins de vitesse que luy ; Mais supposé qu'il n'ait ny plus ny moins de vitesse que celuy qu'il rencontre, il ne sçauroit faire autre chose que de l'accompagner simplement dans sa chûte, ou mesme de le suivre, sans faire qu'il se meuve plus vîte qu'auparavant ; Ainsi, si deux hommes d'une égale grandeur & grosseur, sautoient de compagnie du haut d'un pont dans une riviere, & qu'ils s'avisassent pendant leur chûte de se prendre mutuellement la main l'un à l'autre, nous ne voyons pas que cette sorte d'union pûst faire qu'ils descendissent avec plus de vitesse qu'ils n'auroient fait s'ils avoient sauté séparement. Cela supposé, comme il est certain que les diverses parties d'un mesme corps pesant, sont comme autant de corps semblables, dont l'un n'est pas plus disposé que l'autre, à descendre plus vîte, il faut conclure que toutes ensemble elles ne descendront pas plus vîte que pourroit faire une seule ; D'où il suit évidemment qu'un corps qui pesera, par exemple, cent livres, ne descendra pas plus vîte qu'un autre qui ne pesera qu'une livre ; ou s'il y a quelque difference, elle sera presque imperceptible ; Ce que l'experience confirme, contre le sentiment d'Aristote, & de plusieurs autres Philosophes, qui se persuadoient que plus un corps estoit pesant, plus vîte aussi à proportion il devoit descendre.

CHAPITRE

CHAPITRE DERNIER.

Du Flux, & du Reflux de la Mer.

CE que nous nommons le Flux & le Reflux de la Mer, est un certain mouvement de ses Eaux, dans lequel on remarque un espece de periode fort reglée, & qui cependant n'arrive pas en mesme-temps ny de mesme façon dans toutes les Mers.

Nous observons aux côtes de France, que les eaux de l'Ocean paroissent à certain temps prendre leur cours du Midy au Septentrion. Ce mouvement est ce qu'on appelle le Flux de la Mer ; Il dure environ six heures, pendant lesquelles la Mer s'enfle petit à petit, & s'éleve contre les côtes, entrant mesme dans les bayes des Rivieres, dont elle contraint les eaux de retourner vers leurs sources.

Aprés ces six heures que dure le Flux de la Mer, elle paroist demeurer dans un mesme état durant prés d'un quart d'heure ; puis elle prend son cours du Septentrion au Midy dans l'espace de six autres heures, pendant lesquelles ses eaux baissent contre les côtes, & celles des Rivieres reprennent leurs cours ordinaire suivant la pente de leurs licts. Ce mouvement de la Mer s'appelle son Reflux ; Qui est encore suivy d'une espece de repos, qui dure aussi prés d'un quart d'heure, auquel succede derechef un Flux, & aprés un Reflux comme auparavant.

R

I.
Ce que c'est que le Flux & le Reflux de la Mer.

II.
Que la Mer croist pendãt environ six heures aux côtes de France.

III.
Que la Mer decroist dans un pareil temps.

IV.
Que la Ma-
rée tarde
tous les jours
de 50. mi-
nutes.

Ainſi, l'on obſerve que la Mer hauſſe & baiſſe deux fois le jour ; Mais cela n'arrive pas préciſement à la meſme heure, à cauſe qu'elle employe plus de douze heures d'un flux à l'autre ; Et ſi pour ſçavoir exactement combien elle employe de temps, l'on en fait le calcul ſur l'experience de pluſieurs jours, l'on trouve que le Flux de la Mer, ou la Marée, retarde tous les jours d'environ cinquante minutes ; Ainſi, ſuppoſé qu'en un certain jour la Mer commence à monter à midy, le lendemain ce ne ſera pas préciſément à la meſme heure qu'on la verra encore monter, mais environ cinquante minutes, c'eſt à dire trois quarts d'heure & cinq minutes plus tard.

V.
Que la Mer
hauſſe &
baiſſe autant
de fois que la
Lune paſſe
dans le me-
ridien &
dans l'hori-
ſon.

Et comme il s'en faut juſtement ce temps-là meſme, que la Lune ne paſſe tous les jours dans le Meridien à la meſme heure à laquelle elle y avoit paſſé le jour précedent, nous pouvons dire que la Mer hauſſe autant de fois que la Lune paſſe dans noſtre Meridien, tant deſſus que deſſous l'Horiſon ; Et de meſme, que la Mer baiſſe autant de fois que la Lune ſe rencontre dans l'Horiſon, ſoit en ſe levant, ſoit en ſe couchant.

VI.
Que la Mer
hauſſe plus
ſenſiblement
aux Nouvel-
les & Pleines
Lunes que le
reſte du mois.

On remarque deplus un certain accord entre la Mer & la Lune, en ce qu'encore que la Mer croiſſe tous les jours, ce n'eſt pourtant pas de la meſme quantité ; mais cette creuë eſt d'autant plus grande que la Lune approche de ſa Conjonction ou de ſon Oppoſition, & elle eſt d'autant moindre qu'elle approche plus des Quadratures.

VII.
Que vers les
Equinoxes

Enfin la Mer croiſt beaucoup plus ſenſiblement, aux Nouvelles & Pleines Lunes qui arrivent vers les

Equinoxes, qu'aux Nouvelles & Pleines Lunes de tout *les Marées font plus grandes.*
le reste de l'année.

On observe à peu prés la mesme chose dans toutes VIII.
les côtes de l'Europe, qui sont sur la Mer Oceane; *Comment se fait le Flux*
Mais le Flux est d'autant plus grand, & arrive d'autant *de la Mer*
plus tard, que la côte contre laquelle il se fait, est plus *aux diverses côtes de l'O-*
Septentrionale; Et au contraire le Flux de la Mer n'est *cean.*
presque pas sensible entre les deux Tropiques.

La Mer Mediterranée ne paroist pas s'enfler, si ce IX.
n'est vers le fond du Golfe de Venise, sçavoir à Venise *Comment il se fait dans*
mesme, & aux autres lieux circonvoisins; Par tout ail- *la Mer Me-*
leurs on n'observe qu'un simple mouvement des eaux *diterranée.*
qui glissent le long des côtes.

La Mer Baltique, le Pont-Euxin ou la Mer Ma- X.
jeure, & la Mer Morte de l'Asie, n'ont aucun Flux ny *Qu'il y a des Mers où il*
Reflux. *n'y a ny Flux ny Reflux,*

Quoy que quelques-uns ayent écrit de l'Euripe, il XI.
est tres-assuré que l'on n'apperçoit en tout l'Archipel, *Qu'il n'y a aucun mou-*
que de certains courans d'eau, qui vont tantost vers le *vement re-glé dans*
Midy & tantost vers le Septentrion, sans aucune crüe, *l'Archipel.*
& sans aucune regle. XII.
Que nous
Et quant à ce qui se passe dans les autres Mers., les *n'avons rien de certain*
relations que nous en avons sont si imparfaites, qu'il *touchant le*
n'y a pas lieu de s'y fier beaucoup. *Flux & le Reflux des autres Mers.*

Aprés toutes ces observations, qu'une experience XIII.
continuelle de plusieurs siecles a confirmées, je ne m'a- *Figure parti-culiere du*
museray pas à perdre le temps inutilement à rapporter *Tourbillon de*
& à refuter toutes les diverses & bizarres pensées que *la Terre.*
les Philosophes anciens & modernes ont eües touchant
le Flux & le Reflux de la Mer, mais je tâcheray d'abord

R ij

de déduire ce mouvement de sa veritable cause, & par mesme moyen de satisfaire à toutes ces differentes observations. Proposons-nous donc la figure suivante, dans laquelle l'ovale A

B D C , represente le tourbillon au centre duquel est la Terre E F G H ; le cercle A L represente le corps de la Lune; la ligne A C est celle où se trouve la Lune au temps qu'elle est nouvelle,

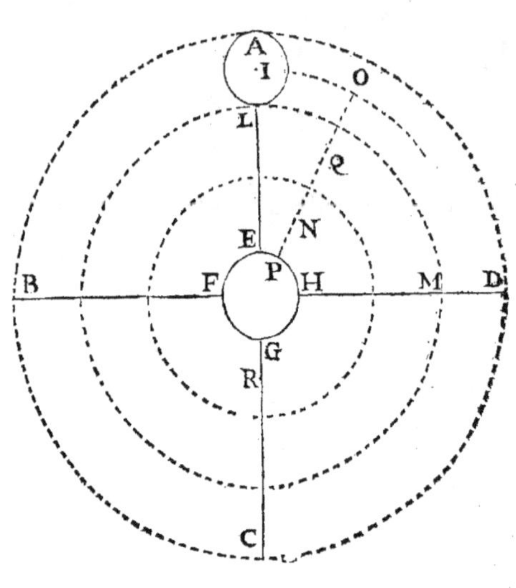

ou pleine ; & la ligne B D est celle où la Lune se rencontre au temps des Quadratures.

Maintenant, si nous divisons par la pensée en plusieurs licts toute la matiere fluide qui entoure la Terre, & qui s'éleve depuis sa surface jusqu'au delà de la Lune, nous connoîtrons que celle qui est vers N, n'ayant qu'un tres-petit circuit à faire d'occident en orient, acheve son tour presque aussi-tost que la Terre ; mais que la matiere qui est vers Q, employe plus de temps à faire le lien , & que celle qui est vers O, en employe encore davantage ; De plus, si nous continuons encore à diviser par la pensée la matiere qui est comprise entre les surfaces M L, D A, par laquelle la Lune est emportée autour de la Terre, en deux parties, l'une desquelles est

au deſſous du centre de cette Planete, marqué 1, &
par conſequent plus proche de nous, & l'autre eſt au
deſſus, nous connoîtrons que la matiere de deſſous, à
laquelle correſpond la moitié de la Lune qui nous regarde, acheve plûtoſt ſon tour d'occident en orient,
que celle qui eſt au delà; Tellement que la Lune eſtant emportée par une matiere fluide qui avance d'inégale viteſſe, ſon progrés ne ſçauroit manquer d'eſtre
moyen entre celuy de la matiere liquide la plus haute,
& celuy de la plus baſſe. Ainſi, tout ce qu'il y a de matiere dans l'étenduë O P, qui eſt au deça de la Lune, va
plus vîte qu'elle d'occident en orient, & ne met pas
long-temps à ſe trouver à l'endroit E L, où ſon paſſage
eſtant rétrecy de la quantité du Diametre de la Lune,
elle eſt contrainte de couler là beaucoup plus vîte qu'-
en aucun autre endroit; Et dautant que tout corps fait
une impreſſion d'autant plus grande ſur un autre, qu'il
ſe meut plus vîte vers luy, il eſt manifeſte que toute la
matiere qui ſe meut autour de la Terre, la doit plus
preſſer à l'endroit qui correſpond ſous la Lune, que dans
tout autre endroit de ſa ſuperficie.

Toutesfois, comme nous ſçavons qu'il n'y a aucun ap-
puy qui retienne la Terre à l'endroit où elle eſt, & que
ſon lieu eſt ſeulement déterminé par l'égalité des preſ-
ſemens de la matiere qui l'environne, nous ne ſçaurions
concevoir que la partie de la ſuperficie de la Terre qui
correſpond ſous la Lune, ſoit plus preſſée que les autres, ſans concevoir en meſme-temps que cela la fait
tant ſoit peu reculer du lieu où elle eſtoit, & avancer
vers la partie oppoſée à la Lune, à ſçavoir vers R, juſ-

R iij

qu'à ce que l'endroit G se trouve autant pressé par la matiere fluide contre laquelle il va heurter, que la Terre l'est en E, par l'air qui viét heurter contre elle.

XVI.
Explication du Flux & du Reflux de la Mer aux côtes de France.

L'air agit donc sur les endroits E & G, comme s'il estoit plus pesant qu'ailleurs ; Et parce que ces endroits sont cópris dans la Zone Torride, il s'en-

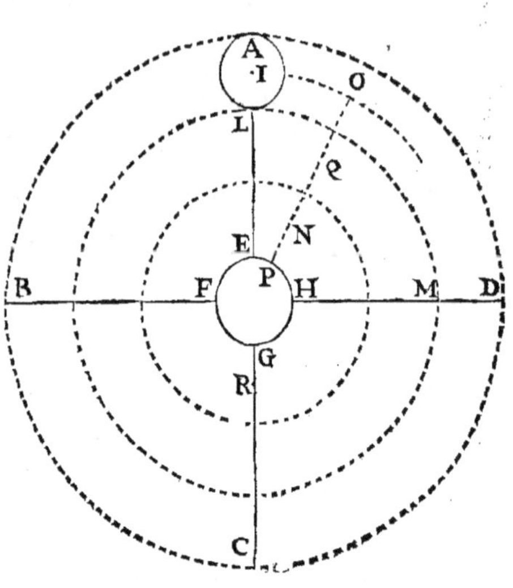

suit que s'il y a là quelque grande Mer, le pressement de l'air doit imprimer à ses eaux un mouvement de l'Equateur vers les Poles ; Or nous avons la Mer Oceane qui couvre une grande partie de la Terre, & qui s'étend depuis les Terres Australes jusques assez prés du Pole Arctique ; Il doit donc arriver que les eaux de la Mer Oceane qui sont au deçà de l'Equateur, prennent leur cours du Midy au Septentrion, & que heurtant contre les côtes, les premiers flots soient soûtenus par ceux qui les suivent, & qu'ainsi la Mer enfle en ces lieux-là. En suite dequoy, quand par le tournoyement de la Terre, le plus grand pressement ne se fait plus à l'endroit où il se faisoit, la seule pesanteur des eaux les doit faire retomber vers l'endroit d'où elles avoient esté chassées ; si-bien qu'alors la Mer doit devenir basse vers les côtes.

L'endroit de l'Ocean dont les eaux peuvent eſtre chaſſées vers nos côtes, ſe rencontre une fois le jour vis-à-vis de la Lune, & une autre fois dans la partie op-poſée; Ce qui fait que nous avons deux fois le Flux & le Reflux de la Mer dans l'eſpace d'environ vingt-quatre heures.

XVII.
Pourquoy il arrive deux fois le jour.

Si la Lune n'avoit pas le mouvement qu'elle a d'occident en orient, le Flux & le Reflux de la Mer arriveroit tous les jours préciſément à la meſme heure; & il arriveroit deux fois par jour, à cauſe que le tournoyement de la Terre qui rameneroit au bout de 24. heures un meſme endroit de l'Ocean vis-à-vis de la Lune, l'auroit porté 12. heures auparavant dans ſa partie oppoſée; Mais parce que cette Planete avance par jour de douze degrez & demy vers l'Orient, il s'enſuit que quand la Terre a fait ſon tour, il faut qu'elle faſſe encore douze degrez & demy pour ramener un meſme endroit de ſa ſuperficie ſous la Lune; Et cecy eſt cauſe que le Flux de la Mer arrive cinquante minutes plus tard un jour que l'autre, & partant qu'il y a auſſi 25. minutes de difference d'un Flux à l'autre.

XVIII.
Pourquoy il tarde chaque jour de 50. minutes.

Et il eſt évident que le Flux d'un meſme jour doit arriver plus tard aux côtes plus Septentrionales, qu'à celles qui le ſont moins, à cauſe que les eaux ſe mouvant du midy au ſeptentrion, les plus proches doivent ſe reſſentir les premieres de leur crüe; Et dautant que les eaux qui ſe répandent le long des côtes qui ſont aſſez prés de la Zone Torride, peuvent encore gliſſer delà plus loin vers les Poles, & qu'elles ne peuvent gueres eſtre arrêtées que par les côtes ſeptentrionales; Delà

XIX.
Pourquoy le Flux de la Mer arrive d'autant plus tard, & eſt d'autant plus grand, que les côtes ſont plus ſeptentrionales.

vient que le Flux de la Mer eſt d'autant plus ſenſible, qu'il ſe fait dans un endroit plus éloigné de la ligne Equinoxiale.

XX.
Pourquoy le Flux de la Mer eſt plus grand aux nouvelles & pleines Lunes.

Quand la Lune eſt nouvelle ou pleine, elle ſe trouve dans le Diametre A C, qui eſt le moindre du tourbillon dont la Terre occupe le centre ; Et comme le Diametre de la Terre eſt plus conſiderable en comparaiſon du Diamettre A C, qu'il n'eſt en comparaiſon du Diametre B D, où elle ſe rencontre dans les Quadratures, il arrive neceſſairement qu'elle cauſe en ce temps-là un rétreciſſement plus notable à l'air qui environne la Terre, qu'elle ne cauſe en un autre temps, & qu'ainſi les eaux ſont chaſſeés vers les Poles avec des forces inégales; D'où il ſuit, que les marées doivent eſtre plus grandes au temps de la Conjonction & de l'Oppoſition que dans les Quadratures.

XXI.
Pourquoy il eſt plus grãd vers les E-quinoxes.

Quand vers le temps des Equinoxes la Lune eſt conjointe ou oppoſée au Soleil, alors elle ſe trouve dans le commencement du ſigne du Belier, ou dans celuy de la Balance ; Et comme c'eſt le temps auquel le cercle qu'elle décrit répond à l'Equateur, & par conſequent le temps auquel elle parcourt le plus grand cercle qu'elle puiſſe décrire alentour de la Terre, il arrive qu'alors elle preſſe l'air, & qu'elle le pouſſe beaucoup plus à plomb contre la Terre, & contre les eaux, qu'elle ne fait en tout autre temps ; Et cette maniere d'agir & de faire impreſſion ſur les eaux, ajoûte quelque choſe à l'effet que la Lune a coûtume de cauſer quand elle eſt nouvelle, ou quand elle eſt pleine ; Et ainſi, les eaux doivent alors eſtre pouſſées avec une impetuoſité

&

& abondance extraordinaire vers nos côtes, & augmenter par ce moyen les effets que cela a coûtume d'y produire, c'eſt à dire, y produire les grandes Marées.

Si à ce que nous avons déja dit du Flux & du Reflux de la Mer, nous ajoûtons que les Vents peuvent tantoſt concourir avec le mouvement des Eaux, & tantoſt y eſtre plus ou moins contraires, nous aurons l'explication exacte de toutes les particularitez que nos Matelots obſervent touchant un Phénomene qui a de tout temps paſſé pour tres-difficile, & meſme pour inexplicable.

XXII. Que les vents cauſent des irregularitez dans le Flux & le Reflux de la Mer.

Mais afin de déterminer quelque choſe de ce qui doit arriver ailleurs, conſiderons que ce mouvement des eaux de la Mer, dépend de ce que dans une grande & vaſte étenduë de Mer, il y a des endroits où les eaux ſont extraordinairement preſſées par la preſence de la Lune, & d'autres où elles ne le ſont point du tout : Car cela fait que les eaux ſe doivent répandre vers les endroits où elles ne ſe trouvent point preſſées; C'eſt pourquoy, s'il y a quelque part des eaux qui n'ayant qu'une fort petite étenduë ſoient toutes couvertes par le corps de la Lune, elles doivent eſtre preſſées ſi également partout, qu'elles ne pourront ny hauſſer ny baiſſer; Or les Rivieres & les Lacs qui ſont entre les deux Tropiques, ſont de la ſorte, leur étenduë n'eſtant pas conſiderable en comparaiſon du corps de la Lune, qui paſſe par deſſus; Et partant l'on n'y doit appercevoir aucun Flux ny Reflux.

XXIII. Pourquoy la Lune paſſant par deſſus pluſieurs Rivieres & pluſieurs Lacs, ny cauſe aucun Flux ny Reflux.

Quant aux Lacs & Rivieres qui ſont hors des deux Tropiques, il y a encore plus de raiſon de croire qu'ils

XXIV. Pourquoy pluſieurs

S

n'en doivent point avoir ; non pas mefme les Mers,
pourvû qu'elles n'ayent aucune communication avec
l'Ocean, ou fi elles en ont, que le paffage foit fort
étroit : Car la Lune ne paffant point fur leurs eaux, elles
n'en peuvent eftre preffées ; Ainfi, nous ne trouvons
point étrange que la Mer Morte en Afie, la Mer Majeure ou le Pont Euxin, & la Mer Baltique dans l'Europe, n'ayent aucun Flux ny Reflux.

La Mer Mediterranée qui eft hors des Tropiques, a
bien à la verité une communication affez facile avec
l'Ocean par le détroit de Gibraltar ; Mais parce que ce
paffage n'eft que de trois ou quatre lieuës, ce qui peut
y entrer d'eau pendant fix heures n'eft gueres confiderable eu égard à la profondeur & à l'étenduë de cetteMer;
Et mefme à peine ces eaux ont elles un peu avancé,
qu'elles rencontrent la Mer beaucoup plus large, & les
côtes tellement difpofées, qu'elles ne font que gliffer
le long des Terres ; Ainfi l'on ne doit remarquer qu'un
fimple mouvement ou courant des eaux dans la Mer
Mediterranée, fans aucune enflûre fenfible.

Toutesfois, celles qui entrent dans le Golfe de
Venife, aprés avoir d'abord gliffé le long des côtes,
doivent à la fin parvenir dans le fond de ce Golfe,
où fe refoulant les unes les autres pour un temps, elles
y doivent croiftre de mefme que dans l'Ocean, finon
que leur hauffement ne doit pas y eftre fi fenfible.

Pour l'Archipel, il eft fi éloigné du détroit de Gibraltar, & avec cela fi interrompu par les Ifles qui le
coupent, qu'il ne peut recevoir une crüe d'eau affez
confiderable pour faire croiftre les fiennes. C'eft pour-

quoy l'on n'y doit point remarquer de Flux ny de Reflux, comme dans le Golfe de Venise ; Ce qui est
confirmé par l'experience des Matelots qui frequentent
cette Mer.

Il est vray qu'on y observe des courants d'eau qui
se portent sans aucune regle tantost vers le Midy, &
tantost vers le Septentrion ; Mais on peut penser que
ce qui cause ce mouvement des eaux vers le Midy,
c'est que la Mer Majeure, qui n'a pas beaucoup d'é-
tendüe, reçoit continuellement les eaux de plusieurs
grands Fleuves, dont elle se décharge par l'Archipel
dans la Mer Mediterranée ; Et que ce qui cause ce
mouvement vers le Septentrion, c'est que le vent de
Sud est quelquesfois si fort & si impetueux, qu'il fait
retourner les eaux en arriere, & qu'il les soûtient,
jusqu'à ce que le poids de la grande quantité qui aura esté retenuë, leur fasse reprendre leur cours ordinaire.

Il peut y avoir encore d'autres particularitez à observer touchant le Flux & le Reflux de la Mer, que
celles dont j'ay parlé ; mais quelles qu'elles puissent
estre, leurs raisons se trouveront comprises dans ce peu
que j'en ay dit : Car depuis qu'une fois l'on a bien
rencontré dans le point de la difficulté, le mesme
fondement qui a servy à l'éclaircir, doit par necessité
satisfaire à toutes les autres circonstances qui dépendent de quelques causes particulieres.

Aprés avoir décrit le Monde en general, & parlé
de deux ou trois des principaux effets qui dépendent
de sa fabrique, nous viendrons à ce qui se passe plus

prés de nous, & traiterons des Eſtres Terreſtres, &
en particulier de la Terre, & de tout ce qui s'y engendre.

Fin de la ſeconde Partie.

TRAITÉ
DE
PHYSIQUE.

TROISIEME PARTIE.

DES ESTRES TERRESTRES.

CHAPITRE PREMIER.
De la Terre.

'UNIVERS comprend une infinité de differens Estres, dont l'éloignement ne nous permet pas d'avoir une connoissance claire & distincte, mais seulement une veuë confuse & imparfaite, qui nous les represente simplement comme Lumineux ou Transparens. Cela fait que nous croyons pour l'ordinaire les connoître suffisamment, quand nous pouvons concevoir ce qu'il peut y avoir de leur part, qui soit la

S iij

ſource de ces deux qualitez que nous appercevons en eux. Il n'en eſt pas de meſme de la Terre, & des corps qu'elle contient ou qui l'avoiſinent : Car ces choſes eſtant dans la portée de tous nos ſens, peuvent eſtre examinées en pluſieurs diverſes façons ; Ce qui fait que nous y remarquons un grand nombre de proprietez, qui demandent chacune une connoiſſance particuliere. Et c'eſt à l'établiſſement de cette connoiſſance que nous deſtinons la troiſiéme partie de ce Traité de Phyſique.

Nous ſommes convaincus par mille experiences journalieres, & par toutes celles que l'induſtrie des hommes a faites depuis tant de ſiecles, & que nous avons éprouvées nous-meſmes, qu'il n'y a aucune partie de la Terre, pour grande ou petite qu'elle ſoit, qui ne puiſſe avec le temps eſtre alterée par l'action de l'eau & de l'air, & meſme de la matiere ſubtile qui penetre ſes Pores ; Les diamans meſme, qui ſont les corps les moins alterables que nous connoiſſions, s'uſent & ſe diſſipent à la longue ; non ſeulement en les frottant les uns contre les autres, mais en les maniant ſimplement avec les mains, ou en ſe frottant contre les habits : Car puiſqu'aprés les avoir portez long-temps, ils ne paroiſſent plus ſi polis, ny avoir les carnes ſi vives qu'ils avoient au commencement, c'eſt une marque aſſurée qu'ils perdent petit à petit de leurs parties ; Ainſi, la Terre eſſuyant depuis ſi long‑temps l'action de la matiere de ſon tourbillon, devroit auſſi il y a long‑temps, s'il ne s'y eſtoit fait d'ailleurs continuellement quelque nouvelle reparation, avoir ceſſé

d'eſtre, ou du moins ſe trouver preſentement notablement differente de ce qu'elle a eſté autresfois; Mais
puis qu'il eſt certain qu'elle ſubſiſte , & que nous ne
la voyons point autre que les Anciens nous l'ont décrite , c'eſt une preuve évidente que les diſſipaſons
qu'elle ſouffre ſe reparent; Et dautant que cette reparation dépend , auſſi-bien que ſes pertes , de l'action
des choſes qui environnent la Terre, s'il y a lieu d'eſpe-
rer de pouvoir connoître ſa Nature , c'eſt principalement en raiſonnant ſur ce qui doit reſulter en elle de
l'action de la matiere du tourbillon dont elle occupe
le centre.

Or ſi nous conſiderons que le tournoyement de ce
tourbillon détermine les parties les plus ſolides & les
plus agitées à s'éloigner de ſon centre , nous devons
conclure que celles qui s'arreſtent alentour de ce centre, doivent eſtre les moins ſolides & les moins agitées; Et ainſi, que la Terre eſt compoſée des parties
du troiſiéme Element, que leur groſſeur, jointe à leur
peu de ſolidité, & leurs figures embaraſſantes, rendent
moins propres & moins diſpoſées à ſe mouvoir que les
autres ; & qui ne different de celles dont nous avons
dit que les taches du Soleil ſont compoſées, qu'en ce
que les parties de la Terre ſont plus étroitement unies
& liées enſemble, & forment par ce moyen un corps
plus denſe, & plus épais.

Mais comme ces parties du troiſiéme Element ont
des figures fort irregulieres , & qu'ainſi elles ne ſont
capables que d'un arrangement fort bizarre, c'eſt de
là auſſi que naiſſent toutes les inégalitez que l'on remar-

que en la Terre; Et c'est la raison pourquoy en des endroits il y a des montagnes, en d'autres des abysmes; qu'icy un nombre considerable de ses parties s'entre-suivent sans interruption, & composent un corps continu; Que là il se rencontre entre elles des cavitez & des intervalles fort considerables; Et enfin qu'entre ses parties les unes sont assez dures, & les autres le sont moins.

V.

Quelle est la cause de sa rondeur.

Remarquez neantmoins que nonobstant toutes ces inégalitez, il est impossible que la Terre ne soit ronde, ou presque ronde; à cause que si quelque partie s'estoit trouvée au commencement notablement plus élevée que les autres, eu égard à toute sa masse, la matiere liquide quï l'environne, & qui auroit trouvé en cet endroit plus de prise que sur les autres, n'auroit pas manqué de la choquer plus rudement, & de la miner petit à petit, jusqu'à ce qu'elle l'eust reduite à peu prés au mesme niveau que tout le reste.

VI.

Quelle est la cause de ses autres proprietez.

S'il est donc vray que la Terre soit de la nature que nous disons, il s'ensuit delà qu'elle doit estre dure & seche, parce que la secheresse & la dureté d'un corps sont des qualitez qui resultent du repos de ses parties; Elle doit aussi estre froide, parce que ses parties n'ayant que peu ou point de mouvement, ne sont pas capables d'exciter de la chaleur; Elle doit enfin estre pesante, parce que ses parties ayant moins de force que les autres à s'éloigner du centre du tourbillon où elle est, y doivent estre repoussées. Que si nous ajoûtons à cela, que la raison pourquoy elle est opaque; c'est à cause de l'interruption & des détours

trop

trop frequents de ſes pores, qui ne correſpondent point les uns aux autres, nous pouvons aſſurer que dans ce peu que nous venons de dire, nous avons expliqué les principales & plus ſenſibles proprietez de la Terre ; enſorte que nous pourrions nous diſpenſer d'en rien dire davantage, ſi pour en acquerir une connoiſſance plus diſtincte nous n'eſtimions à propos de nous arreſter un peu à la conſideration de ſes pores.

Il eſt vray qu'il eſt impoſſible de les décrire tous, à cauſe de la prodigieuſe diverſité qui ſe rencontre dans cette grande Maſſe, & principalement dans cette portion qu'on peut nommer la Terre Exterieure, dont les parties ont des figures fort irregulieres; Toutesfois, ſi nous voulons nous contenter de conſiderer les pores de la Terre Interieure, qui doivent eſtre fort étroits, à cauſe que les parties du Troiſiéme Element ſont là fort preſſées, par le poids de toutes celles qu'elles ſoûtiennent, nous reconnoîtrons aiſément qu'ils ſe peuvent reduire à trois claſſes; La premiere eſt de ceux qui ſe plient & s'allongent en ondoyant tantoſt vers un coſté & tantoſt vers un autre ; La ſeconde, de ceux qui ſont tout droits; Et la derniere enfin, de ceux qui s'entrecommuniquent & s'entretiennent les uns les autres, & dont un ſeul a ſouvent meſme communication avec pluſieurs, ce qui fait qu'on les peut comparer à des branches d'arbres.

Outre ces trois ſortes de pores, il y en a encore une quatriéme, qui pour eſtre bien compriſe, demande une attention particuliere, à cauſe des conſequences

VII.
Que la Terre
a trois ſortes
de pores.

VIII.
Qu'il deſ-
cend conti-
nuellement

T

vers les poles de la Terre de la matiere figurée en forme de vis.

qu’on en tirera dans la suite. Pour la connoître, il faut premierement se ressouvenir de cette matiere subtile, qui entrant (comme nous l’avons ailleurs expliqué) dans le tourbillon de la Terre, par les endroits qui sont autour de ses poles, & delà dans la Terre mesme, fait que son axe garde toûjours une espece de Parallelisme , pendant son transport annuel autour du Soleil ; Puis il faut remarquer, qu’encore que l’extrême agitation des parties de la matiere du premier Element les empêche pour l’ordinaire d’avoir aucune figure déterminée, neantmoins la plus-part de celles qui entrent dans un tourbillon ne laissent pas d’en acquerir une qu’elles conservent assez long-temps. Par exemple, la matiere qui entre dans le tourbillon particulier de la Terre, ne décrivant presque qu’une ligne droite pour venir d’un pole vers le centre, & laissant par ce moyen plusieurs de ses parties en repos les unes à l’égard des autres , cela fait qu’elles se figent pour ainsi dire, & prennent la figure de l’espace par où elles passent, tout de mesme que la cire fonduë se fige, & prend la figure du moule dans lequel on la jette. Et dautant que la matiere du premier Element prend sa figure en passant par l’espace triangulaire que trois petites boules du second Element qui se touchent laissent necessairement entr’elles , elle doit pour cela acquerir la figure d’un corps long & menu, sur la longueur duquel il devroit y avoir trois canelures toutes droites, si toutes les boules du second Element estoient tellement rangées, que les intervalles triangulaires qu’elles laissent entr’elles, concourussent directement ; Mais dautant que cela ne peut eſtre, & qu'au contraire, ſi l'on conçoit divers lits de ces petites boules, qui ſoient les uns au deſſus des autres alentour de la Terre, l'intervalle qui eſt entre trois boules du lit le plus éloigné, correſpond vis-à-vis d'une boule du lit de deſſous, c'eſt une neceſſité que la matiere du premier Element deſcende vers le centre du tourbillon, en ſe détournant continuellement, & par conſequent qu'elle acquiere à peu prés la figure d'une vis à trois canelures.

Et comme les parties du ſecond Element, qui ſont à certaine diſtance de la Terre, tournent quelque peu plus vîte d'occident en orient, que celles qui ſont au deſſus, cela détermine la matiere du premier Element qui deſcend autour de l'axe du tourbillon à ſe détourner d'un ſens particulier ; D'où il eſt aiſé de conclure, que les parties de la matiere du premier Element, qui deſcendent vers l'un des poles de la Terre, acquierent la figure de pluſieurs vis, toutes ſemblables, & torſes d'un meſme ſens ; & que celles qui deſcendent vers le pole oppoſé, prennent la figure d'autres vis, qui ſont torſes d'un ſens tout contraire.

IX.
Que les vis qui deſcendent vers le pole arctique de la Terre ſont tournées à contreſens de celles qui deſcendent vers le pole oppoſé.

Ces remarques ſuppoſées, encore qu'il ſoit certain qu'il y a pluſieurs pores dans la Terre, qui ſe rempliſſent à la longue des parties du troiſiéme Element qui flottent entre celles du premier & du ſecond, & qui à cauſe de leurs figures embaraſſantes s'arreſtent aiſément dans les endroits où elles rencontrent quelque obſtacle à leur mouvement, cela ne ſe doit pas neantmoins entendre des pores par où paſſe cette matiere figurée en forme de vis que nous venons de décrire, à

X
D'une quatriéme ſorte de pores qui ſe rencontrent dans la Terre.

cauſe que cette matiere y entretient continuellement
ſon paſſage. Tout ce que nous ſçaurions ſeulement
conjecturer de ces pores, c’eſt qu’ils ſe retréciſſent juſques à ce qu’il ne reſte plus qu’autant d’eſpace qu’il en
faut pour le juſte paſſage de ces parties canelées. D’où
il ſuit que ces pores, qui conſtituent cette quatriéme eſpece que nous examinons, ſont comme autant
d’écroües paralleles entr’elles, & que celles de ces
écroües qui reçoivent la matiere canelée qui vient du
pole Arctique, ſont tournées à contreſens de celles
par où paſſe la matiere canelée qui deſcend du pole
Antarctique.

CHAPITRE II.

De l’Air.

I.
Ce que l’on entend par le nom d’Air.

ON donne ordinairement le nom d’Air à toute
cette matiere liquide & tranſparente dans laquelle
nous vivons, & qui eſt répanduë de tous coſtez alentour du Globe compoſé de la Terre & de l’Eau ; Or
l’Air eſtant conſideré de la façon, il eſt certain que c’eſt
un étrange & admirable compoſé, tant à cauſe de la
matiere du premier & du ſecond Element, qui s’y doit
rencontrer en tres-grande quantité, qu’à raiſon des divers corps qui s’élevent & s’exhalent continuellement de
la Terre; C’eſt pourquoy, pour bien connoître la Nature
de l’Air, il faudroit connoître auparavant la Nature de
tous ces corps ; Mais comme c’eſt une choſe qui nous

reſte encore à faire, pour ne rien confondre, conſide-
rons-le à part, tel qu'il eſt en luy meſme, ſans le mélange
d'aucun corps étranger, c'eſt à dire, dans cette ſimplicité
toute pure, que les Interpretes d'Ariſtote requierent en
luy, pour meriter le nom d'Element.

Pour cet effet, nous ne devons nous l'imaginer que
comme un amas d'une infinité de petites parties du
troiſiéme Element, qui ſont branchuës, & dont les figures ſont fort irregulieres ; ſemblables à peu prés à celles que nous avons dit qui compoſent la Terre, exce-
pté ſeulement que les parties de l'Air ſont incomparablement plus petites & plus deliées ; Ce qui fait que
tandis qu'elles nagent entre les parties du premier &
du ſecond Element , elles ſont dans une continuelle
agitation. D'où il arrive , que bien que leurs figures
embaraſſantes ſemblent les diſpoſer à s'accrocher les
unes aux autres lors qu'elles ſe rencontrent, elles ne le
peuvent neantmoins jamais faire, à cauſe que leur de-
licateſſe les fait ceder au moindre effort de la matiere
du premier & du ſecond Element, qui les plie aiſément
du ſens qu'il faut pour les deſunir, & que leurs branches eſtant fort courtes & fort petites ne ſçauroient
quaſi ſe noüer.

II.
De ſa nature
particuliere.

Ainſi, l'Air doit toûjours eſtre liquide, & ne doit jamais ſe durcir, comme nous voyons qu'il arrive à l'eau
lors qu'elle ſe gele ; Il ne doit pas auſſi eſtre fort pe-
ſant, à cauſe qu'il ne contient que tres-peu de ſa propre matiere ſous un grand volume ; Il doit auſſi eſtre
tranſparent, parce qu'eſtant en continuelle agitation,
il ne ſçauroit émouſſer le mouvement que le corps lu-

III.
De ſes diver-
ſes proprie-
tez.

mineux imprime aux parties du second Element dans lequel il nage, & par le moyen duquel il tranfmet la lumiere, & en excite le fentiment ; Enfin il doit auffi fe condenfer notablement, non feulement lors que la chaleur ou l'agitation de fes parties eftant beaucoup diminuée, il arrive qu'elles ne fe choquent & ne fe chaffent pas les unes les autres avec tant d'impetuofité que de coûtume, mais encore lors qu'elles font renfermées entre les parties de quelques autres corps qui les preffent plus qu'à l'ordinaire ; Comme au contraire il doit fe dilater, lors qu'on fait ceffer les caufes qui le refferroient ; foit en l'échauffant, en cas qu'il ait efté auparavant condenfé par le froid, foit en ouvrant la prifon qui le tenoit enfermé, en cas que ç'ait efté par le feul preffement qu'il ait efté reduit fous un moindre volume.

IV.
Comment il eft capable d'une prompte dilatation.

Mais il n'eft pas icy hors de propos de remarquer, que la dilatation de l'air qui fe fait ainfi en levant les obftacles qui le tenoient preffé, doit eftre fort prompte, dautant que fes parties qui n'avoient pû fe mouvoir qu'eftant repliées, tendent toutes enfemble à fe redreffer, & à s'étendre autant qu'il leur eft poffible, d'une viteffe conforme à celle des parties du fecond Element qui les agite. Et c'eft fur cette proprieté qu'eft appuyée l'invention de ces petites fontaines portatives, qui dardent l'eau fort haut ; & de ces Arquebufes, qui n'eftant chargées que de vent, pouffent leur plomb avec une viteffe incroyable.

V.
Defcription d'une fon-

Voicy la maniere dont ces fontaines font conftruites. A B C D eft un vaiffeau de métail fort dur, & infle-

xible, de telle figure que l'on veut ; & dont la feule ou- taine artifi-
cielle.
verture que l'on y avoit d'abord refervée vers A D , eft
tellement bouchée par le moyen du
tuyau E F, qui eft foudé au corps du
vaiffeau , que rien ne fçauroit entrer
dans la capacité H L, qui ne paffe par
ce tuyau E F. Au fond du vaiffeau il y
a une petite enfonceure que l'on a faite
exprés, afin que fans que le vaiffeau foit
percé, & fans que le tuyau E F le touche, fon extremité F puiffe defcendre
un peu plus bas que le fond ; Enfin, il
y a vers D une clef de robinet qui fert
à fermer où à ouvrir le tuyau E F.

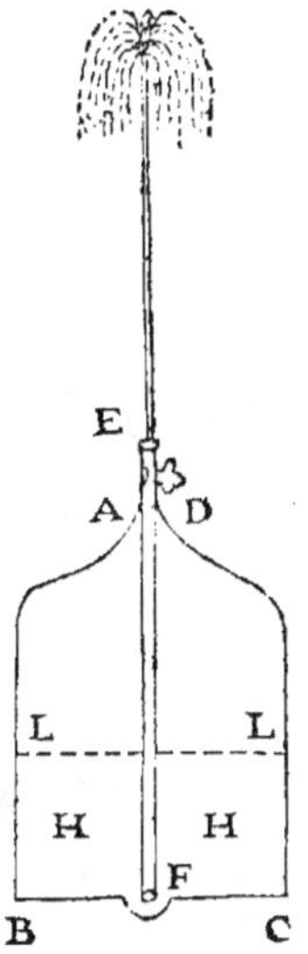

E
A D
L L
H H
F
B C

VI.
De fon ufa-
ge.

Pour voir maintenant l'effet de cette
fontaine, & la mettre en eftat de pou-
voir joüer, l'on ouvre le tuyau E F, & ajuftant le bout
d'une feringue à l'ouverture E , l'on introduit dans la
cavité H L autant que l'on peut de nouvel air, lequel
condenfe celuy qui y eftoit déja ; puis on referme
l'ouverture E ; Et aprés y avoir appliqué le bout d'une
autre feringue pleine d'eau , qu'on enfonce avec un
peu de force dans fa cavité, afin que l'air qu'on a introduit dans le vaiffeau n'en puiffe fortir quand on viendra à ouvrir le robinet, on ouvre le robinet,& l'on fait entrer dans le vaiffeau toute l'eau de la feringue ; cela fait,
on le referme, on remet de l'eau dans la feringue qu'on
enfonce derechef dans le tuyau, & l'on introduit l'eau
dans le vaiffeau de mefme qu'on avoit fait la premiere
fois ; ce qui fe réitere autant de fois qu'il eft poffible.

Cette machine eſtant ainſi préparée , ſi l'on vient à ouvrir le robinet, pour lors , l'air qui fait toujours effort pour ſe dilater, pouſſe l'eau qui eſt vers le fond du vaiſſeau , & la contraint de ſortir avec impetuoſité par le canal E F, & alors l'on a le plaiſir de voir qu'elle s'éleve en l'air , & qu'elle y forme une fontaine jailliſſante.

<table><tr><td>

VII.
Deſcription de l'Arquebuſe à vent.

</td><td>

Pour l'Arquebuſe à vent, en voicy le profil, & la deſcription. AA eſt un tuyau de metail bien ſoudé, qui eſt ouvert vers I, & bouché vers le coſté oppoſé, le creux de ce tuyau eſt ce que l'on a coûtume de nommer l'Ame du Canon ; B B eſt un autre tuyau de metail, tellement diſpoſé autour du premier , qu'il demeure entre - deux la capacité C C , dans laquelle l'air peut eſtre renfermé ; G eſt une ouverture , bouchée d'une ſoupape , qui ſe peut ouvrir du dehors en dedans, c'eſt à dire, qui permet à l'air de paſſer de L vers C, mais non pas de C vers L ; Le tuyau A A , a encore deux au-

</td></tr></table>

```
H            H  B                                          B
   L      L  G  E  A                                    A  I
                     C                          C
                     C                          C
   H         H  D  B                                       B
```

tres ouvertures, qui toutes deux ſont vers le bout qui reſſemble à la culaſſe des canons ordinaires ; L'une de ces ouvertures eſt marquée E , par où l'air contenu dans la cavité C C pourroit échaper, & paſſer dans l'ame du canon, s'il n'en eſtoit empêché par une ſoupape, qui ne ſe peut ouvrir que du dehors en dedans, & que l'air contenu dans l'eſpace C C preſſe d'autant plus

contre

contre le trou qu'elle bouche, qu'il fait d'effort pour en fortir ; L'autre ouverture eft marquée D , par laquelle il y a communication du dehors de toute la machine au dedans ; Et pour empêcher que l'air qu'on auroit renfermé dans la capacité C C , ne puiffe échaper par là, il y a entre D & E un bout de tuyau , foudé par fes extremitez, aux ouvertures des tuyaux A A , B B ; Enfin H H reprefente le corps d'une feringue , par le moyen de laquelle on introduit le plus d'air que l'on peut dans l'efpace C C ; cela fait, on fait couler une balle de plomb à l'endroit O , & alors l'arquebufe eft toute chargée ; Et pour la décharger , il faut fimplement enfoncer dans le trou D , un petit bâton rond , qui le rempliffe le plus exactement qu'il eft poffible , & qui pouffe la foupape qui eft à l'ouverture marquée E ; laquelle n'eft pas plûtoft débouchée, que l'air qui eftoit contenu dans la cavité C C, fe dilate , & entrant dans l'ame du canon, en chaffe la balle , fans beaucoup de bruit.

Et c'eft le peu d'éclat que ces arquebufes font en tirant, qui a donné lieu , comme je croy, à la fiction de cette poudre blanche, qui tire fans faire prefque de bruit , dont les premiers inventeurs , qui vouloient cacher aux autres l'invention de ces arquebufes, & les faire paffer pour des arquebufes ordinaires, fe font vantez d'avoir le fecret ; Mais il eft aifé de juger que cette poudre eft une chofe tout-à-fait fabuleufe ; parce que tout corps qui eft capable de chaffer une balle hors d'un canon, avec la mefme viteffe que la flamme qui naift de la poudre la chaffe, doit auffi frapper l'air avec la mefme force , & par confequent faire tout autant

VIII.
De la poudre blanche.

V

de bruit ; Mais comme il s’en faut beaucoup qu’une arquebufe à vent chaffe fon plomb avec autant de vitef- fe que les arquebufes ordinaires , ny qu’elle faffe au- tant d’effet, quelqu’incroyable & furprenant que foit le fien , il n’y a pas lieu de s’étonner fi en tirant elle fait auffi beaucoup moins de bruit.

IX.

Que l’air eft plus pefant auprés des poles, qu’au- prés de la ligne Equi- noxiale.

Nous pouvons maintenant ajoûter à tout ce que nous avons dit, que l’air eftant liquide , il fe doit trouver tellement difpofé alentour du centre de la Terre ,que fa fuperficie exterieure foit fpherique. Mais parce qu’il eft plus condenfé vers les poles , où il fait plus froid, qu’il n’eft pas ailleurs , il s’enfuit qu’il y doit eftre en plus grande quantité ; & par confequent qu’il doit plus pe- fer fur les Terres de ces païs-là, que fur celles qui font plus proches de la ligne Equinoxiale. Ce que l’on expe- rimente en effet : Car le Mercure demeure à une plus grande hauteur dans ces tuyaux remplis de vif argent dont il a efté parlé cy-deffus, en Suede & en Danne- marc, qu’en France & en Italie.

X.

De ce qui fe rencontre au deffus de l’air.

Si nous voulons maintenant nous élever au deffus de cet Air groffier, dont nous avons décrit les parties , & rechercher ce qui y peut eftre, il eft aifé ce me femble de conjecturer qu’il ne peut gueres y avoir que de la matiere du premier & du fecond Element : Car quel- qu’autre chofe que l’on y vouluft placer, comme elle ne pourroit avoir autant de force & d’agitation qu’elle, pour s’éloigner du centre du tourbillon qu’elle parcourt, elle feroit bien-toft repouffée vers ce centre, & ne pour- roit occuper la place qu’on luy voudroit affigner ; Et ainfi ce ne peut eftre que de cette matiere qui s’éleve

au deſſus de l'Air. Quant au nom qu'on luy pourroit
donner, je veux bien que ce ſoit celuy d'Ether, pour nous
accommoder à la façon de parler d'Ariſtote ; Mais je
n'eſtime pas qu'on luy doive donner le nom de Feu,
parce que ce mot eſt déja uſurpé pour ſignifier une
ſubſtance chaude & lumineuſe ; & qu'on ne luy ſçauroit
donner ce nom, ſans dóner à pluſieurs occaſion de croire qu'il y a au deſſus de l'air un feu, ſemblable à celuy qui
nous échauffe icy bas& qui nous éclaire; Ce qui repugne
à l'experience; non ſeulement parce que ce feu ne ſe fait
point voir, non pas meſme pendant la nuit, mais auſſi
parce que bien loin de faire ſentir de la chaleur, l'on
ſent au contraire d'autant plus de froid qu'on s'éleve au
deſſus de la ſurface de la Terre.

CHAPITRE III.

De l'Eau.

P O U R avoir une connoiſſance plus particuliere des
Eſtres Terreſtres, conſiderons derechef la Terre,
& prenons garde que la Terre eſtant poreuſe (comme
il a déja eſté remarqué) & que tout eſtant plein, tous
ſes pores doivent neceſſairement eſtre remplis de la
matiere du premier Element ; mais comme ils ſont
longs & étroits, leur extrême petiteſſe ne permet preſque pas aux diverſes parties de cette matiere de ſe mouvoir autrement que ſelon la longueur ; Ce qui fait qu'-
elles demeurent comme en repos les unes à l'égard des

I.
De la nature de l'Eau.

autres, & qu’ainsi elles se figent, & forment certains petits corps qui ont la figure de ces pores. Maintenant si nous considerons à quoy pourroit ressembler (entre les choses qui sont dans la Nature) un amas d’une infinité de ces petits corps qui ont eu des pores ondoyans pour moules, qui par consequent ressemblent à de petites cordes, & qui ne peuvent manquer d’estre fort souples, ayant esté contraints de se plier plusieurs fois en divers sens pendant qu’ils se sont formez, il y a lieu de croire qu’un tel amas pourroit bien ressembler à ce qu’on appelle de l’Eau, & en avoir toute la Nature, puis que nous trouvons en luy toutes les proprietez que nous remarquons en elle.

II.
Pourquoy elle est ordinairement liquide; Et comme elle se peut glacer.

Car premierement, si l’Eau ressemble a un amas de ces petits corps, il est certain qu’elle doit estre liquide, à cause que ses parties estant fort delicates, peuvent facilement estre meües par la matiere du second Element qui les penetre & environne presque de tous côtez; Mais il n’y a pas aussi de repugnance qu’elle ne puisse quelquefois devenir dure, & paroître sous la forme de glace, parce qu’il peut y avoir des temps & des lieux, ausquels la matiere du second Element ayant beaucoup moins d’agitation, ou estant beaucoup plus subtile qu’à l’ordinaire, n’aura par consequent pas assez de force pour mouvoir ses parties separément les unes des autres, autant qu’il faut pour la rendre liquide.

III.
Pourquoy elle est pesante.

La pesanteur de l’Eau se conclud aussi assez aisément de cette supposition, puis qu’elle ne dépend que de ce que ses parties n’ont pas autant de mouvement qu’il

faudroit qu'elles euſſent, pour les déterminer à s'éloigner du centre de la Terre ; vers où par conſequent
elles doivent neceſſairement eſtre repouſſées par l'action
du 2. Element ; Et c'eſt ce qui fait que l'eau eſt peſante.

Maintenant, que l'eau qui eſt durcie en glace ſoit
froide, il n'y a pas lieu de s'en étonner, puiſque c'eſt
une ſuite & un effet du repos de ſes parties, ainſi qu'il
a eſté expliqué cy-deſſus en parlant de la froideur ; Mais
quand elle eſt liquide, la chaleur & la froideur luy ſont
également indifferentes, parce que de ſa nature elle eſt
également ſuſceptible du plus ou moins d'agitation
qui eſt neceſſaire pour la rendre & faire paroître chaude
ou froide.

IV.
Que la froi-
deur ne luy
eſt pas plus
naturelle que
la chaleur.

Et s'il arrive que l'Eau que l'on a échauffée ſur le feu
ſe refroidit petit à petit, ce n'eſt pas qu'elle ait aucune
inclination particuliere à la froideur ; mais cela vient de
ce qu'elle eſt alors en eſtat de communiquer une partie de ſon mouvement, (en quoy conſiſte toute ſa chaleur) aux choſes qui l'environnent, & qui en ont moins
qu'elle : Ce qui ſe confirme, en ce que ſi l'on enferme
de l'eau chaude dans quelque vaiſſeau qui l'empêche
en quelque façon d'avoir communication avec les choſes d'alentour, dont les parties ſont ſuſceptibles de mouvement, on experimente qu'elle conſerve fort long-
temps ſa chaleur.

V.
Que l'eau
chaude ne
tend pas
d'elle meſme
à ſe refroi-
dir.

Lors que l'eau s'échauffe un peu ſenſiblement, il
arrive que quelques-unes de ſes parties échapent du
lieu où elles ſont, & qu'elles prennent l'eſſor dans l'air,
& là eſtant agitées en rond par la matiere du premier
& du ſecond Element qui les environne, elles s'éten-

VI.
Que l'eau eſt
capable
d'une tres-
grande rare-
faction.

V iij

dent de toute leur longueur, & fe chaffent non feulement les unes les autres, mais auffi chaffent d'autour d'elles toutes les parties d'air qui pourroient fe rencontrer dans les efpaces fpheriques dont elles font comme les diametres.

VII.
Que l'évaporation de l'eau ne fait pas que fes parties changent de nature.

Cette grande agitation des parties de l'eau, qui fait qu'elles fe feparent les unes des autres, eft tout le changement qui arrive à l'eau lors qu'on dit qu'elle eft convertie en vapeur; Ce qui fe prouve, parce que s'il arrive qu'elles perdent une partie de leur mouvement, comme en effet elles en perdent à la rencontre des corps froids, on s'apperçoit qu'elles fe rejoignent derechef les unes aux autres, & compofent de l'eau toute femblable à celle qu'elles compofoient avant que de s'eftre converties en vapeurs.

VIII.
Que l'air ne fe change pas en eau.

Je n'ignore pas qu'il y en a qui font prevenus de cette opinion, que l'eau qui s'évapore fe change en air, & qui croyent auffi que l'air change de Nature & fe convertit en eau, lors qu'expofant un corps froid à des vapeurs qui s'élevent dans l'air, l'on voit que fa furface fe couvre toute d'eau; Mais pour les détromper, je veux bien leur dire une experience que j'ay faite, & qu'ils pourront faire eux-mefmes, eftant tres-aifée à faire, qui leur fera connoître que l'air ne fe change point en eau. J'ay donc pris une de ces bouteilles de verre à long col, que les Chymiftes appellent des Matras, qui tenoit bien deux pintes; je l'ay fait fceller hermetiquement, en forte qu'elle eft demeurée pleine d'air; En fuite dequoy je l'ay enfoncée dans un petit tonneau plein d'eau, qui eftoit au fond d'une cave, où elle a demeuré trois ans entiers, sinon que je la retirois de temps en temps pour voir ce qu'elle contenoit; Et je n'ay jamais apperceu qu'il sust arrivé aucun changement sensible à l'air, ny qu'il s'en sust fait la moindre goutte d'eau; Ce qui auroit sans doute dû arriver, à cause de la fraîcheur de ce qui environnoit la bouteille, si la transmutation des Elemens se faisoit comme le pretendent certains Philosophes.

Comme les parties de l'eau qui prennent la forme de vapeurs se choquent en tout sens, & se chassent mutuellement de tous côtez, & qu'elles ne peuvent se mouvoir avec toute la liberté & l'étenduë que requiert leur agitation, si elles ne s'élevent en haut, & ne s'éloignent du centre de la Terre, à cause que pour l'ordinaire elles rencontrent moins de resistance de la part de l'air qui est au dessus, que de la part des corps qu'elles ont au dessous & à côté, cela est cause qu'elles s'en éloignent en effet, & qu'elles s'élevent dans l'air ainsi que nous voyons.

IX.
Pourquoy les vapeurs montent en haut.

La facilité avec laquelle les parties de l'eau se peuvent plier, fait qu'elles ne peuvent pas beaucoup ébranler les corps contre lesquels elles heurtent, non plus qu'on ne peut gueres ébranler un corps en dardant contre luy une corde toute droite, au lieu qu'on l'ébranleroit assez sensiblement si on dardoit contre luy un bâton de pareille longueur, grosseur, & pesanteur; Et cela est aussi cause que l'eau s'appliquant à la langue, ne fait presque que glisser dessus, & ainsi qu'elle est insipide, & n'excite presque aucun sentiment de saveur; Et comme les parties des corps odorans qui

X.
D'où vient que l'eau est presqu'insipide, & sans odeur.

excitent en nous le fentiment d'odeur, font les mefmes qui peuvent exciter le fentiment de faveur en s'appli-quant à la langue, il eft évident que les parties d'eau qui ne peuvent pas fe faire fentir favoureufes, ne peuvent pas auffi paroître odorantes.

XI.
Pourquoy l'eau penetre fi aifément les pores de plufieurs corps durs.

Cette mefme facilité à fe plier fait auffi que les parties de l'eau n'exigent pas que tous les pores des corps durs foient exactement droits, foit pour les penetrer, foit pour en fortir quand elles y font une fois enga-gées.

XII.
Pourquoy elle ne paffe pas par toutes fortes de pores.

Mais comme les parties de l'eau ont une certaine groffeur & une certaine figure, elles demandent du moins que les pores des corps durs foient d'une cer-taine grandeur pour les pouvoir penetrer ; Ainfi, fi nous voyons que l'eau paffe au travers de certains corps, & qu'elle demeure renfermée dans d'autres, que la raifon nous affure avoir des pores, nous ne le devons trouver non plus étrange, que fi nous voyions certains grains paffer au travers d'un crible qui a fes trous affez grands, & ne pouvoir paffer par un autre qui les a plus petits.

XIII.
Erreur de la plus-part des Philofophes au fujet de l'eau.

Cette confideration, à fçavoir, que l'eau paffe aifé-ment par certains pores, & point du tout par d'autres, peut fervir à détromper ceux qui croyent que l'eau eft un tout continu, homogene, & fans aucune divifion ac-tuelle ; & qu'il n'eft liquide, qu'à caufe qu'il fe peut tres-facilement divifer de tous côtez, & en tout fens : Car fi cela eftoit, on ne pourroit affigner aucun point ma-thematique dans l'eau, par lequel elle ne fe pûft divi-fer auffi commodement que par tout autre, c'eft à dire, qu'elle fe pourroit divifer tres-aifément jufqu'à l'inde-finy ;

finy ; Et par confequent l'eau devroit auffi-toft paffer par les pores du verre, que par ceux que des grains de fable laiffent entr'eux lors qu'ils fe touchent ; ce que l'experience dément vifiblement.

L'on pourroit encore icy déduire plufieurs autres proprietez de l'eau, enfuite de la nature que nous luy attribuons, mais il fera plus à propos d'en parler en d'autres rencontres ; c'eft pourquoy nous pafferons à l'explication du Sel.

CHAPITRE IV.

Du Sel.

MON deffein eft principalement de traiter icy du Sel Commun, qui fe tire pour l'ordinaire de l'eau de la Mer. Et pour en connoître la Nature, & en découvrir toutes les proprietez, il fuffit de concevoir que c'eft un amas de plufieurs petites parties longues & droites, chacune defquelles eft compofée de la matiere du premier Element qui s'eft figée, & qui a pris la forme qu'elle a, en paffant par les pores longs & droits que nous fçavons fe rencontrer principalement dans la Terre Interieure : Car cela pofé, nous avons l'explication de toutes les proprietez de ce Sel.

Et premierement, comme la matiere du premier Element n'a pas efté obligée de fe plier en divers fens, ny de fe tant defunir, en fe figeant dans des pores qui eftoient tout droits, qu'en fe figeant dans ceux dont

I.
De la Nature du Sel.

II.
Pourquoy il eft dur.

X

les moules eſtoient ondoyans, il s’enſuit qu’il doit y avoir plus de matiere en repos pour compoſer une par-tie de Sel , que pour compoſer une partie d’eau , & qu’ainſi les parties du Sel ſont plus maſſives , & avec cela ſe plient plus mal-aiſément, que les parties de l’eau; Comme donc celles-cy reſiſtent bien quelquesfois de telle ſorte à l’action du ſecond Element , qu’elles de-meurent en repos les unes contre les autres , & com-poſent un corps dur , cette proprieté ſe doit rencontrer à plus forte raiſon dans les parties du Sel.

III.
Pourquoy il eſt plus pe-ſant que l’eau.

La meſme raiſon qui nous prouve que le Sel eſt dur , nous prouve auſſi que chacune de ſes parties eſt plus peſante que chacune de celles dont l’eau eſt compoſée ; Et il eſt certain auſſi que les maſſes ſenſibles de Sel doi-vent eſtre plus peſantes qu’un égal volume d’eau; à cauſe que les parties dont ces maſſes ſont compoſées, ont une figure qui leur permet de s’unir aſſez étroitement, pour faire qu’elles contiennent plus de matiere Terreſtre, qu’il n’y en a dans des maſſes égales d’eau ; Ainſi, nous ne nous étonnerons point que les grains de Sel tom-bent au fond de l’eau. Mais ſi eſtant fondu , c’eſt à dire , ſi eſtant diviſé en ſes premieres petites parties, nous voyons qu’il nage dans l’eau, & qu’il ne ſe préci-pite pas au fond , nous ne devons pas attribuer cet effet à la petiteſſe de ſes parties, mais à la Nature du corps liquide dans lequel il nage, qui eſt telle, que ſes par-ties ſe mêlent & s’entortillent aiſément avec les ſien-nes , & que ſe mouvant indifferemment de tous côtez, elles ramenent vers le haut autant de parties de Sel qu’il y en a que leur peſanteur fait deſcendre.

L'air pur est composé de parties trop delicates pour pouvoir ébranler celles du Sel qu'elles choquent, elles sont plûtost contraintes de rejaillir avec tout leur mouvement; C'est pourquoy, lors que nous voyons que du Sel se fond à l'air, cet effet doit estre plûtost attribué aux parties de l'eau qui volent dans l'air en forme de vapeurs, qu'aux parties de l'air mesme; Aussi voyons nous que le Sel ne s'y fond jamais qu'en temps humide.

La figure longue & droite des petites parties du Sel les dispose à se mouvoir beaucoup plus aisément en avançant de pointe que de travers ; & comme avec cela elles sont aussi inflexibles , cela fait qu'elles ont beaucoup de force pour ébranler les petits filets des nerfs de la langue, & qu'elles excitent un sentiment de saveur fort aiguë.

Cette mesme figure jointe à leur roideur les rend aussi capables de penetrer dans les pores des chairs, & d'empêcher qu'elles ne se corrompent: Car elles y occupent la place d'autant de matiere plus delicate qu'elles chassent, & dont l'agitation pourroit causer la dissipation des autres parties ; Et deplus, s'arrêtant entre les parties des chairs comme autant de petits clouds, fermes & inflexibles , qui les retiennent unies ensemble, elles empêchent que les autres parties plus flexibles qui sont parmy, ne les agitent & ne les des-arrangent ; Ce qui fait que les chairs se conservent sans se corrompre, & se durcissent mesme à la longue.

Quand du Sel est fondu dans de l'eau, les parties de l'eau ont moyen de se roler alentour du Sel, & de se

gele plus
malaisément
que l'eau
douce.

mouvoir commodement , en paſſant d'une partie à l'autre, & demeurant toûjours pliées d'une meſme façon ; au lieu que quand les parties de l'eau ne ſont point accompagnées de celles du Sel, leurs diverſes rencontres les obligent à tous momens de ſe plier & déplier en pluſieurs façons differentes , ce qui conſume une partie de la force avec laquelle la matiere du ſecond Element les agite ; ſi-bien qu'il luy en reſte moins pour mouvoir les parties de l'eau ſeules , que pour les mouvoir quand elles ſont accompagnées de celles du Sel; D'où il ſuit , que l'eau douce eſt plus en eſtat de perdre ſon mouvement , ou de ſe durcir en glace, que l'eau ſalée.

VIII.
Pourquoy
elle eſt plus
tranſpa-
rente.

Si nous conſiderons que l'eau n'eſt tranſparente, qu'à cauſe que la matiere du ſecond Element qui eſt dans ſes pores, peut tranſmettre au delà l'action des corps lumineux , nous aurons raiſon de conclure que l'eau ſalée doit eſtre plus tranſparente que l'eau douce : Car la matiere du ſecond Element qui eſt entre les parties de l'eau ſalée ; conſerve plus de mouvement que celle qui eſt entre les parties de l'eau douce, & ainſi eſt plus propre à tranſmettre l'action des corps lumineux.

IX.
Secret pour
glacer de
l'eau dans
un lieu
chaud.

On s'étonne ordinairement de voir , que dans un lieu aſſez chaud, mêlant des quantitez à peu prés égales de Sel & de neige, ou de glace pilée, dont on entoure un verre plein d'eau, l'eau de ce verre ſe gele, à meſure que le Sel & la neige ſe fondent ; Mais l'on en comprendra aiſément la raiſon , & ainſi l'on ceſſera de s'en étonner, ſi l'on conſidere que de quelque maniere que l'eau foit gelée, foit qu'elle paroiffe en forme de glace, ou en forme de neige, la matiere du fecond Element qui eft dans fes pores, doit eftre plus fubtile ou moins agitée que celle qui eft dans les pores de l'eau commune, autrement elle auroit la force de l'entretenir liquide; Au contraire, fi l'air eft temperé, comme on le fuppofe, il faut que la matiere du fecond Element qui eft dans fes pores, & dans ceux de l'eau qui eft contenüe dans le verre, foit moins fubtile & plus agitée que celle qui eft dans les pores de la neige ou de la glace; Or comme cette matiere fubtile qui eft dans le verre, tend continuellement à paffer d'un lieu dans un autre, & principalement dans celuy où elle peut fe mouvoir avec plus de facilité, il s'enfuit qu'elle paffe en effet dans les pores du compofé du Sel & de la neige qui fe fond, où elle fe meut plus facilement que dans les pores de l'eau du verre; & en mefme temps qu'il entre dans le verre autant de la matiere plus fubtile & moins agitée qui eftoit auparavant dans la neige ou dans la glace, pour fucceder & prendre la place de celle qui en eft fortie, laquelle n'ayant pas la force de mouvoir les parties de l'eau douce qui eft dans le verre, ne peut empêcher que leur pefanteur ne les arrefte les unes auprés des autres, & confequemment qu'elles ne compofent un corps dur, c'eft à dire, qu'elles ne fe gelent.

Les Chymiftes difent que le Sel eft fort fixe, à caufe qu'ils experimentent qu'il s'évapore tres difficilement, dont la raifon fe tire de la nature que nous luy attribuons: Car outre qu'il eft plus pefant que l'eau, il eft

X.
Pourquoy le Sel ne s'eva-pore point.

X iij

certain qu'il eſt tres difficile qu'il puiſſe monter en tour-
noyant, comme font les parties de l'eau qui s'élevent
en vapeurs ; à cauſe que la roideur de ſes parties, qui
s'entrechoquent les unes les autres, ſeroit un obſtacle
à cette ſorte de mouvement ; Ainſi, il ne ſçauroit preſque ſe diſpoſer à avancer que de pointe ; Et comme
dans cette ſituation chaque partie a un bout tourné
vers la Terre, il arrive que leur peſanteur les fait deſcendre avec plus de force, que le peu de matiere ſubtile qui s'applique à leur pointe n'en a pour les faire
monter.

XI.
Comment il
ſert à fondre
les metaux.

Quand donc les parties du Sel ſont ſeparées de celles de l'eau, il n'y a qu'une force extraordinaire, & telle
que l'experience nous fait remarquer dans la flamme,
qui puiſſe l'entretenir en mouvement, & nous le faire
paroître ſous la forme d'une liqueur ; Mais ſi le Sel eſt
joint à la matiere qui a coûtume de nourrir la flamme,
ſa ſolidité la rendra plus efficace, & capable de diſſoudre des corps qui reſiſtent à ſon action ordinaire, tels
que ſont la plus-part des metaux ; Auſſi voyons-nous
que les ouvriers employent des Sels pour aider le feu à
les diſſoudre.

XII.
Pourquoy le
ſel penetre
difficilement
les pores de
certains
corps.

Comme les parties du Sel ne ſont pas ſouples & pliantes comme celles de l'eau, il eſt aiſé de comprendre
que s'il s'en preſente confuſémeut des unes & des autres pour paſſer par des pores qui ſoient fort étroits &
tortus, il n'y aura que celles de l'eau qui pourront paſſer, & que celles du Sel demeureront engagées dans les
replis qu'elles rencontreront ; Auſſi voyons-nous que
l'eau de la Mer paſſant au travers de beaucoup de ſa-

ble, quitte petit à petit son Sel, & s'adoucit à la fin.

La mesme roideur qui empêche les parties du Sel de penetrer fort avant dans les pores étroits & tortus de certains corps, est cause aussi qu'elles en sortent difficilement lors qu'elles s'y trouvent engagées ; Et c'est ce qui oblige les Chymistes à reduire en cendre les plantes dont ils veulent tirer le Sel, & à ouvrir ainsi les petites prisons de chaque partie.

Le Sel estant donc tel que nous l'avons décrit, nous ne devons plus trouver étrange que l'eau de la Mer estant extraordinairement agitée par un temps chaud, ses vagues produisent la nuit une infinité d'étincelles dans l'air : Car nous pouvons bien penser que ces vagues éparpilleront dans l'air plusieurs gouttes, qui se diviseront encore en d'autres plus petites, & que quelques-unes des parties du Sel qui sont les plus massives & les plus agitées se pourront dégager de celles de l'eau, & s'élancer de pointe dans l'air, entourées de la seule matiere du premier Element, qui leur pourra donner assez de force pour pousser le second, & produire ainsi de la lumiere.

Pour cet effet neantmoins, il est necessaire que les parties du Sel soient fort glissantes ; C'est pourquoy l'eau de la Mer qu'on a gardée long-temps, & la saumure, dont les parties sont chargées d'ordures, & comme roüillées, ne sont nullement propres à produire des étincelles.

Il est encore necessaire que les parties de l'eau douce, qui sont rolées alentour de celles du Sel soient extraordinairement souples, pour se pouvoir déplier fort

sont princi-
palement en
Esté.

aisément, & donner plus de liberté à celles du Sel de se dégager ; Or cela ne peut gueres arriver que pen-dant les grandes chaleurs de l'Esté ; Aussi ne voit-on communement de ces étincelles qu'en ce temps-là.

XVII.
D'où vient
que toutes
sortes de va-
gues ne sont
pas propres à
produire des
étincelles.

Enfin, il est évident qu'il est besoin pour cela d'une agitation assez forte, & que les parties du Sel se meu-vent de pointe, pour se pouvoir aisément dégager des gouttes d'eau ; Et cecy fait qu'il ne sort pas des étincel-les de toutes les vagues, ny de toutes les gouttes d'une mesme vague.

XVIII.
Comment se
fait le Sel
dans les Ma-
rais salans.

Si ce Phénomene est un sujet d'étonnement pour quelques-uns, ils ne doivent pas avoir moins d'admi-ration s'ils considerent la formation du Sel qui se fait aux côtes de France. Ceux qui y travaillent choisissent des lieux fort bas, que la Mer inonderoit lors qu'elle est fort haute, s'ils ne luy opposoient quelques digues. Dans la plus grande hauteur de la Mer ils ouvrent des écluses, qui donnent passage à de l'eau salée, dont ils remplissent de grands reservoirs; puis ils ferment leurs écluses. Ensuite dequoy, ils gardent quelque-temps cette eau dans leurs reservoirs, laquelle s'évapore en partie, & ainsi ce qui reste devient plus salé; Alors on fait couler cette eau dans de petits canaux, sembla-bles aux allées de nos parterres, dont le fond est de terre grasse, qui ne se laisse pas aisément penetrer ; Et par-ce que tout cecy se fait durant l'Esté, l'eau douce ne tarde gueres à s'évaporer ; & à mesure qu'elle s'éva-pore les grains se forment au dessus de celle qui reste dans les canaux. Ces grains sont tous d'une figure approchante de la cubique, si ce n'est que le quarré de

dessus

deſſus eſt plus grand que celuy de deſſous, & que les
quatre autres faces qui ſont à côté ſont comme des tra-
peſes un peu convexes, & qu'avec cela la face de deſſus eſt preſque toûjours creuſe vers le milieu. Quand
les premiers grains ſont formez, & parvenus à une
certaine groſſeur, ils tombent au fond, aprés quoy il
s'en forme d'autres, juſqu'à ce qu'il ne paroiſſe plus
d'eau; & alors on amaſſe le Sel, & on en fait d'autre
de la meſme maniere.

Afin d'éclaircir ce qui ſe peut trouver en cecy de plus
remarquable, conſiderons qu'encore que le Sel ne monte pas en vapeur, on ne ſçauroit pourtant nier que quelques-unes de ſes parties ne ſoient entraînées par celles
de l'eau douce que la chaleur diſpoſe à s'envoler dans
l'air, en ſorte qu'elles penetrent avec elles environ deux
doigts dans ſon épaiſſeur; aprés quoy eſtant débaraſ-
ſées des parties de l'eau douce, qui les quitte & les aban-
donne, leur peſanteur les fait tomber; Et cela ſe juſtifie
clairement, parce que ſi l'on met à cette hauteur quelques baguettes audeſſus de l'eau ſalée qui s'évapore, elles
ſe chargent d'un glacis de Sel, qu'on ne verroit pas ſi ces
baguettes avoient eſté miſes quelque peu plus haut:
Ces petites parties de Sel qui retombent ainſi ſur l'eau,
nagent au deſſus de ſa ſurface, par la meſme raiſon
que nous avons dit auparavant que de petites aiguilles
d'acier y pouvoient nager; Ainſi, ſans s'enfoncer tout-
à-fait dans l'eau, elles font ſeulement plier tant ſoit peu
ſa ſurface, & chacune ſe trouve placée dans le fond
d'une petite foſſe qui s'étend quelque peu à la ronde;
Et quand celles qui ſe rencontrent ainſi au deſſus de

XIX.
Comment les parties du ſel ſe dégagent de celles de l'eau.

Y

l’eau ne sont pas encore en grand nombre, elles y sont éparses assez loin les unes des autres, & sans aucun ordre, ainsi qu’elles sont icy representées vers A.

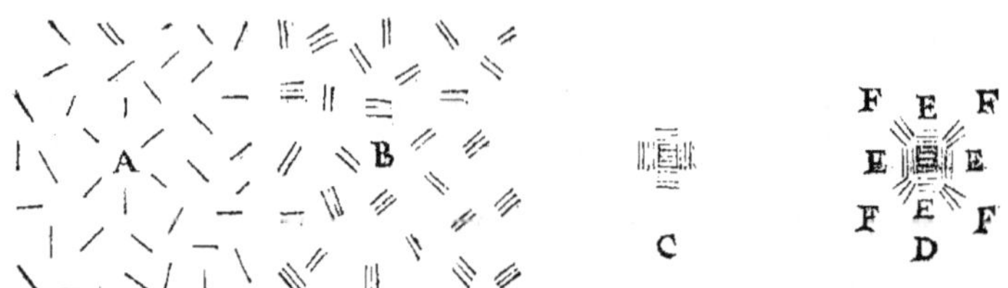

XX.
Comment elles se rangent à côté les unes des autres sur la surface de l’eau.

Mais quand il y en a une grande quantité, alors celles qui viennent à tomber sur sa surface, tombent necessairement sur le bord de quelques-unes des fosses que les premieres ont creusées, ce qui fait qu’elles glissent au bas de ces fosses, & qu’elles se rangent à côté d’elles, comme on les voit icy representées vers B ; de mesme qu’il arrive à ces petites aiguilles d’acier que l’on fait nager sur l’eau : car si tost qu’il y en a deux assez prés l’une de l’autre, tout aussi-tost l’on voit qu’elles se rangent ainsi à côté les unes des autres.

XXI.
Comment elles forment une espece de Croix.

Les parties du Sel doivent continuer à se ranger de cette façon, jusqu’à ce qu’il s’en trouve une telle quantité qu’elles composent un petit quarré ; Mais quand ce quarré est formé, comme la fosse qu’il fait sur l’eau est alors également creuse par tout, il n’y a pas plus de raison pourquoy il se doive plûtost ranger de nouvelles parties de sel à côté des premieres, que le long des bouts ; si-bien qu’il s’y en arrange en effet de part & d’autre ; d’où vient qu’elles representent une espece de Croix, comme il paroist icy vers C.

Deplus, comme la foſſe que font alors ces petites parties de Sel, eſt un peu plus profonde vers les quatre angles rentrans de la Croix, qu'elle n'eſt ailleurs, à cauſe que ces endroits ſont quelque peu plus proches du milieu que ne ſont les autres, celles qui ſurviennent de nouveau gliſſent dans ces lieux-là, & s'y placent du ſens qui eſt icy repreſenté vers D.

XXII.
Comment les angles de cette Croix ſe rempliſſent.

Quand il y en a ainſi un grand nombre de jointes enſemble, elles peſent alors aſſez ſenſiblement ſur l'eau pour faire que la foſſe ſoit aſſez profonde, & la pente de ſes bords aſſez ſenſible; C'eſt pourquoy, celles qui viennent aprés à tomber, ont la force de rouler pardeſſus les premieres, & de ſe ranger de la meſme façon qu'elles ont fait; Et ſe rangeant ainſi les unes ſur les autres, elles commencent l'épaiſſeur d'un grain, dont la largeur augmente à meſure qu'il groſſit, à cauſe qu'il ſe range toûjours plus de parties de Sel à côté les unes des autres, pour compoſer la feüille de deſſus, qu'il ne s'en eſtoit rangé pour compoſer celle de deſſous.

XXIII.
Comment l'épaiſſeur d'un grain augmente.

Mais il ne faut pas penſer que la choſe devienne ſenſible, à moins qu'il n'y ait un grand nombre de feüilles les unes au deſſus des autres; Et alors, comme la longueur des côtez de chaque feüille eſt beaucoup accrüe, pluſieurs de ces petites parties ſe rangent bout à bout, & ſe joignent à côté des premieres. Et dautant que les endroits de la foſſe que chaque grain de Sel fait ſur l'eau, ſont d'autant plus profonds qu'ils ſe rencontrent plus proches du milieu, & que les parties du Sel deſcendent toûjours le plus bas qu'il eſt poſſible, il s'enſuit qu'il s'en place beaucoup plus à côté des pré-

XXIV.
Comment un grain devient quarré.

cedentes , aux endroits marquez E , qu’aux endroits marquez F ; ce qui fait que les feüilles qui fe forment alors font toutes quarrées.

XXV.
Pourquoy le deffus des grains pa-roift creux.

Mais parce qu’elles acquierent à la longue une grandeur fenfible , & que l’âpreté de leur fuperficie ne permet pas aux parties du Sel qui tombent de nouveau, de rouler par-deffus que tres difficilement , cela fait que celles qui compofent les dernieres feüilles, & qui font le deffus d’un grain, ne parviennent pas jufqu’au milieu, lequel par ce moyen demeure vuide en chaque feüille; ce qui eft caufe que le deffus de chaque grain paroift creux, & qu’il flotte un peu plus long-temps & plus aifément fur l’eau ; Et comme fa pefanteur ne le fait pas defcendre fi vîte qu’il feroit s’il n’avoit point de vuide, plus de nouvelles parties ont le loifir de fe joindre à côté des autres, & d’augmenter ainfi notablement fa largeur.

XXVI.
Comment il eft poffible que ces grains foient fort menus.

Enfin la pefanteur d’un grain devient telle, qu’elle le fait précipiter au fond de l’eau ; Ce qui arrive d’autant plûtoft que la chaleur eft plus grande, à caufe que l’agitation des parties de l’eau facilite fa divifion ; Et cette chaleur pourroit mefme eftre fi grande, que la groffeur des grains ne feroit que tres-peu fenfible lors qu’ils tomberoient au fond de l’eau ; en forte que le Sel qu’on en retireroit ne feroit que comme de la pouffiere, ou comme du Sel pilé.

XXVII.
Pourquoy ils font plus fragiles par les carnes , qu’-ailleurs.

De la façon que nous avons dit que les grains de Sel fe forment, on peut conclure qu’ils doivent eftre plus fragiles par les carnes que par tout ailleurs, à caufe que c’eft en ces carnes que les parties du Sel fe font le plus mal rangées ; d'où vient aussi qu'elles sont assez mousses.

De plus, il est aisé de concevoir que quelques parties d'eau douce peuvent demeurer engagées entre celles du Sel qui composent ces grains, où se trouvant à l'étroit, elles ne peuvent estre agitées en rond qu'en demeurant repliées. Mais quand une violente chaleur leur donne assez de force pour s'étendre, elles le font alors en rompant leur petite prison avec éclat ; Et c'est la raison pourquoy les grains de Sel petillent estant jettez dans le feu. Ce que l'experience confirme, parce que si ces grains sont fort secs, c'est à dire, s'ils ne renferment aucune partie d'eau, ou mesme si on les écrase, & si on les réduit en une poussiere fort menuë, pour lors ils n'ont point, ou cessent d'avoir la proprieté de petiller.

Les parcelles d'eau qui sont ordinairement renfermées parmy celles du Sel, servent aussi à faire qu'il se fonde plus facilement quand on le met dans un creuset au milieu d'un grand feu ; Aussi voit-on que le Sel que les Chymistes appellent décrepité, qui a dû perdre toute l'eau qu'il contenoit, ne se fond que tres difficilement.

De ce que les parties du Sel sont si massives qu'elles resistent à l'action du second Element, il s'ensuit que les petites boules, par l'entremise desquelles nous avons dit que les corps lumineux étendent au loin leur action, tombant sur des grains de Sel, passeront tout au travers, ou seront reflechies sans aucune diminution de leur mouvement ; C'est pourquoy, ces grains ne doi-

violette qu'-
on y remar-
que quel
qu.sfois.

vent paroître que tranfparens, ou tous blancs. Et parce que ces mefmes parties font fort fixes, il s'enfuit
auffi qu'elles ne peuvent que tres difficilement s'exhaler, & confequemment que le Sel ne doit avoir aucune
odeur; Que fi l'experience femble contraire à cela,
en ce que la plufpart du Sel eft gris, & que le Sel nouveau fait quelquesfois fentir une odeur de violette, ce
n'eft pas que nous nous foyons mépris dans noftre rai-
fonnement; mais cela vient du mélange & de la difpofition des corps étrangers qui fe fourrent & fe gliffent
avec les premieres parties du Sel dans la compofition de
fes grains.

XXXI.
Que le fel
pur n'eft pas
gris ny odo-
rant.

Et de cecy nous avons une preuve convaincante, en
ce que fi aprés avoir fait fondre du Sel gris dans de l'eau
douce, l'on vient à la filtrer, & à l'expofer toute claire
à la chaleur de l'air, afin qu'il fe forme de nouveaux
grains, ils n'ont plus ny cette couleur fale, ny cette o-
deur que l'on remarquoit auparavant.

XXXII.
D'où vien-
nent quel-
ques autres
proprietez
du fel.

La matiere étrangere qui fe mêle avec les parties du
Sel, eftant diverfe felon la diverfité des côtes, eft caufe
des proprietez particulieres que l'on experimente dans
les Sels que l'on fait en chaque côte; Ainfi l'on ne doit
pas trouver étrange, que le Sel des côtes de France puiffe
eftre utilement employé à certains ufages, aufquels
celuy que l'on fait aux côtes d'Efpagne ne feroit aucunement propre.

XXXIII.
Pourquoy le
fel fe rencon-
tre principa-
lement dans
la Mer.

Au refte, c'eft dans la Mer que le Sel fe doit principalement rencontrer: Car quoy qu'il s'en forme une
grande quantité dans les entrailles de la Terre, & mefme en des endroits qui font fort éloignez de la Mer,

neantmoins comme fa pefanteur le fait toûjours tendre vers le bas, & qu'elle l'y porte le plus fouvent, il
arrive qu'eftant là, des veines d'eau qui ont communication avec la Mer, le détrempent, & le portent avec
elles dans la Mer.

Et je diray icy en paffant que c'eft une erreur d'affurer avec Ariftote, que la Salure de la Mer dépend de
ce que fes eaux font brûlées par les rayons du Soleil :
Car l'on n'a jamais experimenté que la chaleur de cet
Aftre, ou mefme celle de la flamme, ait converty de
l'eau douce en de l'eau falée.

XXXIV.
*Erreur d'A-
riftote tou-
chant la fa-
lure de la
Mer.*

Ce qui femble en quelque façon favorifer cette erreur, eft, que les viandes rôties font plus favoureufes,
& font fentir un gouft de Sel aux endroits qui ont efté
le plus expofez au feu ; & mefme que l'eau de l'Ocean
eft plus falée dans la Zone Torride où le Soleil répand
plus de chaleur, qu'aux endroits qui font proches des
Poles. Mais pour ce qui eft des viandes , c'eft une
chofe conftante, & dont tous les Chymiftes convien-
nent, qu'il n'y en a point qui ne contiennent quelque
peu de Sel, qui eft à peu prés également répandu par
tout leur corps ; Or quand il eft agité par la chaleur
du feu, une partie eft déterminée à fe porter vers la
fuperficie, & mefme à s'exhaler, de mefme que font les
parties les plus liquides, & qui caufent cette fumée que
l'on voit fortir de la viande que l'on rôtit au feu ; Mais
comme il n'y a que celles qui font infipides qui puiffent
fe porter au haut & au loin, à peine les parties du fel fe
font elles éloignées de deux ou trois doigts de la viande , que leur pefanteur les fait defcendre, & retom-

XXXV.
*Pourquoy les
viandes rô-
ties font plus
favoureufes
vers leur
fuperficie.*

ber fur fa fuperficie ; ce qui donne à ces endroits-là ce gouft piquant & relevé que l'on experimente.

XXXVI.
Pourquoy la Mer eft plus falée entre les deux tropiques.

Quant à la difference que l'on obferve entre la falure de l'eau de la Mer qui eft entre les deux Tropiques, & celle de l'eau qui eft plus prés des poles, elle vient de ce que le Soleil répandant plus de chaleur vers la ligne Equinoxiale qu'aux lieux qui en font éloignez, il arrive qu'une plus grande quantité departies d'eau douce s'élevent là continuellement en vapeurs, lefquelles ne retombent en pluye que bien loin delà ; Si-bien que ce qui tempere le Sel fe trouvant en moindre quantité dans les Mers qui font entre les deux Tropiques, qu'en celles des Zones Froides & Temperées ; Ce n'eft pas merveille fi fes eaux font plus falées ; Ajoûtez à cela que l'étenduë de l'Ocean eft bien plus vafte entre les deux Tropiques, qu'ailleurs, & cependant il s'y décharge moins de Rivieres.

XXXVII.
De la nature de diverfes fortes de fels.

Aprés avoir expliqué la plus-part des proprietez du Sel Commun, il ne nous refte plus rien autre chofe à dire à l'égard des autres Sels qu'on tire de la Terre, comme le Nitre & l'Armoniaque, finon qu'ils ont une caufe à peu prés femblable ; & que ce qu'ils ont de particulier, vient de ce que leurs parties font plus ou moins groffes ; & qu'au lieu que celles du Sel Marin peuvent reffembler à des cilindres, les autres peuvent reffembler à des prifmes ou à des cones ; Et enfin quelquesuns de ces Sels peuvent eftre fi fubtils, qu'une mediocre chaleur eft capable de les faire envoler ; comme ceux que les Chymiftes appellent Volatils.

XXXVIII.

Une des principales circonftances qui eft à obferver,

&

& que je ne dois pas omettre, eſt, que toute ſorte de De la manie-
re de faire
l'huile, ou
l'eſprit de
ſel.
Sel peut changer de nature, & d'un corps dur qu'il eſ-
toit devenir une liqueur. Pour faire ce changement,
l'on prend du Sel, que l'on met ordinairement avec de
la brique pilée dans un vaiſſeau de terre qu'on nomme
une Cornuë ; l'on met cette Cornuë dans un grand
feu, dont la violence fait que ce Sel monte en forme
de vapeur, laquelle s'épaiſſiſſant tombe goutte à goutte
dans un Recipient ; Et c'eſt cette liqueur que les Chymiſtes appellent de l'Huile, ou de l'eſprit de Sel, ou
de l'Eau forte, dont on ſe ſert pour diſſoudre les métaux.

Et pour ſçavoir d'où luy peut venir cette force, il XXXIX.
Comment le
ſel ſe conver-
tit en li-
queur.
faut remarquer que les parties du Sel n'ont pû, de roi-
des qu'elles eſtoient, devenir pliantes, à force de paſſer
par les chemins détournez qui ſont entre les parties de
la brique, qu'en meſme-temps elles ne ſe ſoient appla-
ties d'un certain ſens ; en ſorte qu'au lieu qu'elles reſ-
ſembloient auparavant à de petits cilindres, elles ſont
devenuës comme des feüilles de roſeaux tranchantes
dés deux côtez ; Et c'eſt en cela que conſiſte cette qualité penetrante de l'eau forte ; & meſme ſa ſaveur extremement aigre, & fort differente de celle du Sel ;
lequel ne meut les nerfs de la langue qu'en s'y appliquant de pointe, au lieu que les parties de l'eau forte
peuvent faire impreſſion en tranchant par le côté.

Enfin tout ce que l'artifice produit dans les labora- XL.
De la nature
de l'alun &
du vitriol.
toires des Chymiſtes ſe fait naturellement dans les en-
trailles de la Terre, où l'on rencontre quelquesfois
des ſucs aigres & corroſifs, qui reſſemblent à de l'eau

Z

forte, & qui font capables de faire une infinité de diſ-
folutions de toutes fortes de corps , meſme les plus
durs. Or il eſt à remarquer, que ces ſucs ſont compoſez de deux ſortes de parties, les unes plus delicates,
& les autres moins, & que quand la chaleur qui ſe trouve dans la Terre a enlevé les parties les plus delicates
de ces ſucs, par l'entremiſe deſquelles le ſecond Element agitoit les plus groſſieres, la peſanteur de celles-
cy les peut faire arrêter en repos les unes auprés des
autres , & faire par ce moyen qu'ils compoſent des
corps durs dans leſquels ſe peuvent rencontrer toutes
les proprietez que l'on experimente dans l'Alun & dans
le Vitriol.

CHAPITRE V.

Des Huiles Minerales.

I.
De la nature
des Huiles.

NOus avons vû dans les diverſes proprietez de
l'Eau & du Sel, ce que les pores ondoyans & les
pores droits de la Terre Interieure peuvent produire ;
Il reſte maintenant à examiner ce que la troiſiéme ſorte
de pores , que nous avons comparez à des branches
d'arbres, eſt capable de faire naiſtre ; Et conſiderant
qu'il ſe trouve dans les minieres certaines liqueurs
graſſes & onctueuſes , qui ne coulent que difficilement , nous devons penſer que ces differentes ſortes
de liqueurs ne ſont autre choſe que les amas differens
d'un tres-grand nombre de parties branchües, chacu-

ne defquelles eft compofée de la matiere du premier Element, qui s'eft figée dans ces diverfes fortes de pores.

Ces fortes d'amas peuvent bien eftre liquides: Car fi d'un côté les parties qui les compofent femblent moins difpofées à glifler les unes auprés des autres, que ne font celles de l'eau, elles font en recompenfe moins propres à s'approcher les unes des autres; deforte qu'elles ont entr'elles de plus grands intervalles, qui peuvent con-tenir de la matiere fubtile en aſſez grande quantité pour en eftre continuellement agitées.

II. Pourquoy elles font liquides.

Auffi l'interruption qui eft entre les parties des corps huileux, fait qu'ils contiennent moins de leur propre matiere fous un certain volume, que fi ces parties fe pouvoient mieux ranger; d'où il fuit qu'ils doivent ef-tre pour l'ordinaire aſſez legers.

III. Pourquoy elles font plus legeres que l'eau.

Mais ils ne peuvent eftre que fort peu tranfparens; à caufe qu'ils émouffent la plus grande partie du mouve-ment de la matiere, par l'entremife de laquelle les ob-jets qui font au delà pourroient agir fur nos yeux.

IV. Pourquoy elles font moins tranf-parentes.

Et dautant que les parties des huiles ont des figures qui ne leur permettent pas de glifler fi aifément les unes contre les autres, que font celles de l'eau, quand avec cela il s'en rencontre quelques-unes qui font à peu prés auffi grofllieres que les fiennes, il peut arriver que la matiere du premier & du fecond Element n'aura pas aſſez de force pour les entretenir en mouvement, lors qu'elle en aura encore aſſez pour y entretenir les autres; C'eft pourquoy ces huiles fe devront geler plûtoft que l'eau, & ne devront pas neantmoins devenir fi dures

V. Pourquoy elles fe gelent plûtoft que l'eau, fans devenir fi dures.

qu'elle ; tant à cauſe de leur rareté, qu'à cauſe que la matiere ſubtile qui les environne, agite toûjours les extremitez des petits rameaux, dont chaque branche d'huile eſt compoſée ; ce qui entretient en elles quelque ſorte de moleſſe.

VI.
Pourquoy les parties des huiles ſe dégagent ſi difficilement des corps qui les contiennent.

Quand les parties des huiles ſe trouvent encore engagées dans les pores où elles ſe ſont formées, il eſt évident qu'elles n'en ſçauroient ſortir que tres difficilement ; & que ce ſeroit un fort mauvais moyen pour les en dégager, que de ſe ſervir d'une violente chaleur, parce qu'elle romproit plûtoſt toutes leurs branches, que de les en tirer, & ainſi leur feroit changer de forme & de nature ; Il eſt donc bien plus à propos au contraire, d'employer quelque Agent qui puiſſe en penetrant tout doucement les corps qui contiennent de l'huile, écarter leurs parties, aggrandir leurs pores, & donner ainſi moyen aux parties branchües d'eſtre pouſſées hors de leurs petites priſons. Et c'eſt à quoy l'experience s'accorde: Car les Chymiſtes n'ont point trouvé de meilleur moyen pour tirer l'huile des choſes ſeches, que de les faire premierement tremper dans une aſſez grande quantité d'eau, puis de faire diſtiler le tout par l'alambic.

VII.
Dequoy ſert l'eau pour faire exhaler les huiles, & qu'il monte plus de vapeurs que d'exhalaiſons.

Et en cecy meſme l'eau a encore un uſage particulier, qui eſt, que l'eau s'élevant aiſément & avec une médiocre chaleur en forme de vapeur, ſes parties entraînent avec ſoy celles de l'huile, leſquelles ſans cela ne pourroient eſtre ſuffiſamment émeües & ébranlées pour voler en forme d'exhalaiſon, que par le moyen d'une bien plus grande chaleur que celle qui eſt capable de

faire évaporer l'eau ; Mais de plus les parties des huiles
se trouvent quelquesfois tellement embarassées les unes
entre les autres, qu'on les brûleroit plûtost que de les
faire exhaler toutes seules ; Et cecy est une observation
digne de remarque, qui nous apprend qu'il ne sçauroit gueres monter d'exhalaisons du creux de la Terre,
qu'il ne monte avec elles une bien plus grande quantité de vapeurs, & que celles-cy montent le plus souvent toutes seules.

La Nature de toutes les sortes d'huile estant donc
ainsi supposée, il est aisé de prévoir, que s'il s'en rencontre quelqu'une, dont les parties puissent se rompre
à force d'estre pliées en divers sens, chaque petite
branche se divisera à la fin en autant de petites parcelles qu'elle contient de rameaux, lesquelles ayant une
figure moins propre à s'acrocher qu'elles n'avoient auparavant, composeront necessairement une liqueur
plus subtile & plus coulante ; Et au contraire, si les
parties de quelqu'autre sorte d'huile ne se rompent
que tres difficilement, elles pourront à la fin se rencontrer de telle sorte, qu'elles s'acrocheront les unes aux
autres, & par consequent composeront un tout qui
ne paroîtra plus liquide ; C'est ainsi qu'il peut arriver
que quelques huiles que l'on aura long-temps gardées,
se subtiliseront & se convertiront en une liqueur semblable à de l'eau, laquelle ne sera plus inflammable,
comme l'estoient les huiles dont elle aura esté tirée ;
& que d'autres se figeront en un corps visqueux qui
ressemblera à de la cire molle.

Pendant que les huiles se figent dans les entrailles de

VIII.

*Comment
quelques
huiles peu-
vent se chã-
ger en une
liqueur mai-
gre, & d'au-
tres en un
corps gluãt.*

IX.

Z iij

De la nature
du soufre
mineral,
& des di-
verses sortes
de bitumes.
la Terre, & mesme quand elles sont figées, leurs pores se peuvent remplir d'une matiere étrangere qui s'y arreste, comme par exemple de divers Sels volatils, & par ce moyen, la matiere subtile du premier & du second Element ne penetrant plus ces corps en si grande quantité qu'auparavant, ils perdront en telle sorte leur liquidité, qu'ils ne pourront plus recouvrer l'agitation de leurs parties que par le moyen d'une notable chaleur; Et ainsi ils changeront de nature, & deviendront des corps durs, assez massifs, tels que sont le Soufre Mineral, & les diverses sortes de Bitumes qui se tirent de la Terre.

CHAPITRE VI.

Des Metaux.

I.
*Des metaux
& des mine-
raux.*

TOus les corps qui se tirent des Minieres s'appellent generalement des Mineraux, & l'on en établit ordinairement de deux sortes; La premiere est de ceux qui se peuvent fondre au feu, & qui avec cela peuvent estre forgez sur l'enclume, & on les nomme des Metaux; La seconde est de ceux qui n'ont tout au plus que l'une ou l'autre de ces deux proprietez; & on leur donne le nom general de Mineraux.

II.
*Qu'on ne
connoist que
sept metaux.*

Les Métaux sont l'Or, l'Argent, le Plomb, le Cuivre, le Fer, & l'Estain; ausquels on ajoûte aussi le vif-argent, nonobstant qu'il soit ordinairement liquide, & hors d'estat de pouvoir estre forgé; Mais on le met

dans ce rang, à caufe qu'on luy peut ofter fa liquidité
en plufieurs manieres, comme par exemple, en l'expofant fimplement à la fumée du plomb fondu. C'eft de
ces corps dont je pretens parler dans ce Chapitre, re-
fervant à dire quelque chofe touchant les Mineraux
dans le Chapitre fuivant.

Et premierement, il faut remarquer qu'encore que le
Sel foit fort fixe de fa Nature, cela n'empefche pas
qu'il ne puiffe fe mouvoir d'une fort grande viteffe,
non feulement pendant qu'il eft encore dans les pores
de la Terre, où il s'eft premierement formé, & où il
a dû avoir toute la rapidité du premier Element dont il
eft compofé, mais encore lors qu'il paffe de ces pores
dans quelques autres qui font un peu plus grands,
pourvû qu'il n'admette point autour de foy d'autre
matiere que celle du premier Element : Car alors,
quand il auroit beaucoup perdu de fon mouvement, il
en acquereroit de nouveau, par la mefme raifon que
nous fçavons que l'eau en acquiert, quand elle penetre
les pores de la chaux. Ce que je dis des parties du Sel
quand elles font feules, fe peut entendre de celles du
Sel, de l'Eau, & des matieres Huileufes jointes enfemble ; Ainfi, nous concevons que toutes ces chofes peuvent eftre meuës de compagnie, & continuer leur route par des paffages fi étroits, qu'elles n'ont pas la liberté de s'écarter à droite & à gauche, mais feulement
d'avancer toutes enfemble d'un mefme fens ; D'où il
fuit, qu'eftant en repos les unes à l'égard des autres,
elles compofent alors de petits corps durs, tels que
nous pouvons penfer que font les premieres parties des
Metaux.

III.
Des premie-
res parties
des metaux.

De plus, il faut remarquer que ces sortes de petits corps durs se doivent ordinairement former assez bas dans la Terre, où elle est fort massive, & où par consequent il se doit rencontrer des corps tels qu'il est necessaire pour les former, plûtost que vers la superficie, où toutes ses parties sont tellement desunies, & laissent entr'elles de si grandes fentes, qu'il s'y peut introduire de l'air, & plusieurs autres corps diversement agitez, lesquels empêchent qu'il ne s'y engendre rien de fixe, comme doivent estre les premieres parties des Metaux.

Or il est aisé de comprendre que les vapeurs & les exhalaisons qui s'élevent souvent de la Terre Interieure avec beaucoup de rapidité, peuvent quelquesfois venir à passer par de certains endroits, lesquels quoy que fort étroits, sont cependant assez larges en comparaison des petites parties des metaux qui s'y portent, & qui s'y déchargent au sortir des pores qui leur ont servy de moules; Ce qui fait que ces petites parties sont enlevées assez haut prés de nous, & qu'elles s'arrestent entre les sables & autres parties de la Terre Exterieure, qui est soûmise à nostre recherche, & jusqu'où penetre nostre curiosité, & estant là, elles composent les veines des metaux, que le travail des hommes doit aprés cela épurer.

Lorsque les parties des metaux sont mêlées avec une Terre poudreuse, il n'y a pas de doute que le feu ne soit fort propre pour les en dégager, & pour épurer le metail, dautant qu'il dissipe aisément tout ce qui n'est pas metallique; Mais si ces mesmes parties se trouvoient engagées

engagées dans une matiere affez dure, de laquelle mefme elles augmentaffent la durcté en rempliffant fes
pores, ce feroit tout gafter que d'employer d'abord
l'action du feu pour les en dégager: Car le feu ne pourroit diffiper une matiere qui luy refifte beaucoup, fans
corrompre en mefme temps, & reduire en fumée beaucoup de parties metalliques; C'eft pourquoy, s'il s'agit
de dégager un metail precieux, comme de l'Or, ou de
l'Argent, d'une matiere terreftre qui foit fort dure, il
faut avoir recours à quelque artifice.

Mais quelle que foit la maniere dont on fe ferve
pour affiner un metail, comme fes parties font affez
groffes & maffives, elles ne pourront s'affembler plufieurs enfemble pour compofer un tout fenfible, que
ce tout ne devienne fort pefant; Et par la mefme raifon il fera auffi fi dur, qu'il ne pourra devenir liquide
que par le moyen d'une violente chaleur.

VII.
De la dureté des metaux.

Toutesfois il fe pourroit faire que les parties d'un metail feroient fi liffées & fi polies, & avec cela de telle
figure qu'elles ne pourroient fe toucher qu'en fort peu
d'endroits; & en ce cas, comme la matiere du premier
Element, & mefme quelques-unes des plus petites
parties du fecond, continueroient de paffer entr'elles,
& qu'elles les entretiendroient en quelque forte de
mouvement, elles compoferoient un corps liquide.

VIII.
Explication particuliere de la liquidité du vif. ar-gent.

Cette obfervation eft tres digne de remarque:
Car en cela nous avons l'explication de la qualité la
plus fenfible qui fait que le vif-argent differe des autres metaux. Et quant aux differences que l'on remarque entr'eux, on peut dire en general qu'elles confif-

IX.
En quoy il differe des autres me-taux.

tent toutes en ce que leurs premieres parties font de diverſe groſſeur, diverſement maſſives, & avec cela diverſement figurées.

X.
Que la trãſ-mutation du plomb en or n'eſt pas ab-ſolument im-poſſible.

Ainſi, il n'y a aucune repugnance qu'en ajoûtant aux parties d'un vil metail quelques autres parties d'une matiere qui les rende ſemblables à celles d'un metail precieux, on ne puiſſe venir à bout de cette tranſmutation, qui eſt l'objet des vœux de tant de Chymiſtes, & qu'ils diſent avoit eſté faite par quelques-uns de ceux qui font profeſſion de leur Art.

XI.
Qu'elle eſt moralement impoſſible.

Mais comme on ne ſçait pas en particulier quelle eſt la figure & la grandeur des petites parties qui entrent dans la compoſition des metaux, ny quelle eſt celle des autres ingrediens qui pourroient ſervir à faire cette tranſmutation, & qu'on n'a pas encore trouvé le ſecret de les arreſter enſemble, l'on doit penſer, que s'il eſt vray que quelques Chymiſtes ayent autrefois converty du Plomb en Or, ç'a eſté par un hazard auſſi grand, que ſi ayant laiſſé tomber de haut une poignée de ſable ſur une table, ſes grains s'eſtoient tellement rangez, qu'on y pûſt lire diſtinctement une page de l'Eneïde de Virgile. Ainſi, c'eſt une folie de croire que l'on puiſſe par le moyen de l'art & du raiſonnement découvrir un ſi grand ſecret; Et il y a une certitude plus que morale de la ruïne de ceux qui voudroient pretendre de le rencontrer fortuitement, en faiſant un grand nombre d'experiences.

XII.
D'où vient l'éclat des metaux.

Maintenant, ſi nous conſiderons que les parties des metaux ſont fort maſſives, l'on doit côclure qu'elles doivent reſiſter à l'action de la lumiere, & conſequemment qu'elles la doivent reflechir avec tout le mouvement qu'elle avoit; D'où il suit, que les metaux estant bien polis, doivent plûtost paroître lumineux que colorez.

Cependant, l'or & le cuivre semblent avoir leur couleur particuliere, l'un paroissant jaune, & l'autre rouge; Ce qui peut venir de ce que les grumeaux qui resultent de l'assemblage immediat de leurs premieres parties metalliques sont plus gros que ceux des autres metaux, & que les intervalles qu'ils laissent entr'eux causent une varieté notable à la reflexion de la lumiere; Et de fait, si aprés avoir employé à brunir l'or autant de peine que l'on en employe à brunir l'argent, c'est à dire, si aprés avoir enfoncé avec la pierre que les Orfevres appellent Sanguine les parties de l'or les plus relevées, & avoir tâché de les mettre au niveau des autres, l'on vient à le regarder avec le Microscope, on le voit tout raboteux, & comme ayant un grand nombre de petites montagnes disposées à côté les unes des autres, qui ont leurs vallées entre-deux, & qui sont tellement situées, que si elles reflechissent la lumiere de leurs sommets, vers un certain endroit où l'œil est placé, elles ne sçauroient luy en envoyer d'autre par le reste de leur petite superficie.

Cette sorte d'interruption qui se rencontre entre les parties de l'or, est cause qu'il donne un peu plus libre entrée aux tranchans des outils, & consequemment qu'il se coupe un peu plus facilement que les autres Metaux.

Je ne doûte point que l'on ne puisse bien s'imaginer que les metaux ne laisseroient pas de pouvoir avoir toutes les proprietez que nous avons expliquées, quand

A a ij

metaux, eſt
confirmé par
les operations
des Chymiſ-
tes.

bien meſme leurs premieres parties ne ſeroient pas compoſées de ces autres que nous diſons eſtre entrées dans leur compoſition ; Mais on ne pourroit pas alors ſatisfaire ſi facilement à l'experience des Chymiſtes, qui par la reſolution des metaux en peuvent tirer leur ſel, & leur ſoufre, & meſme, ſi l'on en croit quelques-uns, leur Mercure ; Et ainſi l'operation meſme des Chymiſtes peut ſervir à confirmer ce que nous avons avancé.

XVI.
De la ductili-
té des me-
taux.

Mais quand on n'auroit pas cette conſideration, toûjours eſt-on obligé de croire que les premieres parties metalliques ſont longues; Car ſans cela on ne pourroit pas comprendre comment les metaux pourroient eſtre ductils comme ils ſont, ſoit qu'on les forge ſur l'enclume, ſoit qu'on les paſſe par la filiere ; Au lieu qu'en les ſuppoſant un peu longues, on conçoit aiſément qu'eſtant preſſées en certain ſens, elles peuvent gliſſer à côté les unes des autres ſans ſe ſeparer tout-à-fait.

XVII.
Pourquoy les
metaux qui
ont eſté for-
gez ſe rom-
pent plus
malaiſément
ſelon leur
longueur.

Au reſte, il n'eſt pas poſſible de concevoir qu'en preſſant toûjours d'un certain ſens une piece de metail, ſes parties ſe puiſſent ranger de travers; Au contraire, l'on juge qu'il faut neceſſairement qu'elles ſe redreſſent pour ſe ranger côte à côte les unes des autres, & que leur longueur correſponde à la longueur de toute la piece; ce qui la doit rendre plus liée en ce ſens-là, qu'-en un autre ; Et l'experience s'accorde parfaitement à cela : Car les metaux qui ont eſté alongez en verge ſur l'enclume, ou en fil par la filiere, ſont fort continus ſelon leur longueur, au lieu qu'ils ſe diviſent quelquesfois plus aiſément que les ouvriers ne voudroient par leur largeur ; Et qu'on y remarque une forte de fil comme dans un brin d'ozier.

Cette tiffure ne fe doit pas rencontrer dans le metail qui fort de la fonte, & qui n'a pas encore efté forgé ; Auffi s'apperçoit-on qu'il ne fe rompt pas plus mal-aifément felon une dimenfion que felon une autre.

XVIII.
Pourquoy cette proprieté ne fe rencontre pas dans un metail qui n'a pas efté forgé.

Entre tous les metaux l'Acier, qui n'eft qu'un fer afiné, eft celuy qui eft fufceptible d'une plus grande dureté ; Et pour la luy procurer, on le fait fimplement rougir dans le feu, puis on le jette tout à coup dans de l'eau froide ; & cette maniere de le durcir, eft ce qu'on appelle la trempe ; qui le rend capable de couper, ou du moins de rompre tous les corps, fans en excepter aucun, non pas mefme le diamant ; Eftant certain qu'un fort petit coup de marteau donné bien à propos eft capable de le brifer.

XIX.
Maniere de tremper l'acier.

Pour rendre raifon de cet effet, qui eft peut-eftre l'un des plus admirables, & fans doute l'un des plus utiles que nous voyïons, il eft à prefumer que la chaleur du feu qui met l'acier dans un eftat approchant de la fufion, remuë les petites parties qui compofent chaque grumeau, & fait que celles de deux grumeaux voifins, qu'un petit entre-deux rendoit affez éloignées, s'approchent un peu plus les unes des autres, ce qui eft caufe que le metail eft plus uniforme qu'auparavant ; puis eftant tout à coup jetté dans de l'eau froide, les parties metalliques perdent fi promptement le mouvement qu'elles avoient, qu'elles n'ont pas le loifir de fe raffembler pour compofer de gros grumeaux, qui puiffent laiffer entr'eux des intervalles fenfibles ; D'où il fuit que

XX.
Raifon de la dureté de l'acier trempé.

A a iij

les pointes ou les tranchans des burins, & les dents des limes, ne fçauroient rien faire autre chofe que glifler par-deffus fans les pouvoir penetrer.

XXI.
Comment on luy peut faire perdre cette dureté.

Et pour remettre l'acier trempé dans l'eftat qu'il eftoit auparavant, il ne faut que le faire rougir dans le feu, & le laiffer refroidir fort lentement : Car alors fes parties qui eftoient uniformement jointes ont le moyen de fe raffembler en plufieurs tas, & de compofer des grumeaux qui laiffent entr'eux des intervalles auffi grands qu'ils eftoient avant la trempe.

XXII.
De la trempe du fer, & pourquoy les autres me-taux ne fe trempent point.

Le fer eft capable d'acquerir une dureté approchan-te de celle de l'acier, pourvû qu'on le laiffe beaucoup plus long temps dans le feu qu'on ne fait l'acier, a-vant que de le jetter dans l'eau pour le refroidir; Et ce qui fait qu'il l'y faut laiffer plus long temps, c'eft que fes parties font plus fixes; Dequoy l'on a une preuve manifefte, en ce que le fer fe fond plus difficilement que l'acier; Mais les autres metaux ne fe peuvent pas tremper de mefme, au moins quand ils font feuls & fans mêlange; à caufe qu'une grande chaleur ne fçau-roit fi peu remuer leurs parties pour leur donner un au-tre arrangement, qu'elle ne les fonde tout-à-fait.

XXIII.
Comment le mêlange de divers me-taux affez mous peut eftre dur.

L'on remarque que le compofé du Cuivre & de l'Ef-tain eft affez dur & fragile, quoy que chacun de ces Metaux pris féparement foit affez facile à couper, & fe puiffe aifément plier fans fe rompre; dont la raifon eft, que leurs diverfes parties fe pouvant affez uniforme-ment mêler enfemble, s'uniffent en des grumeaux in-fenfibles : Car delà il fuit qu'ils doivent avoir moins de liaifon; de mefme qu'une muraille, qui n'eft faite que

de petits moëlons , en a moins qu'une autre qui eſt
faite de groſſes pierres de taille ; Et par la meſme raiſon , les intervalles qu'ils laiſſent entr'eux ne ſont pas
aſſez grands pour pouvoir eſtre penetrez par les tranchans des outils ; leſquels ne font que gliſſer pardeſſus,
ſans détacher que peu ou point de parties hors de leur
place.

L'on remarque auſſi que les Metaux ſont ſujets à ſe
roüiller ; Or la roüille n'eſt autre choſe qu'un déran-
gement de leurs parties , cauſé par l'action de quelque
forte liqueur qui eſt beaucoup agitée , & dont les parties ſe fourrent comme autant de petits coins dans les
pores que les grumeaux laiſſent entr'eux ; Et dautant
que ces pores ſont plus petits dans le fer & dans l'acier,
lors qu'ils ſont trempez , que lors qu'ils ne le font pas,
& qu'il eſt plus difficile alors aux autres corps de les
penetrer , on doit auſſi conclure qu'ils ne font pas alors
ſi ſujets à la roüille.

Et il eſt à remarquer , que toutes les parties Metalliques qui ſont enlevées par la roüille ne font pas entierement corrompuës : Car , par exemple , celles qui
s'enlevent du cuivre , auſquelles on a donné le nom de
vert de gris , ſe peuvent derechef aſſembler pour compoſer du cuivre.

Si le vert de gris qui s'eſt fait du laton , ne ſçauroit
derechef paroître ſous la forme de laton , mais ſeulement ſous la forme de cuivre , cela n'eſt pas contraire
à ce que je viens de dire : Car le laton n'eſt pas un metail particulier , mais ſeulement un compoſé de cuivre
& d'une certaine pierre fuzile qu'on nomme Calamine,

XXIV.
*Que la roüil-
le n'eſt qu'-
un derange-
ment des
parties du
metail.*

XXV.
*Que les par-
ties du me-
tail ne ſont
pas toûjours
entierement
corrôpües par
la roüille.*

XXVI
*Pourquoy la
roüille du
laton ne dif-
fere pas de
la roüille du
cuivre.*

dont le feu fait le mélange ; Et il eſt croyable que quand il s'y fait du vert de gris, c'eſt ſeulement des parties du cuivre qu'il ſe fait, & non pas de celles de la calamine qui ſont mêlées parmy.

XXVII.
Maniere d'é-
purer l'or &
l'argent.

Je finis ce que je m'eſtois propoſé de dire touchant les Metaux, par l'explication de l'artifice dont ſe ſervent les Eſpagnols au Perou, & aux autres lieux de l'Amerique, pour ſeparer l'or & l'argent d'avec les autres matieres terreſtres & pierreuſes dans leſquelles ces Metaux ſe trouvent engagez. Ils pilent d'abord à ſec dans des mortiers les pierres fort dures qu'ils tirent de la mine ; puis ils y verſent une quantité d'eau claire, qui puiſſe ſuffire pour en faire comme une paſte extremement molle, qu'ils aſſaiſonnent d'un peu de ſel & de vif-argent, & pilent encore le tout enſemble un aſſez long temps ; Aprés quoy, ils font pluſieus laveures avec de l'eau claire, qui enlevent tout ce qui n'eſt point metallique ; de ſorte que l'or ou l'argent paroiſt à la fin amalgamé, comme diſent les Chymiſtes, avec le Mercure, que l'on fait enſuite evaporer par le moyen d'un feu mediocre ; Et alors ils ont leurs Metaux en forme de cendrée, qu'ils convertiſſent en lingots, en la faiſant fondre dans un creuſet, par le moyen d'un aſſez grand feu.

XXVIII.
La raiſon de
cette manie-
re.

Il ne peut y avoir rien d'obſcur dans cette maniere d'épurer l'or & l'argent : Car il eſt évident que tout le ſecret ne tend qu'à rompre les petites priſons où leurs parties eſtoient renfermées ; Et l'eau & le ſel ont icy le meſme uſage, que l'eau ſeule peut avoir, lors que l'on détrempe les plantes ſeches dont on veut tirer les huiles ;

Et

Et pour le vif-argent, il sert à unir & assembler plusieurs parties de ces Metaux, qui autrement seroient en danger de s'écouler avec l'eau, en faisant les laveures.

CHAPITRE VII.

Des Mineraux.

IL y a beaucoup plus de choses à expliquer touchant les Mineraux que touchant les Metaux, & ils sont aussi en bien plus grand nombre : Car on ne reconnoist que sept Metaux, au lieu qu'il y a une quantité innombrable de Mineraux ; Je diray icy seulement ce qui me paroist de plus vray-semblable touchant la nature de ceux qui sont les plus communs.

I.
Qu'il y a plus de choses à considerer touchant les mineraux que touchant les metaux.

Au lieu que les endroits de la Terre où se forment les Metaux sont fort serrez par le poids de toute la matiere Terrestre qu'il y a depuis ces endroits-là jusques à Nous, les parties qui approchent le plus prés de sa surface le sont si peu, qu'elles se trouvent separées les unes des autres par une infinité de fentes qui sont entr'ouvertes en tout sens, par où elles donnent un libre passage aux vapeurs & aux exhalaisons, & à quantité d'autres parties de matiere, que la chaleur qui se rencontre quelquesfois dans les entrailles de la Terre a agitées ; Et comme les exhalaisons ont cette proprieté, que de se mêler facilement avec les parties Terrestres fort delicates qu'elles détachent, il arrive qu'elles composent divers petits tas, dont les parties, aprés s'estre

II.
Comment les grains de sable se produisent.

diversement agitées, s'accordent à la fin à se mouvoir en mesme sens, ce qui les met en repos les unes à l'égard des autres ; puis le corps qui resulte de cet assemblage ayant la force d'ébranler la matiere voisine , il luy transfere peu à peu tout son mouvement, & s'arreste enfin revêtu d'une figure approchante de la ronde ; Et c'est à mon avis ce qui forme un grain de sable, qui peut estre accompagné d'une infinité d'autres qui ont une semblable origine.

III.
Proprietez des grains de sable.

Ces grains sont pesans, parce qu'ils sont faits d'une matiere terrestre ; & ils sont durs parce qu'elle est sans mouvement ; Ils doivent estre transparens à cause que les petites boules du second Element qui les agitoit au commencement, s'y sont conservez des passages ; Toutesfois ces passages ne sont point en si grand nombre qu'il n'y ait beaucoup de parties solides qui peuvent reflechir la lumiere ; Et parce que leur superficie est diversement aspre & raboteuse , cela cause quelques modifications aux rayons de la lumiere , & fait aussi que les grains de sable peuvent paroître sous toutes les diverses couleurs que l'on experimente.

IV.
La production de l'argile.

La production de l'argile n'est pas beaucoup differente de celle du sable ; Il faut seulement ajoûter que ses grains sont incomparablement plus petits pour laisser entr'eux de plus petits intervalles , & ainsi composer un tout que l'eau puisse plus difficilement penetrer.

V.
La cause des differentes sortes de sa-

Comme les parties qui s'enlevent de la Terre ne sont pas par-tout égales, ny en mesme quantité, & que les vapeurs & les exhalaisons ne s'élevent pas aussi éga-

lement par-tout, il s'enfuit vifiblement que les grains de *ble & d'ar-* *gile.*
fable & d'argile ne font pas par-tout de mefme groffeur
ny de mefme qualité.

Bien que chaque grain de fable foit tranfparent,   VI.
neantmoins quand il y en a une grande quantité, ils font *Pourquoy* *plufieurs*
enfemble un corps opaque : Car la lumiere qui fe *grains de fa-* *ble tranfpa-*
prefente pour paffer au travers, ayant à paffer plufieurs *rens compo-* *fent un tout*
fois alternativement de l'air dans du fable, & du fable *opaque.*
dans l'air, chaque fuperficie reflechit toujours quelque
peu de rayons, enforte qu'à la fin il n'en refte plus du
tout qui tendent du côté où ils fe portoient au commencement.

Mais fi la matiere qui compofe un feul grain de fa-   VII.
ble, s'eftoit rencontrée en fi grande quantité, qu'elle *La productiõ* *des cailloux,*
pûft faire une maffe d'une groffeur affez confiderable, *du cryftal, &* *des diamans.*
cette maffe feroit toute tranfparente; & felon les divers
degrez de dureté qu'elle auroit, & l'arrangement de fes
parties, elle auroit la forme de certains cailloux, ou de
cryftal, ou mefme de Diamant.

Quoy que tous ces corps foient fort durs, ils ont dû   VIII.
neantmoins eftre liquides dans leur origine, & cela fe *Pourquoy* *prefque tous*
reconnoift, de ce qu'ils ont tous la figure que devroient *les morceaux* *de cryftal ont*
avoir des gouttes de liqueur de la groffeur qu'ils font; *fix pans.*
Comme auffi de ce que quand on trouve enfemble plufieurs morceaux de cryftal, comme en effet il s'en trouve
beaucoup dans les Montagnes du païs des Suiffes, &
dans celles du Milanez, ils ont tous la figure que pourroient avoir plufieurs petites boules de pafte qu'on met-
troit les unes fur les autres, & qui fe prefferoient par
leur pefanteur : Car comme chaque petit morceau de

cryftal fe trouve environné & preffé par fix autres, auffi trouve-t-on qu’il eft alongé en un corps qui a fix pans à peu prés égaux.

IX.
Production des pierres precieufes colorées.

Il peut mefme arriver que quelques parties metalliques fe mêlent avec la matiere qui compofe toutes ces chofes, & quand cela arrive, cela peut eftre caufe que la lumiere reçoive quelques modifications en tombant deffus, ou en paffant au travers, & qu’enfuite fes rayons caufent en nous le fentiment de diverfes couleurs; Et ainfi, au lieu de cryftal, de cailloux, & de diamans, nous pouvons avoir des emeraudes, des agates, des topafes, des rubis, des faphirs, & telles autres pierres precieufes.

X
Confirmation de ce qui a efté dit de la production des pierres precieufes.

Tout ce que je viens de dire de la formation de ces fortes de corps, fe peut confirmer, en ce que l’art, qui imite la nature, ne compofe le verre, ou le cryftal artificiel, qu’en affemblant à force de feu une grande quantité de fable ou de cailloux, dont on facilite la fufion par l’addition de la cendre de foude, ou de fougere, & d’autres femblables plantes qui contiennent beaucoup de fel; Et l’on ne fait les émaux, qui reffemblent aux pierres precieufes, qu’en ajoûtant quelque peu de metal à la matiere, qui fans cela compoferoit le verre.

XI.
Que le cryftal ne fe fait pas de grains de fable déja formez.

Mais il eft à remarquer qu’afin que le cryftal, & autres femblables pierres tranfparentes, fe puiffent former & engendrer dans le fein de la Terre, il faut que la matiere qui les compofe n’ait point encore efté durcie en grains de fable: Car quand ces grains viendroient aprés cela à s’amollir dans les entrailles de la Terre, ils ne pourroient jamais s'unir , fans qu'il y euſt entr'eux quelque interruption qui les empêcheroit d'eſtre tranſ-parens.

Nous ne voyons point de cauſe qui puiſſe aiſément amollir les grains de ſable, mais ils ſe peuvent aiſément coller les uns aux autres, par le moyen de quelque ma-tiere terreſtre qui s'arrête dans les pores qu'ils laiſſent entr'eux, & alors ils compoſent le grez.

Or on ne peut douter qu'en diverſes contrées de la Terre il ne monte de la matiere Terreſtre en forme d'exhalaiſons qui accompagnent les vapeurs : Car on voit meſme que les eaux de pluſieurs fontaines, quoy que fort claires, en contiennent une quantité qui de-vient à la fin ſenſible à force de s'accumuler; Ainſi, l'eau des fontaines d'Iſſi & d'Arcüeil en contient une ſi gran-de quantité, qu'on voit qu'elle s'attache à la ſuperficie concave des tuyaux dans leſquels elle coule, où elle forme une eſpece de pierre fort dure & fort peſante.

Quand les parties de l'argile ſont ainſi liées par la matiere qui s'arreſte dans ſes pores, alors elles compo-ſent des pierres, qui ont des qualitez differentes ſelon la nature particuliere des argiles qui ſe rencontrent en diverſes contrées, & de la matiere qui les unit; Ce qui ſe prouve, parce qu'on rencontre des pierres dans des carrieres, où en foüiſſant quelques années auparavant on ne rencontroit que de l'argile.

La production du marbre ne differe pas de celle des pierres les plus communes, ſi ce n'eſt que l'argile dont il eſt fait a ſes parties beaucoup plus petites, & ſes po-res beaucoup plus ſerrez, leſquels par conſequent peuvent eftre plus facilement remplis par les exhalaifons qui s'y arreftent, enforte que le tout qui en refulte eft plus continu que ne font les pierres; D'où il fuit qu'il doit eftre plus dur, & capable du poly qu'on luy donne.

XVI.
Qu'on attri-bue fauffe-ment plu-fieurs vertus à quelques pierres.

L'on ne voit pas que de la nature que nous attri-buons aux pierres, tant precieufes que communes, l'on puiffe déduire certaines proprietez, dont quelques Na-turaliftes font mention; Par exemple, que l'hematite arrefte le flux de fang quand elle eft portée par la per-fonne malade, & que d'autres pierres gueriffent d'au-tres maladies; Auffi avons-nous experimenté plufieurs fois, que c'eft fauffement que ces fortes de proprietez font attribuées à la plufpart de ces pierres. Il n'en eft pas de mefme de l'Ayman, dont prefque toutes les pro-prietez qui nous ont efté rapportées par les anciens fe trouvent vrayes; Nous en connoiffons mefme des cho-fes plus merveilleufes que celles que l'antiquité a con-nuës; Mais un fujet fi extraordinaire demande un dif-cours particulier.

CHAPITRE VIII.
De l'Ayman.

I.
Quelle eft la pierre d'Ayman, & d'où elle fe tire.

CETTE pierre, qui eft à peu prés de la couleur du fer, mais beaucoup plus dure & plus pefante, fe tire des minieres de fer; fa groffeur ny fa figure ne font point déterminées: car on en rencontre de toutes for-tes de figures & de differentes groffeurs. Les premiers effets qu'on en a connus ont tellement furpris tous les

Philosophes , qu'il n'y a aucune apparence qu'ils les euffent jamais pû prévoir en raifonnant dans leurs principes ; Mais fans vouloir maintenant contefter avec eux fur le peu de fondement qu'ils ont eu de s'y arrefter , & pour faire fimplement épreuve de la valeur de ceux que j'ay cy-devant établis dans la premiere partie de ce Traité , je me comporteray icy comme fi j'eftois le premier obfervateur de l'Ayman ; Et d'abord je rapporteray quelques-unes de fes proprietez , aufquelles je me contenteray d'affigner une caufe probable ; Aprés quoy je m'efforceray d'établir la verité de ma conjecture , en montrant que toutes les confequences qu'on en peut tirer s'accordent avec l'experience.

Ce que l'on a premierement admiré dans l'Ayman , & qui peut bien la premiere fois n'avoir efté connu que par hazard , eft, que quand il fe rencontre placé à certaine diftance d'un morceau de fer , ce fer quitte le lieu où il eft pour s'aller joindre à l'Ayman , en telle forte qu'on fent quelque refiftance, lors qu'eftant joints enfemble on les veut feparer l'un de l'autre ; Et c'eft ce qui a fait dire que l'Ayman attire le fer.

II.
*Que l'ayman
attire le fer.*

Puis, pour voir fi cette attraction eftoit reciproque, on s'eft avifé de faciliter le mouvement de cette pierre, en la mettant dans une efpece de gondole fort legere, & la faifant floter fur l'eau ; Enfuite dequoy, luy prefentant un morceau de fer à certaine diftance , on s'eft apperceu que cette gondole fend l'eau, & que l'Ayman fe va joindre au fer.

III.
*Que le fer
attire l'ay-
man.*

Cette experience ayant efté faite avec foin , a donné lieu à la découverte d'une autre proprieté de l'Ayman ,

IV.
*Que l'ayman
affecte une*

qui ne me femble pas moins admirable que les préce-
dentes, qui eft, que l'Ayman eftant feul dans fa gondole ou dans fon batteau, & n'eftant point empêché de
fe placer, & de prendre la fituation qui luy eft la plus
commode, il fe difpofe & fe tourne toûjours d'une mefme façon, & femble par-là affecter une fituation particuliere dans le Monde : Car il tourne toûjours un
certain côté vers cet endroit de l'Horifon qu'on nomme le Nord ou le Septentrion, & le côté oppofé vers
le Sud ou le Midy ; Et ce font ces deux endroits de
l'Ayman qu'on nomme fesPoles,& la ligne droite qu'on
fuppofe aller d'un Pole à l'autre, s'appelle fon Axe.

C'eft encore une proprieté de l'Ayman des plus fur-
prenantes, de communiquer celles dont j'ay déja parlé,
au fer qu'il touche, ou qui paffe feulement à certaine
diftance de luy ; De forte qu'un morceau de fer qui a
touché l'Ayman, ou qui en a paffé affez prés, peut
en enlever un autre ; & mefme il a des poles, qui fe
tournent vers les mefmes endroits du Monde où fe tournent ceux de l'Ayman. Par exemple, un coûteau qui a
efté frotté de cette pierre, enleve des aiguilles & des
clouds de fer ou d'acier ; & les aiguilles de nos bouffoles
fe tournent vers le Nord & vers le Sud, & les regardent
par leurs extremitez.

Mais à l'occafion de cecy, nous avons quelques remarques à faire qui font affez importantes ; La premiere eft, qu'un coûteau frotté d'Ayman devient plus ou
moins capable de lever du fer, felon l'endroit auquel
on l'a frotté ; & qu'il en leve le plus qu'il eft poffible,
quand on l'a frotté à l'un de fes poles, en le faifant

gliffer

gliſſer ſelon ſa longueur du manche vers la pointe. Ainſi, *certaine fa-*
ſi le corps G repreſente un Ay- *çon.*
man, dont A & B ſoient les poles, le couteau C D acquiert la
vertu de lever le plus de fer
qu'il eſt poſſible , en le traiſ-
nant le long de la ligne F E,
en ſorte que ſa partie qui eſt le
plus prés du manche touche

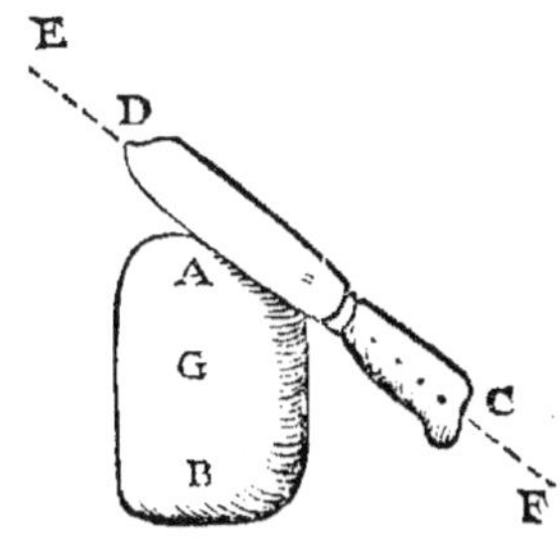

l'Ayman la premiere , & que ſa pointe acheve de le
toucher.

La ſeconde remarque eſt , que ſi le coûteau ayant   VII.
déja touché l'Ayman de cette façon , & ayant par con- *Que le fer*
ſequent acquis la vertu de lever du fer, on vient à le *trefens perd*
frotter à contre-ſens, c'eſt à dire, à le faire paſſer ſur le *la vertu*
meſme pole de l'Ayman de la pointe vers le manche, *qu'il avoit*
on experimente avec étonnement, qu'il perd en un inſ- *acquife.*
tant la proprieté qu'il avoit acquiſe , en ſorte qu'il ne
leve plus de fer.

Ces remarques regardent ce qu'on appelle la vertu   VIII.
Attractrice de l'Ayman ; & quant à ſa vertu Directrice , *Que le bout*
c'eſt à dire , celle qu'il a de ſe placer d'une certaine *ne ſe tourne*
façon dans le monde, il faut premierement remarquer, *pas vers le*
que le bout de l'aiguille d'une bouſſole, qui a touché *meſme en-*
à l'un des poles de l'Ayman, ſe tourne vers l'endroit *riſon vers où*
du monde oppoſé à celuy que regarde ce pole. Par *eſté touchée.*
exemple, ſi un bout de cette aiguille a touché au pole
de l'Ayman qui regarde le Sud, ce meſme bout ſe tourne vers le Nord.

Il faut encore remarquer qu'il n'eſt pas vray, comme   IX.

Cc

Que le bout de l'aiguille qui se tourne vers le Nord, incline vers la terre.

quelques-uns l'ont écrit, que l'extremité d'une aiguille frottée d'Ayman, qui se tourne du côté du Nord, s'éleve vers l'étoile polaire ; au contraire elle panche vers la Terre, comme si elle estoit devenuë plus pesante de ce côté-là.

X.

Quelle est la quantité de cette inclinaison.

Les aiguilles des boussoles ne font gueres propres pour faire voir de combien le bout qui regarde le Nord incline vers la Terre, à cause que leur centre de pesanteur est beaucoup au dessous du point fixe alentour duquel elles se peuvent mouvoir ; C'est pourquoy j'en ay fait faire une toute droite, que j'ay traversée par le milieu à angles droits d'un petit fil de laton, qui sert à soûtenir cette aiguille sur deux petits pivots, à la façon que le fleau d'une balance est soutenu par la chappe ; Elle estoit d'abord également pesante des deux côtez, & demeuroit dans un parfait équilibre ; Mais depuis qu'elle a esté frottée d'Ayman, quand on la met dans le plan du Meridien, le pole qui regarde le Nord trébuche tout à coup, & ne s'arreste point que l'aiguille n'incline à l'horison d'environ 70. degrez.

XI.

Que ce qu'on admire au sujet de l'Ayman n'est que du mouvement local.

Voila des Phénomenes de l'Ayman en quantité suffisante pour donner lieu à nostre raisonnement de rechercher si nous ne pourrons point par là découvrir quelle peut estre sa vraye Nature. Et afin de ne nous pas méprendre, prenons garde de ne pas confondre icy quelques-uns de nos préjugez avec ce qui est seulement de fait & d'experience. Ainsi, pour agir de bonne foy, & ne point précipiter nostre jugement, nous devons reconnoître franchement, que tout ce que nous avons jusques icy experimenté de l'Ayman, & qui cause en

nous tant d'admiration, n'eſt autre choſe que du mouvement local : Car, par exemple, quand on dit que
l'ayman attire le fer, la veuë ne nous découvre autre
choſe ſinon que le fer ſe meut localement vers l'ayman; De meſme, quand on dit que l'ayman affecte une
certaine ſituation dans le monde, ce qui nous paroiſt
eſt que l'ayman eſtant hors de cette ſituation ſe meut
localement juſqu'à ce qu'il l'ait acquiſe, aprés quoy il
demeure en repos, &c. Cela poſé, l'on peut dire avec
verité & aſſurance, que chercher la ſource des proprietez de l'ayman, n'eſt autre choſe que ſe propoſer de trouver la cauſe de certains mouvemens locaux, qui ſe font
quand on preſente du fer à de l'ayman, ou de l'ayman
à du fer.

Et pour cet effet, ſi nous remontons aux cauſes generales du mouvement, c'eſt à dire, ſi nous examinons
ce qui fait qu'un corps qui ne ſe mouvoit pas, commence à ſe mouvoir, nous trouverons que les Philoſophes en aſſignent ordinairement deux, ſçavoir eſt,
l'impulſion & l'attraction. La premiere ſe conçoit fort
diſtinctement, & elle ſuit de ce principe commun à
toutes les ſectes des Philoſophes, à ſçavoir, que les parties de la matiere ſont impenetrables les unes aux autres, & qu'un corps ne ſçauroit ſe mouvoir vers un certain endroit, qu'il ne pouſſe & ne déplace les autres
corps qui ſont dans ſon chemin.

XII.
Cauſe gene-
rale du mou-
vement.

L'attraction priſe dans le ſens des Philoſophes, pour
une cauſe particuliere de mouvement, differente de
l'impulſion, eſt, comme il a déja eſté remarqué, une
choſe fort obſcure, ou plûtoſt c'eſt une choſe dont on

XIII.
Que l'at-
traction n'eſt
point la cauſe
du mouve-
ment.

n'a aucune idée. Et si l'on s'imagine que l'on apperçoit quelquesfois du mouvement, que l'on explique fort bien par l'attraction, & où l'on ne trouve rien de difficile à concevoir en l'expliquant de la sorte, c'est que l'on ne prend pas garde que l'on attribuë à l'attraction, ce qui est l'effet d'une veritable impulsion; Ainsi, quand on dit qu'un cheval tire une charette à laquelle il est attelé, c'est en effet parce qu'il est tellement appliqué à son collier, qu'il le pousse en avant, & meut par consequent les traits & la charette qui ont liaison avec le collier; De mesme, il ne reste plus rien d'obscur dans l'usage des seringues, des pompes, & des syphons, depuis que nous avons fait comprendre que le mouvement de bas en haut des liqueurs pesantes se fait par une veritable impulsion.

Je ne veux pas maintenant entreprendre de prouver que l'attraction des Philosophes est une chose purement chymerique, cela m'écarteroit trop loin de mon sujet; Mais puisque l'impulsion nous est familiere, & que nous en comprenons bien la raison, nous tâcherons de ne nous servir que de l'impulsion dans l'explication que nous nous proposons de faire des proprietez & des effets de l'ayman. Imaginons-nous donc que quand le fer se meut vers l'ayman, ou l'ayman vers le fer, c'est parce qu'il y a quelque chose qui pousse l'un de ces corps vers l'autre; Et parce qu'il nous est fort ordinaire & fort aisé de comprendre qu'un corps qui se meut en peut pousser un autre, pensons que ce qui pousse le fer vers l'ayman, ou l'ayman vers le fer, est un troisiéme corps, ou plûtost une certaine matiere qui se meut, &

qui doit eſtre fort ſubtile, puiſqu'elle ne tombe point ſous les ſens.

S'il nous eſt libre de feindre cette matiere ſubtile, il ne nous eſt pas libre de luy attribuer tel mouvement qu'il nous plaiſt ; La ſituation que prennent les pierres d'ay- man, & les aiguilles aymantées qui en ſont frottées, leſ- quelles ſe diſpoſent du Nord au Sud, nous oblige de reconnoître que cette matiere ſe porte du Nord au Sud, ou du Sud au Nord, ou peut eſtre meſme de ces deux manieres. De plus, l'inclinaiſon que prend une aiguille qui a eſté frottée d'ayman, qui la fait pancher icy vers la Terre du côté du Nord, nous fait penſer que la meſ- me matiere qui ſe meut du Nord au Sud, ſe doit mou- voir de bas en haut, & que celle qui ſe meut du Sud au Nord, ſe doit mouvoir de haut en bas.

Tout cela ne ſçauroit paſſer que pour une conjecture, à moins que nous ne découvrions d'ailleurs la neceſſité d'une matiere qui ait ces proprietez. Mais ſi nous nous reſſouvenons de celle que j'ay dit cy-devant deſcendre du Ciel, des parties voiſines des poles du Tourbillon de la Terre, ſous la forme de pluſieurs petites vis, qui penetrent le corps de la Terre, dans des pores paral- leles à ſon axe, nous aurons lieu de croire qu'elle eſt capable de tous ces effets: Car celles de ces petites vis qui ſont entrées par l'Hemiſphere Septentrional, ne ſçauroient en ſortant par l'Hemiſphere oppoſé, faire que l'une ou l'autre de ces trois choſes; C'eſt à ſçavoir, ou continuer leur mouvement vers le Ciel, ou rentrer à l'inſtant dans la Terre, ou retourner par deſſus ſa ſu- perficie dans les plans de divers Meridiens pour ſe mêler avec celle du Ciel & rentrer dans les mefmes pores qui les avoient auparavant receuës. Or la premiere de ces trois chofes eft impoffible ; à caufe que les intervalles qui font en ces endroits-là entre les petites boules du fecond Element, font remplis d'une femblable matiere, laquelle eft en continuelle difpofition de defcendre vers la Terre ; De mefme, il eft impoffible que ces petites vis rentrent dans la Terre, foit par les mefmes pores d'où elles font forties, en allant à contre-fens de ce qu'elles alloient auparavant, dautant que ces pores font toûjours pleins de femblables vis, qui tendent inceffamment à en fortir, foit par les pores par où entrent celles qui viennent immediatement du Ciel, dautant que ces deux fortes de vis eftant torfes à contre-fens l'une de l'autre, elles exigent des pores formez en écrouës toutes differentes, les unes ne pouvant paffer par où les autres paffent ; Si-bien qu'il faut conclure que cette matiere continuë de fe mouvoir pardeffus la furface de la Terre, dans les plans de tous les meridiens, pour y rentrer par les mefmes endroits qui luy ont déja fervy d'entrée.

XVII.
Que la matiere magnetique fe meut dans la Terre exterieure, du mefme fens qu'elle fe meut dans l'air.

Ce qui fe dit de la matiere qui entre par l'Hemifphere Septentrional, fe doit pareillement entendre de celle qui entre par l'Hemifphere Meridional. Mais remarquez que quand je parle de la furface de la Terre, pardeffus laquelle cette matiere continuë de fe mouvoir, j'entens parler de la Terre Interieure : Car je ne mets pas feulement l'air au deffus de cette fuperficie, mais encore une épaiffeur confiderable de la Terre qui nous porte, laquelle n'eft que comme une croûte,

ou une écorce qui couvre la premiere ; Si-bien que la
matiere dont nous parlons, que nous nommerons cy-
aprés Magnetique, se meut dans cette Terre Exterieure comme dans l'air, & dans l'un& dans l'autre à contre-sens de ce qu'elle se meut dans la Terre Interieure.

En suite de cecy, nous pouvons penser que la forme
particuliere de l'ayman, consiste en ce que cette pierre
est percée d'un nombre innombrable de pores paralleles entr'eux, dont les uns ont la figure d'écroües qui
peuvent admettre les petites vis qui viennent du pole
Arctique, & les autres ont la figure d'autres écroües
qui donnent passage aux vis qui descendent du pole Antarctique. *XVIII. De la nature particuliere de l'ayman.*

Quant au fer, ou à l'acier, nous pouvons bien concevoir qu'ils ont l'un & l'autre de semblables pores, mais
que ces pores sont pour l'ordinaire embarassez des parties les plus delicates du metail, qui se herissent en forme de petits poils ; si-bien que l'on peut dire que le
fer est un ayman imparfait, & que ces deux corps ont
beaucoup de ressemblance ; Ce qui se confirme, en ce
que, comme nous avons déja dit, l'ayman se trouve
dans les minieres de fer, & que l'on peut par le moyen
du feu convertir l'ayman dans un acier fort fin. *XIX. De la nature du fer.*

La seule difference qu'il faut icy remarquer entre
le fer & l'ayman, est, que le fer est assez souple, & que
ses parties se peuvent plier plusieurs fois de suite en divers sens sans se rompre ; au lieu que l'ayman est plus
roide, & qu'on ne sçauroit gueres plier ses parties sans
les rompre. *XX. Difference entre le fer & l'ayman.*

Ce peu de suppositions que j'ay faites pour expliquer *XXI.*

la nature du fer & de l'ayman, n'est rien en comparaison du grand nombre de proprietez que j'en vas déduire, & que l'experience confirme fort exactement. La
premiere qui se presente, est la situation de l'ayman &
des aiguilles aymantées, qui se disposent de telle sorte,
qu'un de leurs poles regarde le Nord, & panche en ces
quartiers vers la Terre, & l'autre regarde le Sud, & s'éleve
vers le Ciel; Ce qui doit arriver necessairement, à cause
que quelqu'autre situation que l'on donnast à l'ayman, la
matiere Magnetique heurteroit vainement contre sa superficie, sans le pouvoir penetrer, & ainsi elle luy feroit
changer de disposition, jusqu'à ce que la longueur de
ses pores convinst avec les lignes que la matiere Magnetique décrit; Aprés quoy, il est évident que cette
pierre doit demeurer dans cette situation, comme ne
faisant plus d'obstacle au mouvement de cette matiere
Magnetique.

Mais si cela est, comme la ligne que décrit la matiere
Magnetique, est diversement inclinée au regard des divers endroits de la superficie de la Terre, & qu'elle
approche d'autant plus d'une ligne parallele à cette superficie, qu'on la considere prés de la ligne Equinoxiale; qu'elle est exactement parallele à l'Horison des peuples qui sont sur cette ligne; & que dans la partie Meridionale de la Terre elle panche par le côté opposé à
celuy qu'elle tenoit incliné dans la partie Septentrionale, il s'ensuit que l'ayman, ou l'aiguille aymantée ne
doit point estre par-tout semblablement inclinée; Et
qu'au lieu que le bout de l'aiguille qui se tourne vers
le Nord, incline à l'Horison de Paris d'enuiron 70. degrez,

grez, l'on doit voir cette inclinaison d'autant moindre que les lieux où l'on en fait l'observation sont proches de la ligne Equinoxiale ; Qu'on ne doit remarquer aucune inclinaison sur cette ligne ; Et qu'au delà de la ligne c'est le bout qui se tourne vers le Sud qui doit incliner vers la Terre. Or tout cela se trouve confirmé par une infinité d'experiences, que plusieurs pilotes ont faites , sans qu'ils songeassent à philosopher sur la nature de l'ayman : Car puis qu'aprés avoir tellement construit les roses de leurs boussoles, où les aiguilles sont enchassées, qu'elles estoient en équilibre sur leur pivot avant qu'on les frottast d'ayman, & qu'aprés avoir mis de la cire du côté des roses qui regarde le Sud, pour empêcher l'inclinaison vers le Nord que cause cette aiguille ainsi frottée, ils ont esté obligez, pour conserver toûjours l'équilibre, d'oster d'autant plus de cette cire, qu'ils approchoient plus prés de la ligne Equinoxiale, de l'oster tout-à-fait y estant parvenus, & d'en mettre au côté opposé, quand ils se sont éloignez de la ligne en tirant vers le Sud, c'est une marque évidente que sans cette cire l'aiguille aymantée se seroit mise dans toutes les situations que nous avons concluës.

Il est manifeste qu'une aiguille aymantée qui est dé-terminée par quelque cause que ce soit à estre parallele à nostre horison, ne tourne ses bouts vers le Nord & vers le Sud, qu'à cause que la matiere Magnetique qui sort de la Terre se meut du Nord au Sud, en mesme temps qu'elle s'élance aussi de bas en haut ; & que le mouvement de cette matiere est moins détourné quand elle entre dans une aiguille horisontale placée dans le

XXIII.
Pourquoy l'aiguille ay-mantée ne marque pas le Nord & le Sud en certaine contrée de la Terre.

D d

plan du meridien, que fi la mefme aiguille eftoit dans le plan de tout autre azimuth. Et delà il fuit que fi l'on portoit une bouffole fort proche d'un des poles de la Terre, l'aiguille aymantée feroit alors indifferente à fe tourner vers quelque côté que ce fuft de l'horifon, à caufe que le mouvement de la matiere Magnetique fe faifant en ces lieux-là dans des lignes perpendiculaires à la furface de la Terre, cette matiere ne fe détourne pas moins pour entrer dans une aiguille horifontale qui regarde le Nord, que fi elle regardoit tout autre endroit de l'horifon. A quoy s'accorde l'experience de certains Pilotes Hollandois quicherchoient par leNord un nouveau chemin pour aller aux Indes Orientales: Car quand ils fe rencontrerent fort prés du pole de la Terre, alors leurs bouffoles leur furent tout-à-fait inutiles, les aiguilles fe tournant indifferemment vers tous les coftez de l'horifon.

Aprés avoir parlé de l'ayman & des aiguilles aymantées par rapport à la Terre, comparons maintenant deux aymans enfemble, & voyons ce qui doit arriver fi l'on prefente diverfement deux aymans l'un à l'autre. Et premierement, fuppofons qu'un ayman, comme c, flote fur l'eau dans un petit batteau, dans lequel il eft tellement fitué, que fon axe eft perpendiculaire à l'Horifon, & que fon pole a, qui regarde ordinairement le Nord, eft tourné vers la

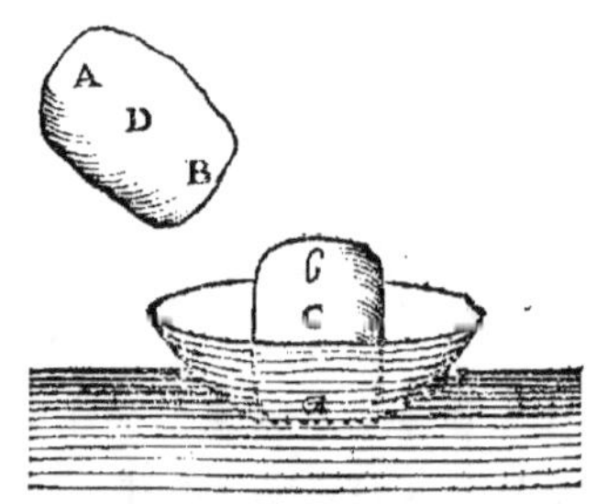

Terre, tandis que fon pole oppofé b eft tourné vers le Ciel; puis fuppofons un autre ayman, comme d,

dont le pole B, qui regarde ordinairement le Sud, est
presenté au pole b du premier ayman ; Cela supposé,
considerons que la matiere Magnetique qui entre par
A, & qui sort par B, peut bien aussi entrer par a,
& sortir par b, mais non pas entrer par b pour sortir
par a ; tant à cause que la matiere Magnetique qui sort
continuellement de la Terre, & qui se meut toûjours
d'a vers b, s'y oppose, qu'à cause qu'il y a dans les pores
de chaque ayman certaines particules, qui comme de
petits poils sont couchées d'une façon qui permet bien
à la matiere Magnetique de passer par dessus en certain
sens, mais qui se herisseroient & boucheroient ces pores, si la matiere Magnetique se presentoit pour passer
à contre-sens. Par la mesme raison, l'on doit conclure
que la matiere Magnetique qui sort du pole b, ne
sçauroit entrer par le pole B de l'autre ayman. Ainsi, le
mouvement, & l'effort que fait la matiere qui sort de
chacune de ces pierres, aboutit à faire qu'elles se pous-
sent & se chassent mutuellement l'une l'autre, & que
celle qui est libre semble s'enfuir, comme s'il y avoit
quelque inimitié entr'elles.

Supposons derechef que l'ayman C flote sur l'eau
comme auparavant ; Mais au lieu que nous avons presenté le pole B au pole b, pensons que ce soit le pole
A qu'on luy presente, & qu'ainsi le pole Boreal d'un
ayman regarde l'Austral de l'autre. Cela supposé, nous
sçavons premierement que la matiere Magnetique qui
sort de A, pouvant entrer par b , & celle qui sort de b
pouvant entrer par A, il n'y a point de raison pourquoy ces pierres se deussent éloigner l'une de l'autre. Au

contraire, si nous côsiderons que la matiere Magnetique
qui passe reciproquement de l'une de ces pierres dans
l'autre, fait des efforts continuels pour chasser l'air qui
est entre-deux, & qui traverse son chemin, & pour se
faire un libre passage ; & que le monde estant plein,
cet air ne sçauroit se retirer ailleurs que derriere ces
pierres, pour donner plus de facilité au mouvement
de cette matiere Magnetique, en faisant que ces deux
aymans s'approchent ; il nous sera aisé de prévoir que
celuy de ces aymans qui sera libre, sera poussé vers l'autre par cet air qui est chassé de sa place, en sorte qu'il
semblera en estre attiré.

XXVI.
Que le pole d'un ayman qui regarde le Nord est le meridional.
Comme nous reconnoissons dans la Terre Interieure
des pores tout semblables à ceux qui constituent la nature de l'ayman, nous pouvons dire avec beaucoup
d'autres, que la Terre est un grand ayman. Ensuite dequoy, si nous faisons reflexion que quand le pole d'un
ayman se tourne vers le pole d'un autre, ce nous est
une marque que ces poles sont dissemblables, & que
si l'un est Septentrional, l'autre est Meridional ; Nous
devons reconnoître que le pole de l'ayman que nous
voyons se tourner vers le Nord, est le pole Meridional,
& que celuy qui se tourne vers le Sud, est le Pole Septentrional.

XXVII.
Comment l'ayman at- tire le fer.
La mesme cause qui fait qu'un ayman se meut vers
un autre, doit aussi faire que le fer qui est à une juste
distance de l'ayman, s'en approche ; au moins quand
ce fer n'est point retenu par sa pesanteur, ou par quelque autre cause que ce soit : Car le fer estant un ayman imparfait, il devient en quelque façon un ay-

man parfait , lors qu'il se trouve dans la sphere d'ac_
tivité de l'une de ces pierres , à cause qu'elle envoye
vers luy beaucoup de matiere Magnetique , qui débouche ses pores; ce qui fait que le fer devient semblable à de l'ayman ; Et ce qui est dit icy du fer à l'égard
de l'ayman, se doit entendre de l'ayman à l'égard du
fer; De sorte que celuy de ces deux corps qui est libre
se doit mouvoir vers l'autre.

Que si quelqu'un doutoit que l'ayman pûst préparer
le fer sans le toucher, il ne seroit pas difficile de le rele-
ver de son doute , en luy faisant connoître la chose
par experience : Car prenant , par exemple , une aiguille de boussole, qui est déja devenuë un ayman parfait pour avoir passé d'un certain sens pardessus le pole
d'une pierre d'ayman, & la faisant passer à contre-sens
sur ce mesme pole, ou de mesme sens par dessus le pole opposé, sans le toucher, & en le tenant à un doigt
de distance de la pierre , l'on voit qu'elle se tourne tout
autrement qu'elle ne faisoit, & que le pole qui estoit
Meridional devient Septentrional.

XXVIII.
Que l'ayman
peut produire
quelque chã-
gement dans
du fer sans
le toucher.

Aprés avoir cy-devant compris comment l'ayman attire le fer, l'on peut aisément concevoir comment un coûteau frotté d'ayman peut lever des clouds & des aiguilles.
L'on peut mesme ne plus trouver étrange que ce mesme coûteau passé brusquement sur le pole de l'ayman ,
à contre-sens de ce qu'on l'avoit passé auparavant , per-
de pour l'ordinaire la vertu qu'il avoit d'attirer ou de
lever du fer: Car comme on sçait que ce coûteau n'estoit devenu un ayman parfait, en passant la premiere
fois par dessus le pole de l'ayman , qu'à cause que la

XXIX.
Comment un
fer frotté
d'ayman
attire un au-
tre fer , &
pourquoy il
perd cette
vertu estant
frotté à con-
tre-sens.

D d iij

matiere Magnetique avoit débouché ſes pores, & avoit couché d'un certain ſens les petites parties Metalliques qui les traverſent; auſſi l'on peut bien penſer qu'il perd cette qualité d'ayman parfait, en le faiſant paſſer ſur le meſme pole à contre-ſens, à cauſe que la matiere Magnetique fait le contraire de ce qu'elle avoit fait, & qu'elle redreſſe ce qu'elle avoit renverſé.

XXX.
Experience qui juſtifie le changement que l'ayman fait dans le fer frotté à contre-ſens.

Et cecy peut paroître à veuë d'œil, quand on a la curioſité d'en faire ou d'en voir l'experience : Car ſi aprés avoir mis un peu de limure de fer ou d'acier ſur une carte, l'on paſſe un ayman par deſſous, l'on voit que les parties de cette limure ſe placent les unes ſur les autres, & compoſent comme de petits poils qui ſe renverſent tous d'un certain côté : Et ſi aprés cela l'on paſſe le meſme endroit de l'ayman à contre-ſens ſous cette limure, l'on voit que ces meſmes poils ſe redreſſent & ſe couchent tout au rebours qu'auparavant.

XXXI.
Que le fer touché d'ayman doit avoir toutes les proprietez de cette pierre.

Le fer ne meriteroit pas le nom d'ayman parfait ſi l'on n'y remarquoit toutes les proprietez de l'ayman. Ainſi, il ne ſuffit pas qu'il attire du fer, comme nous ſçavons qu'il en attire, ny qu'il ait des poles, comme les aiguilles des bouſſoles nous font voir qu'il en a, il faut encore que ſes poles ſe tournent vers les poles de l'ayman ou s'en détournent, comme nous avons dit que cela arrivoit lors que l'on preſente deux de ces pierres l'une à l'autre. Or cela paroiſt manifeſtement dans ces aiguilles qui ſervent à coudre : Car ſi l'on en tient quelqu'une ſuſpenduë avec un fil, à certaine diſtance de l'ayman, elle s'y va joindre, & acquiert par la pointe la vertu du pole oppoſé à celuy de l'ayman, auquel elle s'est jointe ; Ainsi, si elle s'est jointe au pole Septentrional de l'ayman, sa pointe a la vertu du pole Meridional ; De sorte que si on luy presente ensuite le pole Meridional de l'ayman, elle s'en éloigne comme si elle avoit de l'aversion pour ce pole.

C'est là ce que quelques-uns ont appellé la Sympathie & l'Antipathie de l'ayman & du fer ; que l'on peut encore observer par un autre moyen. On prend le bout d'une aiguille à coudre, qui a esté rompuë en deux, que l'on met sur une carte, ou sur un morceau de verre ; Ensuite on luy presente par dessous l'un des poles d'une bonne pierre ; & alors on voit que ce bout d'aiguille se dresse sur l'une de ses extremitez ; & quand par aprés on vient à luy presenter l'autre pole ; elle change aussi-tost de situation, & se leve sur l'autre extremité.

XXXII.
Ce que c'est que la sympathie & l'antipathie de l'ayman & au fer.

Et remarquez que si dans l'experience de l'aiguille suspenduë par un fil, dont nous venons de parler, l'on fait que sa pointe vienne à toucher le pole de l'ayman duquel elle sembloit fuir auparavant, alors elle s'approchera de ce pole, & fuira l'autre ; Dont la raison est, que la grande quantité de matiere Magnetique qui sort avec impetuosité de la pierre, contraint celle qui ne passe qu'en petite quantité par les pores de l'aiguille, de rebrousser chemin, & de se mouvoir à contre-sens de ce qu'elle se mouvoit auparavant ; à quoy contribuë la souplesse des parties du fer ou de l'acier, qui se plient assez aisément pour ne pas s'opposer à la nouvelle détermination de la matiere Magnetique.

XXXIII.
Comment le bout d'une aiguille qui avoit la vertu d'un certain pole peut acquerir la vertu du pole opposé.

Les parties de l'ayman estant fort roides, il est impossible de les coucher autrement qu'elles n'ont esté

XXXIV.
Pourquoy

dés la premiere formation de cette pierre ; Ainsi, la matiere Magnetique y doit toûjours passer d'une mesme façon ; Et ce qui est une fois le pole Septentrional d'un ayman ne doit pas devenir le Meridional, pour estre presenté au pole Septentrional d'une plus grosse pierre ; Et c'est aussi ce que l'experience confirme.

Par tout ce qui a esté dit jusques icy, il est aisé de voir que toute la vertu qu'on attribuë à l'ayman, doit estre attribuée à la matiere Magnetique qui passe au travers. Mais puisque cette matiere passe de la Terre par l'air dans l'ayman, il s'ensuit que si l'on place un long fer dans l'air, en sorte que sa longueur corresponde à peu prés à quelqu'une des lignes que décrit dans le Monde la matiere Magnetique, il devra acquerir à la longue la vertu que le contact de l'ayman luy pourroit donner en un moment ; Et c'est ce que l'on experimente dans toute sorte de fer, qui a eu quelque temps un de ses bouts tourné vers la Terre, ou vers le Nord ; Ainsi, les pincettes qui servent à attiser le feu, & que l'on a coûtume de dresser debout, ne manquent pas d'avoir par le bout d'embas la vertu qu'on observe dans le pole Meridional de l'ayman, & d'attirer le pole Septentrional d'une aiguille de boussole ; c'est à dire, celuy qui regarde le Sud ; & par le bout d'enhaut la vertu du pole Septentrional, & d'attirer le pole Meridional de l'aiguille, ou celuy qui se tourne vers le Nord.

Remarquez que pour faire ces experiences, il ne faut pas changer la situation des pincettes : Car si on les renverse seulement de haut en bas, le bout qu'on tournera alors vers la Terre, acquerera une vertu toute

contraire

contraire à celle qu'il avoit auparavant, parce que la matiere Magnetique prendra un autre cours dans les pincettes, & se mouvera à contre-sens de ce qu'elle faisoit; Ainsi, le bout qui attiroit, par exemple, le pole Meridional de l'aiguille, attirera pour lors le Septentrional.

Considerant maintenant la vertu que le fer acquiert à la longue par la seule situation qu'il a au respect de la Terre, j'ay pensé qu'on pourroit faire acquerir fort promptement cette mesme vertu à un morceau d'acier long & delié, si aprés l'avoir fait rougir dans le feu, on le trempoit & enfonçoit par l'un de ses bouts dans l'eau, en le tenant perpendiculaire à l'horison : Car j'ay jugé que quand l'acier estoit ainsi tout en feu, ses parties devoient estre fort flexibles , & consequemment qu'elles pourroient estre facilement pliées par la matiere Magnetique , du sens qu'il faloit pour ne plus traverser ny faire d'obstacle à son chemin ; Aprés quoy se refroidissant tout à coup dans l'eau, j'ay estimé que la grande dureté qu'il acqueroit par ce moyen, ne devoit servir qu'à luy faire retenir plus fermement les choses dans l'estat où elles avoient esté mises auparavant; Et de fait, je ne me suis pas trompé dans ma conjecture: Car j'ay trouvé premierement que l'acier ainsi trempé conservoit en chacune de ses extremitez la vertu du pole qu'il avoit acquise dans la trempe ; & que le bout qui avoit esté panché vers la Terre en le trempant, demeuroit toûjours le pole Meridional, nonobstant mesme qu'on le renversast de bas en haut; Secondement, j'ay remarqué que cet acier n'avoit pas seulement la vertu de faire mouvoir l'aiguille d'une boussole ,

E c

XXXVII.
Comment un morceau d'acier peut, sans estre touché, acquerir en un moment la vertu d'un ayman parfait.

que la situation qu'elle a sur un pivot dispose à se mouvoir fort aisément, mais qu'il pouvoit mesme lever de
la limure de fer ou d'acier, & en porter une aussi grande quantité qu'il auroit pû faire si on l'avoit frotté à un
ayman d'une mediocre vertu.

XXXVIII.
Preuve, que la seule situation du fer, luy fait acquerir la vertu d'un ayman parfait.

Au reste, pour éloigner tout le soupçon qu'on pourroit avoir, que la vertu qu'acquiert ainsi ce morceau
d'acier, n'est pas tant l'effet de sa situation au respect
de la Terre, que de ce qu'on a commencé à le tremper
dans l'eau par le bout d'embas, j'en ay fait rougir un
autre, & le tenant tout rouge avec des pincettes perpendiculaire à l'horison, je l'ay trempé en versant de
l'eau par dessus, en sorte que ç'a esté l'extremité d'enhaut qui a esté trempée la premiere ; Et nonobstant
cela, je n'ay pas laissé de trouver que ses extremitez
acqueroient la mesme vertu que j'avois remarqué qu'elles avoient dans la premiere sorte de trempe.

XXXIX.
Pourquoy le fer qui a acquis la vertu d'un ayman parfait par la seule situation, ne leve que tres peu d'autre fer.

On s'étonnera peut-estre de ce que le fer qui a esté
plusieurs années dans la situation qu'il faut pour acquerir la vertu de lever d'autre fer, l'acquiert cependant si foible, que la Croix qui estoit depuis plus de
cent années sur le clocher de la principale Eglise d'Aix
en Provence, ayant esté jettée par terre pendant une
tempeste, & ayant esté rompuë en plusieurs pieces,
quelques-unes qui estoient assez grosses ne levoient
qu'à peine de fort petits clouds, Mais on cessera de
s'étonner, si l'on considere que c'est la Terre Interieure, qui est fort profonde, qui doit passer pour un
grand ayman ; & que la plus grande partie de la matiere Magnetique qui tourne alentour d'elle, se mouvant

dans la Terre Exterieure comme dans une écorce qui
l'environne, il n'en parvient que tres-peu jufques à
Nous; fi-bien qu'il en paffe toûjours beaucoup plus au
travers d'un bon ayman, que dans un pareil volume
d'air; D'où il fuit évidemment, qu'il fe débouche un
bien plus grand nombre de pores dans un morceau de
fer qu'on frotte d'un bon ayman, que dans un femblable
morceau de fer qu'on tiendroit plufieurs années dans
l'air fans l'approcher d'aucun ayman.

Et pour prevenir toutes les difficultez qui fe pourroient icy rencontrer, il faut prendre garde qu'outre
la matiere Magnetique qui paffe de la Terre dans l'ayman, pour paffer derechef de l'ayman dans la Terre,
il y a toûjours une certaine quantité de cette matiere
qui fe meut dedans & autour de l'ayman, & qui compofe une efpece de tourbillon autour de luy; Dont la
raifon eft, que cette pierre ayant efté tirée du lieu où
elle s'eft engendrée, autant pleine de matiere Magnetique qu'elle pouvoit eftre, cette matiere trouve moins
de difficulté à rebrouffer chemin pour rentrer de nouveau dans un corps où fes paffages font tout creufez,
qu'à continuer de fe mouvoir dans l'air liquide, dont
les parties eftant en continuel mouvement, celles qui
traverfent le chemin de cette matiere Magnetique ne
font pas plûtoft chaffées par elle, qu'il s'en prefente
d'autres qui luy font le mefme obftacle.

XL.
Qu'il y a
toûjours un
tourbillon de
matiere Ma-
gnetique qui
tourne au-
tour d'un ay-
man.

Et pour empêcher que l'on ne croye, que ce tourbillon invifible de cette matiere Magnetique, qui fe
fait continuellement alentour d'un ayman, n'eft qu'une
pure imagination, & non pas une chofe réelle qui foit

XLI.
Preuve du
tourbillon de
la matiere
Magnetique
autour de

chaque ay-
man.

veritablement dans la Nature, il ne faut que prendre garde aux diverses situations que prend une aiguille de bouf-
sole, que l'on place diversement autour d'un ayman:
Car on voit qu'estant mise vis-à-vis des poles de l'ayman, sa longueur concourt directement avec l'axe de
l'ayman, & que la faisant tourner alentour de luy, elle
incline diversement, & en toutes les diverses façons
que nous avons dit cy-dessus qu'inclinoit une aiguille de
boussole, dans les diverses contrées de la Terre qui sont
sous un mesme Meridien.

XLII.
*Autre preu-
ve plus évi-
dente.*　　L'on peut encore estre mieux convaincu de cette
circulation de la matiere Magnetique, autour de l'ayman, en considerant comment se dispose la limure
de fer ou d'acier qu'on laisse tomber de haut sur une
carte percée, & dans le trou de laquelle on a enfoncé
un ayman, en telle sorte que son axe se rencontre dans
le plan de cette carte : Car l'arrangement & la disposition que prend cette limure, estant telle qu'il paroist
icy dans cette figure, il
n'y a pas lieu de douter,
qu'outre la matiere Ma-
gnetique qui passe le long
de l'axe A B, & qui con-
tinuë son chemin dans
l'air, il n'y en ait encore
d'autre, qui sortant de F,
G, retourne par I, H, vers
D, E, & de mesme qu'il

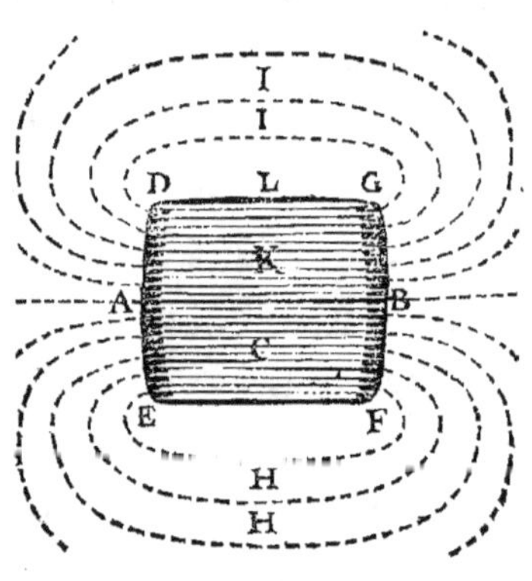

n'y en ait qui sortant de D, E, retourne par I, H, vers
F, G.

Cette sorte d'arrangement, tel qu'il est icy repre- XLIII.
senté, s'observe en toute sorte d'ayman, quand il est
homogene, & par tout semblable à luy-mesme ; Mais
quand il ne l'est pas, & que ses veines sont interrom-
pües & irregulieres , alors la limure prend d'autres
dispositions, conformes à celles des veines de l'ayman;
Ce que j'ay plusieurs fois experimenté dans une pierre
semblabe à celle qui est icy dépeinte, dont les veines
serpentent fort irregulierement , à cause qu'elles sont
interrompuës par quantité de matiere étrangere qui
les traverse & qui les separe : Car l'ayant enchassée
dans une carte , & ayant laissé tomber de la limure
dessus, j'ay toûjours remarqué que la limure s'est disposée autour d'elle , non pas uniformement, comme
dans les autres, mais diversement selon l'irregularité
de ses veines, avec lesquel-
les la limure commence
en quelques endroits , &
acheve en d'autres , plu-
sieurs divers cercles; Ainsi,
la limure qui tombe vers
c, fait des cercles avec les
veines A D , & celle qui
tombe vers E, en fait d'autres avec les veines B F.

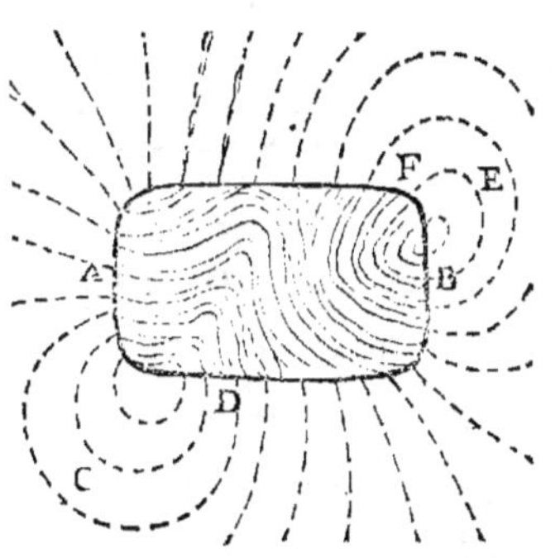

Arrange-
ment de la
limure de fer
autour d'une
pierre extra-
ordinaire
d'ayman.

L'irregularité qui paroist dans l'arrangement de cette XLIV
limure alentour de cette pierre extraordinaire, est sans
doute une forte conviction du tourbillon que fait la
matiere Magnetique autour des pierres d'ayman ; Mais
voyons maintenant si nous ne pourrons point prévoir

Changement
qu'un ayman
cause à la
limure qui est
éparse autour
d'un autre
ayman.

ce qui doit arriver en prefentant diverfement un autre ayman à celuy de la figure de l'article XLII. Suppofons donc premierement, que le pole Meridional de l'une de ces pierres regarde le Septentrional de l'autre; alors, comme la matiere Magnetique, qui fort de l'un de ces aymans peut eftre receüe dans l'autre, il n'y a point de doute qu'elle ne doive fe porter vers cet autre ayman, & qu'elle ne doive le penetrer, avant que de retourner en arriere pour rentrer par où 'elle a déja paffé; Et par confequent, au lieu que les petites files de limure qui eftoient vers le pole du premier ayman, aprés avoir avancé en ligne droite dans l'air, autant que leur force leur avoit permis, fe courboient & fe détournoient de part & d'autre, pour conduire circulairement la matiere Magnetique vers les endroits voifins de l'autre pole, & y rentrer, elles devront alors fe redreffer, pour prendre leur chemin vers le fecond ayman qu'on leur prefente ; Et c'eft ce que l'experience juftifie.

XLV.
Autre changement en prefentant le pole oppofé.

Le contraire doit arriver fi les aymans font tellement fituez que le pole de l'un regarde le pole de mefme nom de l'autre : Car alors la matiere Magnetique qui fort du premier ayman ne pouvant eftre receüe dans le fecond, bien loin de trouver de la facilité à continuer fon chemin en ligne droite vers luy, elle fouffre quelque obftacle par la matiere qui en fort ; fi-bien qu'elle doit fe courber & fe détourner plûtoft qu'elle ne faifoit auparavant ; & ainfi elle doit replier les petites files de limure un peu plus qu'elles n'eftoient, pour les ramener par un chemin plus court vers le pole oppofé à celuy que regarde le second ayman ; Et c'eſt ce qui arrive.

Ce changement qui arrive à la diſpoſition ordinaire du cours de la matiere Magnetique, ſe peut encore remarquer d'une autre maniere qui eſt fort propre à le faire concevoir. Il faut prendre une pierre d'ayman, & approcher l'un de ſes poles d'un tas de limure de fer ou d'acier, afin qu'elle s'en charge autant qu'elle eſt capable d'en porter ; puis tenant cet ayman en ſorte que ſon pole qui eſt chargé de limure ſoit tourné vers la Terre, il faut en approcher les poles d'un autre ayman l'un aprés l'autre ; Cela eſtant, lors que les deux pierres ſe regarderont par des poles de divers noms, les files de limure dont l'un eſt chargé, & qui comme de grands poils s'éloignent de l'ayman en s'écartant les unes des autres, ſeront veuës ſe replier en dedans, & ſe rapprocher comme pour s'unir les unes aux autres; Et au contraire, lors que les aymans ſe regarderont par des poles de meſme nom, ces meſmes files de li-mure ſe repliront en dehors, & s'écarteront les unes des autres beaucoup plus qu'elles ne faiſoient aupa-ravant.

XLVI.
Autre ma-niere de faire voir ces chã-gemens.

En conſiderant ainſi la diſpoſition que prend la li-mure de fer autour d'une pierre d'ayman, l'on peut aiſément connoître quels ſont les poles de cette pierre : Car il eſt aiſé de juger que ſes poles ſont les extremi-tez des pores par où entre & ſort la matiere Magne-tique qui ſe détourne le moins, & qui va le plus di-rectement qu'il eſt poſſible du Nord au Sud, ou du Sud au Nord; Et conſequemment que la longueur de ce meſme Pore eſt ce qui doit paſſer pour l'Axe de

XLVII.
Moyen exact pour connoî-tre les poles d'un ayman.

l’ayman. Ainſi dans l’ayman D E F G, qui eſt icy repreſenté, les poles ſont A & B, & l’axe eſt le pore A B, lequel comme vous voyez eſt au milieu de tous les autres.

XLVIII.
Comment les parties d’un meſme ayman ont leurs poles particuliers.

Mais ſi l’on ſcie cette pierre de telle ſorte que la coupe ſe faſſe le long de l’axe, on doit conclure que chacune de ſes parties, comme par exemple C, aura des poles particuliers, à ſçavoir les points qui ſont au milieu des faces A E, F B, par où entre & ſort la matiere Magnetique : Car c’eſt en ces endroits-là que le chemin de cette matiere ſe partage, n’y ayant que la moitié de ce qui ſort par une des faces qui aille alors par H vers F B, à ſçavoir celle qui ſort des pores voiſins de E, l’autre moitié qui ſort des pores voiſins de A tendant vers B F par L, par où elle ſe détourne moins que par H. On peut s’aſſurer de la verité de ce raiſonnement en éparpillant de la limure de fer autour de l’ayman A E F B, enfoncé comme nous avons dit cy-deſſus dans le trou d’une carte : Car on verra qu’en oſtant l’une des moitiez, à ſçavoir, celle qui eſt marquée K, & n’y laiſſant plus que l’autre, la limure ſe partagera comme je viens de dire.

XLIX.
Que les deux parties d’un ayman qu’on a ſcié le long de l’axe demandent de ſe placer l’une à l’égard de l’autre à contre-ſens de ce qu’elles eſ-

Maintenant, ſi aprés avoir ſcié comme deſſus un ayman en deux, l’on rejoint ſes parties C & K, & qu’on les mette l’une ſur l’autre, il eſt certain que la matiere Magnetique qui ſort de celle de deſſous, ne ſçauroit entrer dans celle de deſſus ſans faire un grand circuit; Mais ſi la moitié marquée K eſtoit tournée à contre-ſens, comme ce qui ſortiroit de A E, pole Meridional de celle de deſſous, pourroit entrer par B G pole Septentrional

trional de celle de deſſus elle prendroit alors un chemin
plus court ; C'eſt pour-
quoy ſi l'on ſuſpend avec
une fiſſelle la moitié ᴋ, &
qu'on l'abaiſſe doucement
ſur ᴄ, comme pour la re-
joindre avec ſon autre
moitié du ſens qu'elle luy
eſtoit naturellement jointe , l'on a le plaiſir de voir

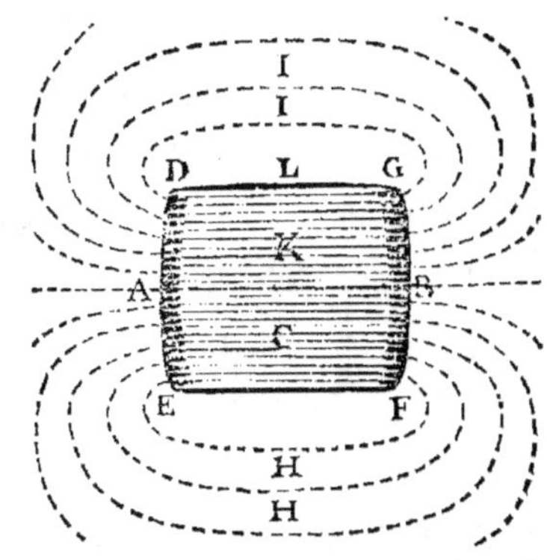

qu'un peu avant que de ſe joindre, cette moitié ᴋ ſe
tourne comme d'elle meſme à contre-ſens, pour faciliter par ce moyen le cours de la matiere Magnetique.

Et ſi quand ces deux parties ᴄ & ᴋ ſont ainſi jointes à
contre-ſens de ce qu'elles eſtoient naturellement, l'on
vient à éparpiller de la limure de fer alentour , pour
lors les files qui ſe forment reſſemblent à des moitiez
de circonferences de cercles, dont les extremitez a-
boutiſſent vers les deux poles voiſins de ces deux pieces d'ayman, & qui ont pour centre l'extremité de la ligne, où ces deux pieces ſe joignent.

Que ſi un ayman avoit eſté ſcié de telle ſorte que
le plan de la ſection fuſt perpendiculaire à l'axe , ſes
deux parties ne demanderoient point d'avoir une ſituation differente de celle qu'elles avoient avant leur divi-
ſion; dautant que la matiere Magnetique qui ſort de
l'une, entre le plus commodement qu'il eſt poſſible
dans l'autre ; Mais les deux points qui ſe touchoient
avant la coupe, deviendroient les poles de vertu contraire. Ainſi, ſi l'ayman ᴀ ᴄ ᴃ ᴅ, dont l'axe eſt ᴀ ʙ, le

F f

pole Meridional A, & le Septentrional B, eſt coupé ſelon le plan C D, le point b & le point a, qui ſe touchoient avant la coupe, deviennent deux poles de vertu contraire, à ſçavoir le point b, devient le pole Septentrional de la moitié E, & le point a, le pole Meridional de la moitié F : Car ce que

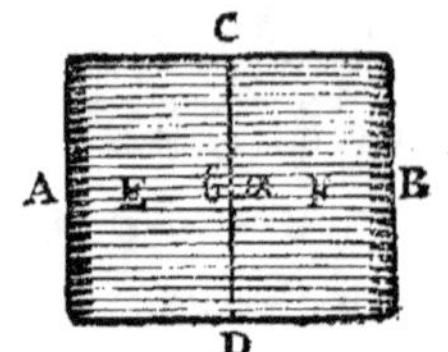

l'ayman tout entier recevoit de matiere Magnetique qui vient du Sud, & qui entroit par B, doit deſormais entrer par b, dans la partie E ; Et ce qu'il recevoit de cette matiere qui vient du Nord, & qui entroit par A, doit entrer par a, dans la partie F. Or pour s'aſſurer de la verité de ce raiſonnement, il ne faut que mettre floter ſur l'eau l'une ou l'autre des deux parties E ou F; ou bien preſenter ſeparément les points b & a, à l'aiguille d'une bouſſole : Car alors on voit que l'endroit b, de la partie E, ſe tourne toûjours vers le Sud, & qu'il attire le pole Meridional de l'aiguille aymantée ; au lieu que l'endroit a, de la partie F, ſe tourne toujours vers le Nord, & qu'il attire le pole Septentrional de la meſme aiguille. D'où il ſuit, qu'il eſt abſurde de penſer, comme font quelques-uns, que les deux moitiez d'un meſme ayman ont des inclinations toutes diverſes, & que l'une tend de toute ſa force vers le Nord, & l'autre au contraire vers le Sud; Mais que cependant, ſi l'on rompt cet ayman en deux pieces, chacune n'a plus la vertu directrice qu'elle avoit dans le Tout.

LII.
De l'armure Vous voyez comment toutes les proprietez de l'ayman, dont nous avons parlé, ont pû eſtre déduites de

la nature que nous luy avons attribuée. Il n'en eſt pas
de meſme de ſon armure ; Et c'eſt une choſe aſſez
ſurprenante, que deux petites pieces d'acier, comme
C D , E F , appliquées, ain-
ſi qu'il paroiſt dans cette
figure , aux deux poles de
l'ayman A , & B , ſoûtiennent beaucoup plus de
fer , que cette pierre n'en
pourroit ſoûtenir eſtant
toute nuë. Mais ſi l'on
prend garde que l'ayman

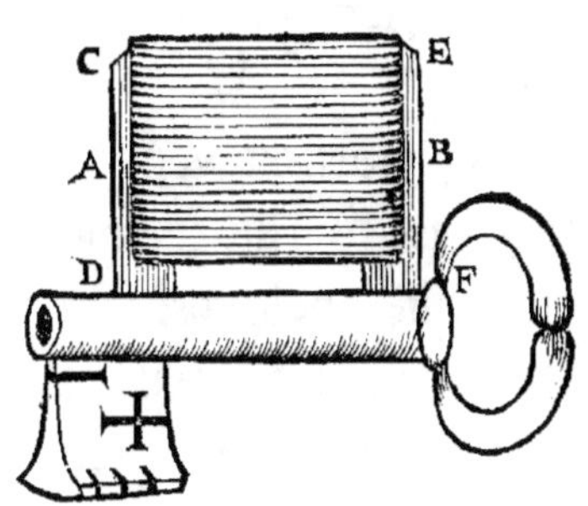

armé n'attire pas plus de fer , ny de plus loin , qu'il fe-
ſoit auparavant, l'on pourra trouver la cauſe d'un effet
qui donne tant d'admiration : Car cela eſtant, il eſt
aiſé de juger que l'augmentation de force qui paroiſt
dans un ayman armé, vient de ce que le fer qui eſt
ſoûtenu par l'armure en eſt touché en plus de parties
qu'il ne feroit touché par l'ayman : Car, comme il a
eſté montré dans la premiere partie de ce Traité, la colle
naturelle qui joint & attache les parties des corps enſemble , & qui les empêche de ſe ſeparer, conſiſte
dans le contact & le repos que ces parties ont les unes
à l'égard des autres.

Et cecy ſe confirme, en ce que ſi l'armure d'un ayman
ſe roüille, c'eſt à dire, ſi ſes parties ſe dérangent, & ceſ-
ſent d'eſtre capables d'un contact ſéblable à celuy d'auparavant, ou ce qui eſt la meſme choſe, ſi on luy preſente un fer roüillé, ou enfin ſi entre l'armure & le fer
qu'on veut enlever l'on interpoſe un autre corps, tant

mince qu'il puiſſe eſtre, comme par exemple une feüille de papier, il n'en leve pas alors davantage qu'il faiſoit lors qu'il n'eſtoit point armé ; Au lieu que l'interpoſition d'un ſemblable corps ne change rien dans les autres merveilles que l'ayman produit quand il eſt tout nud.

LIV.
D'où vient qu'un foible ayman enleve quelquesfois un fer qui eſtoit porté par un plus fort.

Ce que nous venons de dire à l'occaſion de l'armure, nous fournit la ſolution d'une belle difficulté, qui eſt, que quelquesfois un foible ayman touchant un fer, qu'un autre plus fort, tient ſuſpendu, il l'emporte avec ſoy, & le détache de ce plus fort : Car on peut bien penſer que le fer touche alors le plus foible ayman en plus de parties qu'il ne touchoit l'autre.

LV.
Que les deux poles de deux aymans de vertu contraire augmentent la force l'un de l'autre.

A cela il faut ajoûter que le plus fort ayman augmente en quelque façon par ſa preſence la vertu du plus foible, entant qu'il envoye vers luy beaucoup de matiere Magnetique, & qu'il concourt à ſoûtenir ce que l'autre porte déja. Et cecy eſt la cauſe pourquoy le pole Meridional de tous les aymans, dans leſquels on ne rencontre aucune irregularité fort ſenſible, leve au deçà de l'Equateur plus de fer que le pole Septentrional : Car le pole Meridional peut eſtre aidé par la vertu du pole Septentrional de la Terre, mais non pas l'autre.

LVI.
Pourquoy une piroüette tourne plus long temps eſtant ſoûtenüe par un ayman que ſi elle eſtoit ſur une table.

Quelques-uns conſiderent avec admiration, que ſi ayant fait tourner ſur une table une piroüette de laton dont l'arbre eſt de fer ou d'acier, on enleve cette piroüette avec un ayman, elle tourne beaucoup plus long temps, ainſi ſuſpendüe, que ſi on l'avoit laiſſé achever de ſe mouvoir ſur la table ; Ce qui eſt cependant fort aiſé à reſoudre. Pour cela, il ne faut que considerer qu’une des causes qui empêchent le plus que la piroüette ne continüe toûjours de se mouvoir, est, que sa pesanteur la fait frotter un peu rudement contre le corps qui la porte ; Mais quand elle est suspendüe par un ayman, la mesme pesanteur qui tend à la détacher, fait qu’elle n’y touche presque point, & ainsi qu’elle tourne avec plus de facilité.

D’où il faut conclure, que si l’on se servoit d’un ayman extraordinairement fort, pour enlever une piroüette fort legere ; comme cette vertu de l’ayman l’attacheroit bien plus fort à la pierre, que sa pesanteur ne l’attacheroit à la table, aussi devroit-elle alors cesser bien plûtost de tourner, estant ainsi suspendüe, que si elle eust achevé de tourner sur la table.

Il semble que la déclinaison de l’ayman, ou des aiguilles aymantées, choque en quelque façon ce que nous avons étably de la Nature de cette pierre : Car s’il est vray que la matiere Magnetique qui fait une espece de tourbillon autour de la Terre, se meuve d’un pole vers l’autre dans les plans des Meridiens, pourquoy les aiguilles ne regardent-elles pas exactement le Nord & le Sud ? Et pourquoy faut-il qu’elles se détournent icy, ensorte que le pole Meridional, qui devroit regarder le Nord, biaise d’environ un degré vers le Couchant ? A quoy je répons que la matiere Magnetique qui se meut dans l’air, se porteroit exactement du Nord au Sud, ou du Sud au Nord, si son mouvement ne devoit en quelque façon s’accorder avec celuy de la matiere Magnetique qui se meut dans la Terre Exterieure ; Mais il arrive que dans la Terre Exterieure

la matiere Magnetique eſt quelquesfois obligée de ſe
détourner des chemins auſquels la cauſe generale la
détermine, par la commodité qu'elle trouve de paſſer
par des endroits où des minieres de fer ſe rencontrent;
Et cela fait que la matiere Magnetique qui ſe meut dans
l'air, ne ſe porte pas exactement dans les plans des
Meridiens, & conſequemment que les aiguilles aymantées ſont par-là déterminées à décliner comme on
l'experimente.

LIX.
*Experience
qui fait voir
cette decli-
naiſon.*

Or, pour faire voir que le fer peut détourner la
matiere Magnetique de ſa route ordinaire, il ne faut
que mettre une aiguille de bouſſole à certaine diſtance d'un ayman, comme l'on voit qu'eſt icy l'aiguille
C D, au regard de l'ayman dont
l'axe eſt A B : Car tandis qu'on
n'approchera point d'autre fer
auprés de cette pierre, la matiere
Magnetique qui en ſort, diſpoſera
l'aiguille à eſtre à peu prés parallele à l'axe A B ; Mais ſi l'on
en approche du fer, comme un
coûteau par exemple, qui puiſſe
recevoir la matiere, qui ſortant
du pole B de l'ayman, entroit
par le pole D de l'aiguille, tandis

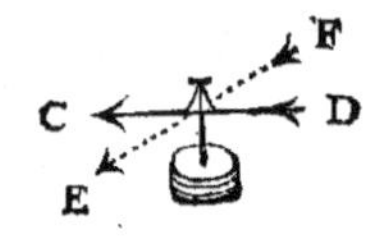

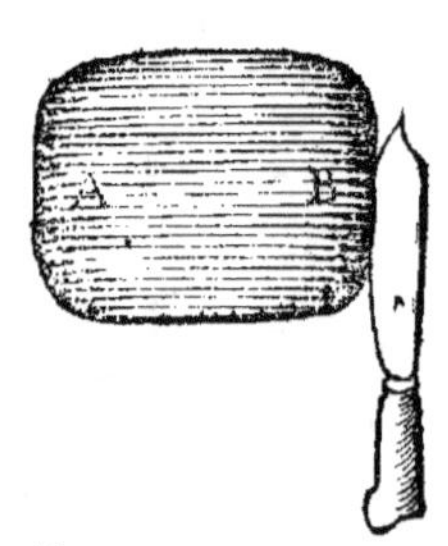

que celle qui ſort de A entre par C, comme elle faiſoit auparavant, l'on verra alors un changement notable dans l'aiguille : car elle quittera la ligne C D pour
ſe placer ſelon la ligne E F.

LX.　　　　Et comme il eſt certain qu'il ſe peut rencontrer des

minieres de fer, en certaines contrées où il n'y en avoit point auparavant, & que celles qui estoient en d'autres contrées se peuvent corrompre, il peut aussi arriver qu'en divers temps l'on observe que l'aiguille aymantée decline diversement dans un mesme lieu; Ainsi, l'on ne doit point trouver étrange, que ceux qui ont parlé de la declinaison, il y a environ cent ans, ayent asseuré qu'elle estoit à Paris de six degrez du Nord à l'Est; au lieu que par des observations tres exactes que j'ay faites, il y a environ trente ans, j'ay trouvé qu'elle estoit à peine d'un seul degré vers le mesme côté, & qu'elle est presentement d'un degré vers l'Ouest.

Mais remarquez, qu'afin que le fer de mine puisse donner occasion à la matiere Magnetique de se détourner, il doit avoir ses parties tellement situées, que les pores en forme d'écroües qu'elles contiennent, concourent à peu prés directement; Et dautant que cette disposition ne se rencontre pas dans toutes les mines, & qu'il y en a quelques-unes où les parties du fer sont en confusion, cela fait que le fer de toute sorte de mine n'est pas propre pour causer de la declinaison dans l'ayman, & n'est pas mesme propre pour estre attiré par cette pierre.

Aprés avoir expliqué toutes les proprietez de l'ayman, il reste à voir comment il les peut perdre, & estre reduit à l'estat d'une pierre ordinaire. Pour comprendre comment cela se peut faire, considerez que ce que l'ayman a de particulier, c'est la conformation de ses pores, & que l'on ne sçauroit imaginer que cette conformation soit détruite, sans concevoir en mesme temps que l'ayman cesse d'estre ce qu'il estoit, & ne differe quasi plus d'une autre pierre. Or il est évident que l'ayman estant pilé & reduit en poussiere fort subtile, n'a plus la mesme disposition de parties qu'il avoit auparavant ; Et partant, il est aussi evident qu'il n'est plus alors capable des mesmes proprietez qu'on admiroit en luy.

LXIII.
Experience de cette verité ; & des emplâtres magnetiques.

C'est ce que l'experience confirme : Car ayant fait enlever plusieurs morceaux d'une fort bonne pierre, à laquelle je voulois donner une figure plus belle que celle qu'elle avoit, & en ayant pilé le plus gros morceau, qui levoit une quantité considerable de fer, la poussiere renfermée dans un linge n'a plus esté capable de lever le moindre fer du monde. Ce qui doit servir à desabuser ceux qui pretendent que l'ayman pilé entrant dans la composition de quelque emplâtre, aura la vertu d'attirer le fer qui seroit au fond d'une playe, sur ce qu'ils remarquent cette vertu dans un ayman entier : Car ils doivent par-là connoître que toutes les parties n'ont pas la mesme proprieté qu'elles avoient avant leur division ; Et que s'il se trouve par experience que l'ayman ait quelque usage dans les emplâtres, il doit venir d'une autre cause que de celle qu'ils avoient imaginée.

LXIV.
Que l'ayman peut perdre sa vertu en se roüillant.

Nous prévoyons encore que la roüille penetrant jusqu'au dedans de l'ayman, ruïne la conformation de ses pores; Et ainsi nous devons conclure que cette pierre doit perdre sa vertu en se roüillant.

LXV.
Que le feu peut ruïner

Nous prévoyons deplus qu'un feu fort violent peut faire en peu d'heures ce que la roüille ne fait qu'en plu-

sieurs

sieurs années , à cause qu'il peut causer dans l'ayman la vertu de l'ayman. un changement à peu prés semblable à celuy qu'on sçait qu'il produit dans le bois qu'il convertit en charbon ; Et ainsi un ayman qu'on tient assez long temps dans le feu doit perdre toute sa vertu.

On peut encore ajoûter que l'air le plus sec, & le LXVI.
Que l'air seul altere l'ayman. moins capable de roüiller l'ayman, luy doit faire per- dre sa force, entant qu'il s'oppose au mouvement de la matiere Magnetique qui se presente pour sortir de cette pierre , & qu'il la contraint de se faire des passages en dedans, comme nous avons dit que la plus grande partie de celle qui passe dans la Terre Interieure continuë son mouvement dans l'écorce qui la couvre ; Ainsi , les parties de l'ayman qui sont prés de sa superficie devien- nent à la fin fort differentes de ce qu'elles ont esté au- tres fois.

Or quand ces parties exterieures sont ainsi gâtées LXVII.
Pourquoy une partie d'un ayman leve quel- quesfois plus de fer que l'ayman en- tier ne le- voit. & corrompuës, elles ne sont pas fort differentes d'une pierre ordinaire , & empêchent alors que ce qui reste au dedans de sain & d'entier, & qui conserve la forme d'ay- man, n'approche de si prés du fer qu'on luy presente qu'il pourroit faire sans cela ; Et cela doit estre cause que la pierre entiere ne pourra pas tant lever de fer qu'elle leveroit si ses parties qui sont ainsi alterées avoient esté enlevées. Et de fait, j'ay vû un ayman assez gros qui pesoit treize onces, & qui levoit à peine une once de fer, lequel ayant esté déchargé d'une bonne partie de celles qui entouroient sa superficie, en sorte qu'il ne pesoit plus que cinq onces, levoit aprés cela deux onces & demie de fer.

Gg

Le seul remede qu'on ait jusqu'à present pû trouver, pour empêcher l'alteration que l'air peut causer dans l'ayman, a esté de l'entourer de plusieurs morceaux de fer ; ce qui s'accorde parfaitement bien avec ce que nous venons de dire : Car le fer donnant plus libre passage à la matiere Magnetique que l'air ne sçauroit faire, elle est contrainte de prendre son cours, & de se détourner dans ce metail, & ainsi elle n'est pas si-tost obligée à rien changer dans les pores de l'ayman.

La matiere Magnetique ayant le plus de part dans tous les effets de l'ayman, la conformation de ses pores luy seroit tout-à-fait inutile s'il manquoit de cette matiere ; Or il se peut faire que la grande quantité de celle qui se meut autour d'un gros ayman, entraîne le peu de matiere qui compose le petit tourbillon d'une petite pierre qui se rencontre dans son voisinage ; Aussi ay-je experimenté qu'un petit ayman armé & enchassé dans une bague, lequel levoit deux onces de fer, perdit en un instant toute sa vertu pour avoir approché trop prés d'une bonne pierre. Toutesfois il se trouva à deux jours delà qu'il l'avoit recouverte ; Et cecy arriva sans doute parce que l'air luy fournit de la matiere Magnetique à la place de celle qui luy avoit esté enlevée.

Quant à ce que quelques Ecrivains rapportent que l'ayman n'attire pas le fer à la presence du diamant, ou que l'oignon & l'ail luy font perdre sa vertu, ce sont des contes, qui sont démentis par mille experiences que j'ay faites. J'ay mesme fait voir que cette pierre attire du fer au travers des plus gros diamans, & au travers

de plusieurs peaux assez épaisses dont un gros oignon est
composé.

Aprés avoir amplement expliqué, les proprietez de
l'ayman, & particulierement celle qu'il a d'attirer le fer,
je ne veux pas oublier de parler de celle que l'on remarque dans l'ambre, dans le jayet, dans la gomme,
dans la cire, dans le verre, & dans la plus-part des
pierres precieuses, toutes lesquelles choses estant frottées attirent indifferemment les pailles, & toute autre sorte de choses legeres. J'estime donc, avec plusieurs autres, qu'il y a une certaine matiere fort subtile,
qui se meut pour l'ordinaire dans les plus petits pores de
ces corps, & qui venant du centre vers la superficie, se
reflechit en dedans à la rencontre de l'air qui luy resiste.
Or quand on frotte ces corps, l'on donne à cette matiere qu'ils contiennent, assez de force pour vaincre la
resistance de l'air, & pour faire qu'elle s'étende quelque
peu à la ronde ; Mais comme elle ne sçauroit aller
gueres loin sans perdre une partie de sa force, l'agitation & la circulation de l'air la repousse, & la contraint
de retourner en arriere, pour rentrer dans quelques-
uns des pores d'où elle est sortie, & où d'autre matiere
ne sçauroit si commodement entrer, pour n'estre pas
comme elle proportionnée à la grosseur & à la figure de
ces pores ; Si-bien, par exemple, qu'il sort de l'ambre
qui a esté frotté, un grand nombre de petits filets
imperceptibles de cette matiere, qui s'élancent dans
l'air, où ils penetrent les pores des petits corps qui s'y
rencontrent, & delà rentrent dans l'ambre. En suite de
quoy, l'air repoussant continuellement ces filets, & les

LXXI.
De la vertu
attractrice
de l'ambre
& de quel-
ques autres
corps.

G g ij

contraignant de fe racourcir de plus en plus, pouffe en
mefme temps, & par mefme moyen les corps legers,
dans lefquels ces petits filets fe font fourrez, qui appor-
tent ainfi en retournant les petites pailles dans lefquelles
ils s'eftoient engagez. Ce qui fe confirme, en ce qu'on ne
remarque point cette vertu dans l'ambre, ny dans pas
un des autres corps femblables, à moins qu'on ne l'ait
excitée en le frottant.

LXXII.
*Erreur de
quelques
Philofophes
au fujet de
cette vertu.*

    Au refte, il n'eft pas neceffaire d'attribuer d'autres
qualitez à la matiere qui fort de ces corps, pour faire
qu'elle puiffe avoir la vertu d'attirer les pailles, & les
fêtus, comme de dire qu'il faut qu'elle foit graffe, pour
avoir la vertu de s'attacher : Car outre qu'on n'explique point ce que c'eft que cette vertu, il ne femble
pas que le verre, ny les pierres precieufes, dans lefquelles la vertu d'attirer fe remarque comme dans
l'ambre, puiffent contenir rien de gras ; Et fi l'on pouvoit croire qu'il y euft eu quelque chofe de femblable, dans le fable & dans la cendre dont le verre eft
compofé, cela auroit dû eftre confumé par le feu qui
les a fondus.

CHAPITRE IX.

Des Feux Soûterrains ; & des Tremblemens de Terre.

I.
Qu'on ne

POUR expliquer ce qui fe rencontre de plus rare
dans la Terre, il eft à propos de traiter des Feux

soûterrains ; Les funeftes effets qu'ils produifent atti- *peut ex-* rent trop fouvent noftre admiration pour ne pas tâ- *pliquer la nature des feux foûter-* cher d'en découvrir la caufe. Or ces Feux dont j'en- *rains à* tens parler, font femblables à ceux que l'on voit quel- *moins d'ex-* quesfois fortir de la montagne d'Ecla en Iflande, de *pliquer celle* celle d'Etna ou du Montgibel en Sicile, & du Vefu- *de tous les* ve au Royaume de Naples. Et dautant qu'ils ne diffe- *autres feux.* rent nullement de ceux que l'on allume dans nos che- minées, il eft manifefte que je ne fçaurois expliquer la nature des uns, fi je ne tâche en mefme temps d'é- claircir celle des autres. Ainfi ce difcours doit com- prendre tout ce qui fe peut dire en general de la nature du feu.

Or fi nous confiderons que fes principales qualitez *II.* font d'eftre chaud & lumineux , nous pouvons affurer *De la nature du feu.* que la nature du feu ne confifte en autre chofe, finon en ce que c'eft un amas d'un tres-grand nombre de pe- tites parties terreftres affez maffives, qui ont toutes une tres-grande agitation, à caufe qu'elles nagent dans la feule matiere du premier Element , dont elles fuivent la rapidité.

Afin de comprendre cecy le plus diftinctement qu'il *III.* eft poffible, fouvenez-vous que la viteffe dont fe meut *Comment fes parties fe* la matiere du premier Element eft incomparablement *meuvent* plus grande que celle avec laquelle fe meuvent les par- *extrememēt* ties du fecond : Et que les petits corps terreftres qui flo- *vite.* tent dans le compofé de ces deux Elemens, ne fçauroient tout au plus fe mouvoir qu'auffi vîte que fait le fecond, à caufe qu'il empêche & arrête l'impetuofité que leur pourroit imprimer le premier ; au lieu que ces mefmes

corps n'eſtant entourez que de la ſeule matiere du premier Element, ils en doivent neceſſairement ſuivre la
rapidité, de meſme que le bois ſuit la rapidité de l'eau
d'un torrent dans lequel il nage.

IV.
Pourquoy il eſt chaud & lumineux.

Cette remarque ſuppoſée, & ſuppoſé auſſi ce que
nous avons étably de la chaleur dans la premiere partie de ce Traité, il eſt évident que le mouvement ac-
tuel des petites parties des corps terreſtres, qui d'ailleurs ſont aſſez maſſives, doit faire paroître le feu auſſi
chaud qu'on l'experimente. Et ſi nous nous ſouvenons
de la Nature que nous avons attribuée à la lumiere,
nous connoîtrons que l'effort que font ces petites parties terreſtres pour pouſſer & écarter à la ronde les petites boules du ſecond Element, les doit faire paſſer
pour lumineuſes.

V.
Comment il peut eſtre produit par le moyen d'un caillou & d'un fu-zil.

Or que les parties qui compoſent le feu nagent dans
la ſeule matiere du premier Element, c'eſt une verité
dont vous pourrez eſtre convaincu, ſi vous faites reflexion ſur la premiere generation du feu, c'eſt à dire,
ſur la maniere de le faire naître quand on n'en a point
du tout, comme lors que l'on frape deux cailloux l'un
contre l'autre, ou plûtoſt un caillou contre un fuzil.
Jettez donc les yeux ſur la figure ſuivante, & conſide-
rez que les parties du caillou A, ſont tellement appuyées
les unes contre les autres, qu'elles laiſſent entr'elles de
petits intervalles, qui ſont remplis de la matiere du
premier & du ſecond Element. En ſuite dequoy, il eſt
aiſé de penſer, que par le choc de ce caillou A contre le
fuzil B, ſes parties s'approchent ſi prés, & les intervalles
qui ſont entr'elles deviennent ſi petits, que ne pouvant

plus contenir que de la matiere du premier Element,
celles du fecond en font chaffées, & ne demeurent plus
remplis que de la matiere du premier ; puis confiderant que les parties d'un caillou font fort roides, l'on
comprend aifément qu'elles font le reffort, & tendent
à fe remettre en l'eftat où elles eftoient auparavant ,
ce qu'elles font d'une viteffe incroyable ; Mais comme
les corps qui ont des mouvemens reciproques , vont
toûjours quelque peu au delà de l'endroit où leur eftat
ordinaire demande qu'ils s'arrêtent ; De mefme , les
parties du caillou s'écartent des
autres un peu plus qu'elles n'eftoient avant leur choc contre le
fuzil ; Ce qu'elles ne fçauroient
faire, eftant fragiles comme elles
font, fans fe détacher tout-à-fait
de la maffe dont elles eftoient
parties ; Ainfi, elles échapent &
volent dans l'air, & fe trouvent
dans l'eftat où vous les voyez

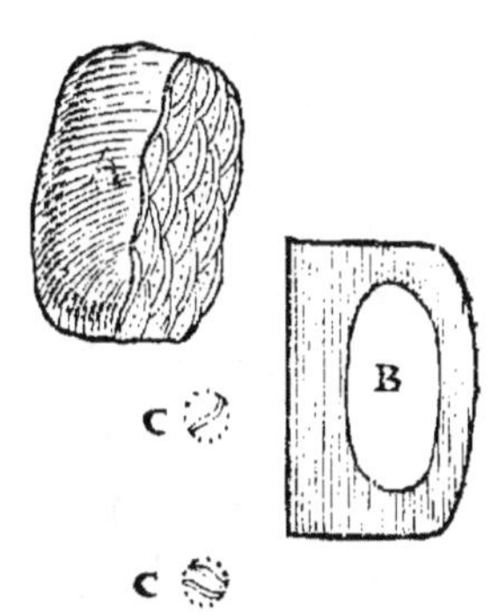

icy vers C, entourées, du moins pour quelque temps,
de la matiere du premier Element : Car eftant affez
maffives , elles ont la force de repouffer d'abord de
tous côtez en piroüetant les petites boules du fecond
Element, qui fe prefentent fans ceffe pour rentrer dans
le lieu d'où elles ont efté chaffées ; & ainfi ces petites
parcelles paroiffent lumineufes.

De la nature que nous attribuons au feu, il s'enfuit
qu'il doit perir en moins de rien, fi on ne luy donne
de la nourriture ; tant à caufe que plufieurs des petites

VI.
*Pourquoy le
feu s'éteint
faute de
nourriture.*

parties terreſtres qui le compoſent, ſe choquant les unes les autres, ſe diviſent en d'autres parcelles encore plus petites, qui n'ont pas aprés cela la force de reſiſter au ſecond Element, qui ſe preſente ſans ceſſe pour l'éteindre ou pour l'étouffer; qu'à cauſe que ces meſmes parties, repouſſant les petites boules du ſecond Element, paſſent de tous côtez hors du lieu où elles eſtoient auparavant, & s'engagent d'elles-meſmes entre les parties de l'air; où perdant leur mouvement, à force de le communiquer, elles prennent la forme de fumée.

VII.
Des conditiõs generales du corps qui doit nourrir le feu.

Il faut donc neceſſairement donner de la nourriture au feu ſi l'on veut le conſerver quelque temps dans un meſme lieu; c'eſt à dire, qu'il doit eſtre proche de quelque corps dont les parties puiſſent prendre la place de celles du feu qui ſe diſſipent, ou qui ſe convertiſſent en fumée. Et à cet effet, il eſt premierement beſoin que les parties de ce corps ſoient tellement diſpoſées, qu'elles en puiſſent eſtre ſeparées les unes aprés les autres, par l'action du feu meſme qu'elles doivent entretenir; Et de plus, qu'elles ſoient en aſſez grand nombre pour pouvoir repouſſer les parties du ſecond Element, qui tendent ſans ceſſe à ſuffoquer ce feu; Ce que les parties de l'air ne pouvant faire, pour eſtre trop delicates, il s'enſuit qu'il ne peut ſuffire pour entretenir le feu.

VIII.
Des conditions particulieres.

Les conditions qui ſont requiſes dans les corps terreſtres, pour remplir ces deux qualitez generales, ſont en premier lieu, que leurs parties ſoient d'inégale groſſeur, afin que les plus petites eſtant agitées les premieres, puiſſent ſervir à ébranler les plus groſſes; Secondement,

dement, que ces corps ayent des pores aſſez grands
pour admettre les parties du troiſiéme Element qui ont
déja la forme du feu, afin que les parties de ces corps
en puiſſent eſtre meuës ; Et enfin, que ces meſmes parties ayent quelque ſorte de liaiſon entr'elles, qui faſſe
que les parties du ſecond Element puiſſent plûtoſt eſtre
chaſſées d'alentour d'elles, qu'elles ne ſoient tout-à-fait
deſunies.

Toutes ces conditions ſe rencontrent enſemble dans
toute ſorte de bois ſec, avec cette difference ſeulement
qu'il s'y trouve du plus & du moins ; auſſi brûlent-
ils tous, mais les uns plus aiſément que les autres ; par
exemple, ceux qui ont de plus grands pores, & en qui
toutes ces conditions ou quelques-unes ſe trouvent
mieux diſpoſées ſe conſument beaucoup plûtoſt.

Les metaux ont bien à la verité la premiere & la troiſiéme de ces conditions que je viens de rapporter,
mais parce qu'ils n'ont pas la ſeconde, ils ne ſont pas
propres pour entretenir le feu ; Neantmoins, comme
les bois les plus maſſifs, ou qui ont le moins de pores,
s'embraſent aſſez facilement lors qu'on les fend en é-
clats, ou qu'on les reduit en coupeaux ſemblables à
ceux qu'enleve le rabot d'un Menuiſier ; De meſme, les
metaux peuvent en quelque façon devenir propres à ſe
convertir en feu, pourvû qu'on les reduiſe en parcelles fort petites ; Ainſi, de la limure d'acier eſtant jettée
au travers de la flamme d'une chandelle, s'embraſe
tout incontinent, & chaque parcelle ſe convertit en une
étincelle auſſi brillante qu'il eſt poſſible de voir.

Il ſemble que la troiſiéme de ces conditions ne ſe ren-

contre pas dans les liqueurs, par exemple, dans les huiles & les eaux de vie, qui cependant peuvent aisément se
convertir en feu; Mais il faut remarquer, que ces sortes de
corps estant composez de parties branchües, qui ont plusieurs petits recoins qui ne sont pas capables de contenir
des parties du second Element, ils ont une bien plus
grande quantité de la matiere du premier qui les accompagne, que n'en ont pour l'ordinaire les autres corps
combustibles; Or cette matiere du premier Element
conspire avec celle du feu pour chasser d'autour d'elles
les petites boules du second Element, & contribue à
faire que les parties de ces sortes de liqueurs s'enflam-
ment plus facilement.

Quand j'ay dit qu'une des conditions necessaires à un
corps, pour estre capable de nourrir le feu, estoit d'a-
voir des pores, qui fussent par consequent remplis de
quelque matiere, puis qu'il ne peut y avoir de vuide, je
n'ay pas entendu qu'ils fussent remplis d'une matiere
qui ne pust estre chassée que tres difficilement: Car ce
seroit presque de mesme que s'ils n'avoient point de
pores; Ainsi, le bois verd, dont les pores sont remplis de beaucoup d'eau, ne brûle presque point en
comparaison du bois sec, d'où l'air, qui occupe la
place que l'eau occupoit auparavant, peut estre tres-
aisément chassé; De mesme, un linge moüillé d'eau
de vie, à laquelle on a mis le feu, ne se consume point,
à cause que ce feu n'a de force que pour enlever les
parties de l'eau de vie, & ne sçauroit ébranler celles
du linge, tandis qu'il contient quelqu'autre corps que
de l'air dans ses pores.

Si l'on confidere les ingrediens dont la poudre à ca-
non eſt compoſée, l'on verra qu'elle a toutes les con-
ditions que doit avoir un corps pour prendre feu tres-
aiſément. C'eſt un compoſé de ſoufre, de ſalpêtre, &
de charbon, qu'on pile enſemble fort long temps dans
un mortier, dans lequel on verſe à diverſes repriſes une
certaine quantité d'eau dans laquelle on a auparavant
fait éteindre de la chaux; Et de tout ce mêlange il en
reſulte une eſpece de pâte aſſez dure, que l'on paſſe
par un crible, à la groſſeur des trous duquel elle ſe con-
forme, & ſe diviſe en petits grains, qu'on a aprés cela le
ſoin de faire bien ſecher.

XIII.
De la poudre
à canon.

Or le ſoufre eſt déja de ſoy meſme aſſez combuſti-
ble, entant qu'il participe de la nature des huiles; Et
s'il ne brûle pas ſi aiſément eſtant en maſſe, c'eſt parce
que ſes parties ſont un peu trop preſſées, & que d'ail-
leurs n'eſtant pas beaucoup maſſives, elles ont peu de
force pour pouſſer à la ronde le ſecond Element. Le
ſalpêtre eſt compoſé de parties fort maſſives, & qui
ſont de telle figure, qu'elles occupent beaucoup plus
de place eſtant agitées, que quand elles ſont en repos
les unes auprés des autres. Pour le charbon, l'on ſçait
aſſez qu'eſtant fait de bois qu'on a éteint avant qu'il
fuſt entierement brûlé, il doit contenir un tres-grand
nombre de parties fort aiſées à ébranler, & un tres-
grand nombre de pores: Car outre ceux qui eſtoient dé-
ja dans le bois, il en a encore une grande quantité d'au-
tres que le feu y a formez. Et pour l'eau de chaux, il eſt
évident qu'elle ſert premierement à empêcher que les
autres ingrediens ne prennent feu pendant qu'on les

XIV.
Quelle eſt la
nature des
ingrediens
dont elle eſt
compoſée.

H h ij

pile, & de plus à leur donner quelque forte de liaifon; Mais comme plufieurs autres liqueurs pourroient faire la mefme chofe, je ne voy pas pourquoy l'on s'en fert plûtoft que d'une autre, fi ce n'eft peut-eftre que l'experience a fait connoître aux Poudriers, que la poudre qui en eft humectée, fe feche plûtoft, & que les grains en font plus durs.

XV.
Pourquoy elle s'embrafe fi promptement.

Ainfi, ce compofé admirable que le hazard a premierement fait rencontrer il y a environ trois cens ans, eft facilement inflammable ; parce que le feu qu'on applique à un petit endroit de fa fuperficie, penetre en tres-peu de temps jufqu'au dedans, par le moyen des pores du charbon ; & plufieurs parties s'embrafent prefqu'en un moment, en commençant par celles du charbon, qui font les plus aifées à émouvoir, puis par celles du foufre, qui mettent auffi-toft en branle les parties du falpêtre, lefquelles eftant fort maffives, & fe dilatant beaucoup, contribuent de leur part à rendre ce feu fort violent. A quoy fert auffi beaucoup que la poudre foit grainée : Car il arrive de là que plufieurs grains prennent feu tout à la fois.

XVI.
Ce que c'eft que la flamme.

La flamme n'eft autre chofe qu'un feu tout-à-fait dégagé des corps terreftres qui ont encore quelque forte de liaifon ; A quoy luy a fervy l'extrême agitation de fes parties, qui les a fait envoler du lieu où elles eftoient, pour compofer un tout fort rare, & par confequent fort leger.

XVII.
D'où vient qu'elle paroift fous une

La figure pyramidale ou pointüe de la flamme vient premierement de fa legereté, qui la portant en haut, fait qu'elle ouvre & divife l'air, dont l'ouverture doit

par consequent estre moins large à l'endroit où elle fi- *figure pyra-*
nit ; Elle vient aussi de ce que les parties de la flamme *midale.*
qui sont parvenuës vers le haut, sont moins massives &
moins agitées que les autres, soit pour s'estre déja usées
& brisées par leur choc, soit pour avoir déja perdu une
partie de leur mouvement ; ce qui fait qu'elles ne sont
pas assez fortes pour resister tout-à-fait au second Element qui tend à les resserrer.

Comme les parties de la flamme qui se convertissent XVIII.
en fumée, sont toûjours accompagnées d'un peu de *Du mouve-*
matiere du premier Element, il faut que des lieux d'a- *ment de l'air*
lentour il en affluë d'autre vers la flamme pour succe- *vers la flam-*
der à sa place ; ce qui ne se peut faire sans que les *me.*
parties les plus grossieres de l'air n'y soient aussi entraînées ; & delà vient le mouvement de l'air vers la flamme ; Et mesme ce mouvement est encore augmenté, en
ce que l'air est contraint d'aller remplir la place des parties du bois qui ont pris la forme du feu.

La matiere du premier Element qui entraîne l'air vers XIX.
la flamme, ne sçauroit qu'elle n'entraîne aussi avec luy *Que la flam-*
quelques-unes des parties du second Element, qui y en- *me contient*
trent ensemble, & qui par consequent acquierent toute *de la matiere*
l'agitation de la matiere du premier Element, dans la- *du second*
quelle il se trouve qu'elles nagent pour lors, si-bien *Element.*
qu'elles conspirent avec elle à repousser ce qui se presente pour suffoquer la flamme.

Je ne pense pas avoir omis aucune circonstance con- XX.
siderable qui regarde le feu en general ; l'on peut seu- *Pourquoy les*
lement icy demander, d'où vient donc que quand on *corps qui se*
frape deux bâtons l'un contre l'autre, autant ou plus *choquent ne*
produisent
point d'étin-

Hh iij

rudement que l'on ne frape un caillou contre un fuzil, on ne voit cependant naître aucune étincelle ? A quoy l'on peut répondre que cela vient de ce que le bois estant mol, les premieres parties qui font frapées s'approchent des fecondes, un peu devant que celles-cy s'approchent des troifiémes, & ainfi de fuite ; fi-bien qu'il n'y a qu'une tres-petite quantité de la matiere du fecond Element qui foit chaffée hors du bois ; De plus, comme les parties du bois ne font prefque point du tout roides, auffi ne fe remettent-elles que lentement dans l'eftat où elles eftoient avant que d'avoir efté frapées ; Ce qui fait qu'elles ne fe détachent pas les unes des autres, & qu'elles donnent moyen aux petites boules du fecond Element de rentrer dans les pores d'où on les avoit fait fortir ; D'où il fuit, que la matiere du premier Element ne peut pas détacher les parties du bois, ny les agiter comme il faut pour leur faire prendre la forme du feu.

Cecy fe confirme, en ce que fi l'on frape l'un contre l'autre, deux bâtons d'un bois extraordinairement dur, l'on fait naître alors des étincelles, de mefme que fi l'on frapoit deux cailloux l'un contre l'autre ; Et mefme fi l'on frotte long temps deux morceaux de bois, affez tendre, pour en faire fortir à plufieurs reprifes beaucoup de matiere du fecond Element, & pour aider mefme les parties du bois à fe mettre en branle, l'on ne voit pas fimplement fortir des étincelles, mais il fe produit fouvent un entier embrafement.

L'on pourroit apporter pour exemple de cette verité, ce que l'on dit de certains peuples de l'Amerique, qui

ne se servent point d'autre artifice que de celuy-là, pour
allumer du feu quand ils en ont besoin ; Mais sans aller si loin, ne voyons-nous pas tous les jours que le
frottement du moyeu d'une rouë & de l'essieu d'un car-
rosse qui se meut fort vîte en temps sec, est cause que
cette roüe & cet essieu s'embrasent.

Aprés tout ce que je viens de dire en parlant du feu *XXIII.*
en general, il n'est presque pas necessaire que je parle *De la ma-*
en particulier des feux soûterrains : Car il est aisé de con- *ticre des feux*
cevoir, que là où il y a des minieres de soufre ou de *soûterrains.*
bitume, il s'en éleve des exhalaisons, qui peuvent rencontrer des cavitez soûterraines, aux voûtes desquelles
elles s'attachent, comme la suye fait au dedans de nos
cheminées, ou comme la fleur de soufre s'attache au
haut des vaisseaux des Chymistes ; & là elles se mélent
mesme souvent avec le nitre ou le salpêtre qui sort de
ces mesmes voûtes, à la façon que nous le voyons sortir
du pied d'un vieil mur; Et ainsi, il se fait une espece
de croûte qui a beaucoup de disposition à s'enflam-
mer.

Et il peut y avoir plusieurs causes qui fassent que cette *XXIV.*
croûte s'embrase en effet ; dont la premiere est le frois- *Diverses*
sement de ses parties, que la pesanteur fait détacher de *caufes de son*
la voûte de la caverne où cette croûte s'est formée ; *embrase-*
La seconde, est la cheute de quelque grosse pierre que *ment.*
les pluyes peuvent avoir minée insensiblement, jusqu'à la
détacher de la roche qui est au dessus de cette caverne,
laquelle écrasant par sa cheute quelque partie de cette
croûte, y met le feu, de la mesme maniere que nous
venons de dire, que les Americains embrasoient deux

morceaux de bois en les frottant l'un contre l'autre, ou bien comme il arrive quelquesfois que les pilons des moulins qui servent à faire la poudre à canon, mettent le feu dans cette poudre, lors que tombant dessus à l'ordinaire, il se rencontre seulement qu'elle est un peu plus seche qu'elle ne doit estre. La troisiéme, est la rencontre de quelque pierre, qui tombant contre une autre, produit des étincelles, qui mettent le feu à la matiere combustible qui est tout proche ; A quoy l'on peut encore ajoûter, qu'une large & grosse pierre venant à tomber de fort haut dans des creux soûterrains, la vîtesse de sa chûte oblige l'air qu'elle rencontre, & qu'elle force de remonter, à se mouvoir extremement vîte; en telle sorte qu'il se peut là rencontrer quelques parties de matiere terrestre, qui ont toute l'agitation que peut avoir celle du premier Element, & qui par conséquent peuvent causer l'embrasement des choses combustibles qu'elles rasent.

XXV.
Qu'il y a des feux soûterrains qui ne paroissent point.

Tous les feux soûterrains qui s'allument ainsi dans les entrailles de la Terre ne paroissent pas toûjours au dehors : Car il se peut faire qu'ils soient suffoquez immediatement aprés leur naissance, faute de trouver des soûpiraux par où ils puissent exhaler leurs fumées ; Ainsi, ceux-là mesme qui habitent les Terres au dessous desquelles certains feux se sont allumez, ne s'en doivent pas toûjours appercevoir.

XXVI.
Comment se fait le tremblement de terre.

Toutesfois, si la caverne soûterraine se trouvoit remplie d'une exhalaison extremement épaisse, semblable à peu prés à celle qui s'éleve d'une chandelle fraîchement éteinte, elle prendroit feu tout-à-coup, & se dila-

tant

tant elle foûleveroit la Terre qui eft au deffus, de mefme à peu prés que la poudre à canon qu'on met dans les
mines, fouleve les terreins au deffous defquels ces mines ont efté faites ; En fuite de quoy, l'exhalaifon eftant
confumée, ce qui avoit efté élevé doit retomber par
fon propre poids ; Et c'eft en cela que confiftent les
tremblemens de Terre ; Il peut mefme arriver qu'un
de ces tremblemens fera fuivy de plufieurs autres, s'il y
a plufieurs cavernes, voifines les unes des autres, & qui
ayent quelque forte de communication, pour faire que
les exhalaifons dont elles font remplies s'enfláment fuc-
ceffivement.

Il peut auffi arriver qu'une feule caverne foit fi grande, & que la chûte de la contrée de la Terre qui luy
fervoit comme de voûte foit fi rude, qu'elle fe fende
& s'entrouvre vers le milieu, & qu'ainfi les parties qui
y répondent s'enfoncent & defcendent beaucoup plus
bas qu'elles n'eftoient auparavant ; Ce qui explique
comment des Villes entieres ont pû eftre abîmées par
un feul tremblement de Terre.

XXVII.
Comment des Villes entieres peuvent s'abîmer.

CHAPITRE X.

Des Fontaines.

BI E N qu'on ne puiffe confiderer l'origine des fontaines fans quelque forte d'admiration, il ne femble pas neantmoins que la recherche de cette origine
foit une chofe fort difficile : Car premierement, fi l'on

I.
Que l'eau des fontaines vient de la Mer.

confidere que la plus-part des fources ne tariffent point, & que les rivieres qui en font les amas, entrant continuellement dans la Mer, ne la rendent point plus enflée, l'on conclud aifément que c'eft la Mer qui fournit d'eau à toutes les fontaines.

II.
Comment cette eau parvient près des fources.

De plus, eftant certain qu'il y a un tres grand nombre de fentes dans la Terre Exterieure, l'on peut bien penfer que ce font comme autant de canaux, par lefquels la feule pefanteur & liquidité de l'eau la peuvent conduire de l'Ocean jufques aux lieux les plus éloignez où l'on remarque des fources ; Mais parce que les liqueurs pefantes qui font contenuës dans de grands vaiffeaux, fe mettent de niveau, & ne s'élevent pas plus haut en un endroit qu'en un autre, on ne voit pas que l'eau qui vient de la Mer, puiffe monter plus haut en Bourgogne, par exemple, & en Champagne, où font les fources de la Riviere de Seine, que dans la Mer qui eft auprés du Havre de Grace, où cetteRiviere fe décharge; Et cependant les Terres de Bourgogne & de Champagne, où font ces fources, eftant plus hautes que la furface de la Mer, de la quantité de toute la pente qu'on peut obferver dans le cours entier de la Riviere de Seine, il faut conclure que les petites veines d'eau qui parviennent jufqu'aux lieux où font ces fources, & qui en fourniffent les eaux, font auffi élevées au deffus de la furface de la Mer d'une pareille quantité. Ainfi, nous avons à trouver une caufe qui éleve les eaux jufqu'aux creux des montagnes d'où nous les voyons fortir, & à expliquer comment l'eau de la Mer eftant falée, celles des fources ne le font pas.

Nous ne devons pas nous arrêter à l'opinion de quelques Philofophes qui attribuent aux Terres qui font
au deffus des veines d'eau, la vertu de fuccer, & de les
attirer jufqu'au haut des montagnes : Car nous fçavons
que la fuccion préfuppofe un mouvement fenfible dans
le corps qui fucce ; Ainfi, je ne puis fuccer quelque
liqueur que je ne groffiffe mon corps ; ce qu'on ne fçauroit préfumer que la Terre faffe ; Et la comparaifon
qu'on apporte d'une éponge que l'on met fur un peu
d'eau, ne fert icy de rien, veu que l'eau n'y monte que
tres peu ; outre que fuivant cette explication les eaux devroient eftre falées, à caufe que le fel paffe toûjours fort
aifément par tous les endroits où l'eau paffe en quantité
tant foit peu confiderable.

On ne peut gueres trouver d'opinion plus abfurde,
que celle de quelques autres Philofophes, qui fe perfuadent que l'eau de la Mer parvient jufqu'aux endroits
des plus hautes montagnes où l'on voit des fontaines,
parce que la furface de la Mer eft encore plus haute
que les endroits de ces montagnes : Car fi cela eftoit,
il s'enfuivroit que les eaux des rivieres qui retournent
dans la Mer monteroient au lieu de defcendre.

Ce que l'on peut donc raifonnablement penfer, touchant la maniere dont l'eau eft élevée, des lieux affez bas
& éloignez de la Mer, où fa pefanteur & fa liquidité l'ont
premierement conduite, c'eft qu'elle eft reduite en vapeurs par la chaleur qui fe rencontre dans les entrailles
de la Terre ; & cette chaleur eft telle, qu'on l'experimente mefme d'autant plus grande qu'on y defcend
plus bas ; Or ces vapeurs ne pouvant s'étendre, ny con-

III.
Que les mon-
tagnes ne fôt
pas monter
l'eau en la
fuççant.

IV.
Opinion ab-
furde de
quelques Phi-
lofophes.

V.
Que l'eau de
la Mer mon-
te en forme
de vapeurs
dans le creux
des monta-
gnes.

I i ij

tinuer commodement leur mouvement en se répandant vers les côtez, où il y en a en mesme temps d'autres qui tendent à se dilater, c'est une necessité qu'elles se portent vers le haut des montagnes; Ce qui est si vray, qu'il y en a mesme qui s'élevent jusques dans l'air, où elles servent par aprés à former & composer des pluyes, de la neige, & de la gresle.

VI.
Que ces vapeurs se condensät fournissent l'eau des fontaines.

En suite de quoy, il n'est pas fort difficile de comprendre que ces vapeurs rencontrant les parties froides de la Terre, quand elles sont parvenuës vers sa superficie, perdent la plus grande partie de leur mouvement; De sorte que n'en ayant plus assez pour s'élever, il ne leur en reste qu'autant qu'il leur en faut pour glisser les unes auprés des autres, & composer de petites gouttes d'eau, dont la pesanteur les fait couler vers le bas; où il arrive que plusieurs se rencontrent en assez grand nombre pour composer un petit filet d'eau; qui coule encore vers quelques endroits où il se joint avec beaucoup d'autres semblables; Et ainsi, ils composent tous ensemble une veine d'eau assez grosse, laquelle trouvant quelque fente qui la conduit hors la montagne, fait ce que nous appellons une source d'eau vive, ou une fontaine.

VII.
Qu'elles fournissent aussi l'eau des puys.

Les veines d'eau qui composent ainsi des sources ou des fontaines, doivent se rencontrer dans le creux des montagnes, afin que leur pesanteur les puisse faire couler & amener au dehors; Et pour celles qui peuvent se rencontrer en grand nombre au dessous des plaines, ou des vallées, il est évident qu'elles ne sçauroient jamais d'elles mesmes monter au dessus de la surface de la Terre ; Toutesfois elles ne font pas là inutiles : Car outre plufieurs ufages qu'elles peuvent avoir, comme de détremper quelques parties de la Terre, & de compofer un fuc dont les plantes fe puiffent nourrir, elles fervent encore à former des puys, & à les remplir.

Et dautant que le fel ne s'éleve point en vapeurs avec les parties de l'eau douce, il eft aifé à juger que les eaux des fontaines & des puys doivent eftre douces.

VIII.
Que les eaux des fontaines & des puys doivent eftre douces.

Ainfi, s'il s'en trouve de falées, comme en Bourgogne & en Lorraine, c'eft parce qu'elles détrempent du fel qui fe rencontre dans les Terres par où elles coulent ; ce que l'on fe perfuadera aifément fi l'on prend garde que ces eaux rongent petit à petit leurs lits, & qu'il les faut prefentement aller chercher beaucoup plus bas qu'on ne faifoit autresfois.

IX.
D'où vient qu'il s'en trouve dont les eaux font falées.

Si au lieu de fel les veines d'eau douce rencontrent quelque matiere Metallique, ou quelque Mineral que ce foit, elles en détachent quelques parties des plus delicates ; Et delà viennent toutes les diverfes proprietez de ces eaux qui ont des ufages particuliers dans la Medecine, comme font celles de Forge, de S. Mion, de Pougues, & de Spa.

X.
En quoy confifte la vertu des eaux medicinales.

Celles de Bourbon font particulierement confiderables à caufe de la chaleur de leurs eaux, qui vray-femblablement proviét du mêlange de certains petits corps fort agitez, qui reffemblent en quelque façon à ces petites parties qui s'élevent les premieres du vin qu'on diftile, & que les Chymiftes appellent des Efprits : Car fi l'on tranfporte ces eaux, elles perdent en moins de rien leur vertu, fi l'on n'a le foin de bien boucher les vaiffeaux où on les renferme.

X I.
Des eaux de Bourbon.

I i iij

XII.

Que ces sortes d'eaux peuvent ne pas contenir une quantité sensible de corps étrangers.

Et il n'est pas necessaire que toutes ces sortes d'eaux particulieres contiennent une quantité sensible de ces corpuscules étrangers, pour avoir les proprietez que l'on remarque en elles : Car l'experience fait voir, que le verre d'antimoine qu'on a mis infuser plusieurs fois dans une tres grande quantité de vin, ne diminue presque pas, quoy qu'il donne à ce vin une vertu vomitive fort efficace ; C'est pourquoy c'est en vain que quelques Medecins se tourmentent pour découvrir par des distillations quels sont ces corps étrangers que les eaux medicinales contiennent.

XIII.

Des fontaines petrifiantes.

La vertu qu'on attribuë aux eaux de certaines fontaines , de petrifier, ou de convertir en pierre divers corps durs que l'on y jette, comme des morceaux de bois, des os, & des champignons, ne consiste qu'en ce qu'elles contiennent beaucoup de cette matiere terrestre que nous avons dit un peu auparavant servir pour unir d'autres parties plus grossieres, & ainsi composer avec elles du grez, des pierres, & des marbres, & qui se fait mesme voir en quantité sensible dans les tuyaux qui servent à conduire en cette ville les eaux d'Arcüeil & d'Issy ; laquelle matiere s'arrête dans les pores des corps qu'elle remplit ; Et l'on a de cela une preuve indubitable, en ce que ces corps qui sont ainsi petrifiez ne paroissent plus poreux, & sont beaucoup plus durs & plus pesans qu'ils n'estoient auparavant.

XIV.

Des sources d'huiles.

Si au lieu de la matiere terrestre dont je viens de parler , que la chaleur de la Terre a pû élever en forme d'exhalaisons avec une plus grande quantité de vapeurs, cette mesme chaleur élevoit une quantité notable d'ex-

halaifons graffes , qui vinfent à s'unir & à s'epaiffir à
la rencontre des parties froides d'une montagne, elles
compoferoient auffi une liqueur graffe, & par confequent on verroit couler une fontaine d'huile ; Mais cela ne fçauroit arriver que tres rarement, à caufe que
les exhalaifons s'élevent beaucoup plus difficilement
que l'eau; Et s'il eft poffible de rencontrer quelque part
des veines d'huile , ce ne fçauroit eftre que dans des
lieux fort bas, comme dans des mines.

 Il y a d'autres fontaines qui font devenuës fameufes, non
pas que leurs eaux euffent quelque vertu particuliere ,
mais feulement parce qu'elles les donnoient en certain
temps, & que l'on y remarquoit une certaine regularité:
Car on voyoit que ces fontaines couloient durant le flux
de la Mer, & qu'elles ceffoient de couler pendant fon
reflux. De quoy il ne fera pas difficile de rendre raifon , fi
l'on conçoit que depuis la Mer jufqu'à la montagne
où peut eftre une de ces fontaines extraordinaires, il
y a un conduit, dans lequel l'eau de la Mer n'entre
que fort peu avant, tout le refte demeurant feulement
remply d'air, à caufe qu'il fe trouve au deffus du niveau de la Mer: Car cela fuppofé, toutes les fois que la
Mer fera dans fon flux, elle montera dans le canal, & le
remplira plus que de coûtume ; & en montant, elle
pouffera l'air & les vapeurs qu'il contiendra , vers la
fource de la fontaine , dont par confequent on verra couler les eaux. Au lieu que quand il y aura reflux,
l'eau de la Mer qui eft dans le canal defcendra, & l'air
qui y eft auffi prenant fon cours vers la Mer, entraîne-
ra avec foy toutes les vapeurs qui euffent pû s'épaiffir en

XV.
*D'une fon-
taine mer-
veilleufe.*

eau ; Et ainſi la ſource de la fontaine tarira pendant tout
ce temps-là.

CHAPITRE XI.

Des Vents.

I.
*Du nom de
Vent.*

APRE's avoir tâché de rendre raiſon de ce qui ſe
remarque de plus conſiderable dans la Terre,
nous conſidererons maintenant ce qui ſe paſſe dans
l'air, & tâcherons d'expliquer ce que l'on a coûtume
d'appeller les Meteores ; Entre leſquels le plus commun eſt le Vent, c'eſt à dire, cette agitation ſenſible de
l'air, par laquelle une partie notable eſt tranſportée
d'une contrée de la Terre dans une autre.

II.
*Qu'un Vent
d'Orient en
Occident
doit conti-
nuellement
regner dans
la Zone
Torride.*

Or ſi nous prenons garde que la matiere fluide du premier & du ſecond Element qui tourne en rond alentour
de quelque centre, a d'autant plûtoſt décrit un cercle entier, que ce cercle eſt plus petit, & qu'ainſi celle qui
tourne autour du Soleil, & qui eſt proche de luy, a plûtoſt
fait ſon tour, que celle qui en eſt plus éloignée, de meſme
que celle qui eſt proche de Jupiter, acheve plûtoſt ſon
tour, que celle qui en eſt plus loin; Nous jugerons qu'il
en eſt de meſme de la matiere du premier & du ſecond
Element qui environne la Terre, & qui tourne autour
d'elle; Et par conſequent nous penſerons que la matiere
fluide qui ſe rencótre vers la ligne Equinoxiale, employe
quelque peu plus de temps à faire ſon tour d'Occident
en Orient, que celle qui ſe rencontre auprés des deux
poles

poles, où les cercles qu'elle décrit sont beaucoup plus petits. Et dautant que la Terre est continuellement emportée en ce sens-là par cette matiere, nous conclurons qu'elle doit estre emportée d'une vîtesse moyenne entre celle de la matiere qui se trouve auprés des poles, & celle de la matiere qui se rencontre auprés de l'Equateur; c'est à dire, qu'elle avancera un peu moins vîte d'Occident en Orient que la matiere qui est vers les poles, & un peu plus vîte que celle qui correspond à la ligne Equinoxiale; où par consequent l'on se doit appercevoir d'un Vent d'Orient en Occident. Or c'est ce que l'experience a fait connoître à tous les Matelots, qui ont observé que l'on a toûjours le Vent derriere, lors que l'on navige d'Orient en Occident dans la Zone Torride, au lieu que l'on a toûjours le Vent contraire, lors que l'on y navige d'Occident en Orient.

Comme l'air prend la qualité des contrées par où il passe, & qu'il s'échauffe beaucoup en passant sur les Terres sablonneuses, qui reflechissent presque toute la lumiere du Soleil, & qu'il se refroidit en passant sur les eaux, qui absorbent presque toute cette lumiere, il est aisé à juger que ce Vent general dont nous venons de parler, doit notablement rafraîchir les Terres sur lesquelles il se porte aprés avoir fait un long trait de Mer. Ainsi nous comprendrons que les parties Orientales de l'Afrique doivent estre assez temperées, nonobstant qu'elles soient au milieu de la Zone Torride, à cause qu'elles reçoivent sans cesse du rafraîchissement par le Vent d'Orient qui leur vient de l'Ocean Persique. Mais

III.
Des qualitez de ce Vent.

K k

il n'en est pas de mesme des parties Occidentales : Car quoy que le Vent d'Orient y regne comme aux autres contrées , il n'y parvient qu'aprés avoir eu le loisir de s'échauffer, en passant par dessus beaucoup de Terres, & de sablons.

IV.
Pourquoy le matin un Vent d'orient souffle.

Le Soleil échauffant l'air ne peut pas manquer de le dilater, & de le faire mouvoir dans une mesme contrée tantost vers un côté & tantost vers un autre, selon qu'il se trouve diversement situé à l'égard de cette contrée ; Ce qui fait qu'on y doit sentir diverses sortes de Vents ; Ainsi par exemple, quand le Soleil se leve à nostre é-gard, il dilate l'air sur lequel il correspond perpendi-culairement, & le fait tellement mouvoir à la ronde, qu'une partie se porte vers l'Occident, où nous som-mes ; D'où il suit, que nous devons alors sentir un Vent d'Orient.

V.
Pourquoy le soir un Vent d'Occident.

Au contraire, quand le Soleil se couche, l'air sur le-quel il correspond à plomb se dilatant de tous côtez, une partie de cet air se doit porter vers l'Orient, où nous sommes pour lors au respect du Soleil ; C'est pourquoy nous devons alors sentir un Vent d'Occident. Et dau-tant que ce qui se dit de nostre contrée, se peut appli-quer aux autres qui sont hors de la Zone Torride, nous pouvons assurer qu'on y doit sentir un Vent d'Orient le matin,& un Vent d'Occident le soir.

VI.
Pourquoy à midy un Vent de Nord.

Deplus, il faut remarquer que le Soleil dilatant l'air qui correspond sur les peuples dans le Meridien des-quels il est, une partie de cet air s'éleve vers le haut, puis sa pesanteur fait qu'il se renverse & prend son cours vers le pole voisin, d'où il chasse autant d'air qu'il ren-

contre, & l'oblige de se mouvoir de haut en bas vers
l'Equateur; Ainsi, il est évident que quand il est midy
en quelque contrée de la partie Septentrionale de la
Terre, on y doit sentir un Vent qui tend du Nord au Sud,
& qui souffle de haut en bas.

Le Soleil n'agit plus sans doute sur les contrées où il
est minuit; Mais comme la chaleur qu'il y a imprimée
pendant le jour, se conserve assez long temps dans les
Terres, cela est cause qu'il s'en éleve une grande quantité de vapeurs, que l'air condensé par la fraîcheur de
la nuit empêche de monter fort haut; si-bien qu'elles
sont contraintes de ramper sur la Terre, en s'éloignant
de l'Equateur où elles s'élevent en fort grande abondance; Ainsi, elles entraînent l'air, & causent un Vent
du Sud au Nord, dans les païs qui sont au deça de la ligne
Equinoxiale.

VII.
Pourquoy à minuit un vent de Sud.

Ces quatre Vents qui soufflent à leur tour des quatre
principales parties du monde, doivent avoir des proprietez differentes. Et premierement le Vent d'Orient,
qui regne le matin, doit estre plus violent que celuy
d'Occident, tant parce qu'il s'accorde avec le premier
Vent general & continuel qui se fait sentir entre les
deux tropiques, qu'à cause que l'air qui se dilate, & qui
souffle vers l'Occident, tend vers un lieu où y ayant
dix-huit heures qu'il n'a esté midy, l'air a eu le loisir de
s'y refroidir, & de se condenser notablement plus que
celuy vers où tend le Vent d'Occident, où il n'y a
que six heures qu'il estoit midy, & où le Soleil cau-
soit la plus grande chaleur & la plus grande rarefac-
tion.

VIII.
Que le vent d'orient doit estre plus im-petueux que celuy d'occi-dent.

IX.
Que le vent de Nord doit estre plus violent que celuy de Sud. Le Vent de Nord doit estre assez violent, parce qu'il est causé par l'action la plus forte du Soleil, à sçavoir par celle de midy ; Et par une raison contraire le Vent de Sud doit estre fort lent.

X.
Que les vents les plus impetueux doivent estre les plus froids. Et quant aux autres qualitez de ces quatre Vents, les plus violents doivent estre les plus froids, suivant ce qui a esté dit de la froideur dans la premiere partie de ce Traité.

XI.
Qu'ils doivent aussi estre plus secs. De plus, il est évident que ces mesmes Vents doivent estre les plus capables de dessecher, c'est à dire, d'enlever ce qu'il pourroit y avoir de parties d'eau, soit dans les pores, soit alentour des corps terrestres qui sont exposez à l'air. Au lieu que les plus lents doivent estre les plus humides, non seulement parce qu'ils ne donnent point aux parties de l'air assez de force pour enlever les parties d'eau qu'elles rencontrent, mais encore parce que les vapeurs qui sont dans l'air n'ayant gueres d'agitation, s'arrêtent facilement contre les corps qu'elles rencontrent en leur chemin. Il y a une raison particuliere pourquoy le Vent d'Occident doit estre humide, qui est, que s'opposant au cours general de l'air qui va d'Orient en Occident, & qui dispose par ce moyen les vapeurs qui sont autour de la Terre, à suivre en quelque façon la mesme détermination, il fait qu'elles s'assemblent & s'accumulent, & qu'elles font par consequent plus capables d'humecter.

XII.
Que la regularité de ces quatre vents est empêchée par des cau- Il est vray, que ce que nous avons dit au sujet de ces quatre Vents principaux, dont je viens de parler, ne se doit exactement observer qu'au milieu de ces grandes Mers, où rien ne sçauroit empêcher les effets de la

cauſe generale qui les produit ; Mais par tout ailleurs, *ſes particu-*
il y a tant d'autres cauſes particulieres qui contribuent *lieres.*
à la production des Vents , qu'il ne faut pas s'étonner
s'ils ſe font avec ſi peu de regle , & ſi l'on n'y remarque
pas celles que j'ay cy-devant décrites.

Il y a apparence qu'Ariſtote n'a jamais ſongé aux   XIII.
cauſes generales des Vents, puis qu'il n'en fait aucune *Penſée d'A-*
mention dans ſes écrits, s'eſtant ſeulement arrêté aux *riſtote tou-*
cauſes particulieres. Et dautant qu'il avoit remarqué *chant les*
que les Vents avoient la proprieté de deſſecher, il a crû *cauſes parti-*
culieres des
que quand il faiſoit vent, l'air devoit eſtre alors empor- *vents.*
té par une cauſe qui ne fuſt point humide ; Ainſi , il a
aſſuré que les Vents eſtoient cauſez par certaines exhalaiſons ſeches , qui ſortant de la Terre ſe portoient de
travers au deſſus de ſa ſuperficie.

Je ne veux pas nier que les exhalaiſons qui s'élevent   XIV.
dans l'air, & qui y prennent leur cours de travers, ne *Que les ex-*
halaiſons
puiſſent contribuer à emporter l'air d'une contrée dans *ſont des cau-*
une autre, & ainſi cauſer cette agitation que nous ap- *ſes moins ef-*
ficaces des
pellons Vent. Mais parce que la raiſon & l'experience *vents que*
nous aſſurent que la meſme cauſe qui peut ainſi diſ- *les vapeurs.*
poſer quelques parties terreſtres à s'exhaler, doit auſſi
en meſme temps élever une bien plus grande quantité
de vapeurs, & que l'eau qui ſe convertit en vapeurs ſe
dilate beaucoup plus que ne font les parties terreſtres
qui prennent la forme d'exhalaiſons, on ne peut pas
douter que les vapeurs ne ſoient la cauſe principale, &
ne contribuent bien davantage à la production des
Vents que ne font les exhalaiſons.

La raiſon pour laquelle Ariſtote s'eſt éloigné de   XV.

cette penſée, ne fait rien contre moy : Car quoy que les Vents ſoient principalement cauſez par les vapeurs, ils ne doivent pas moins pour cela avoir la proprieté de deſſecher, que s'ils provenoient purement d'exhalaiſons, dautant que la grande agitation qui eſt alors dans les parties de l'air & dans les parcelles de l'eau, fait qu'il s'en enleve beaucoup plus de celles dont un corps eſt moüillé, qu'il ne s'y en peut attacher de nouvelles.

XVI.

Et il n'y a point de doute qu'il ne s'y en attache ainſi de nouvelles, & qu'il n'y a point de Vent, pour grand qu'il ſoit, qui ne ſoit capable d'humecter quelque peu un corps quand il eſt parfaitement ſec : Car l'experien-ce nous apprend, que ſi aprés avoir tellement ſeché un linge devant le feu, qu'il ne fume plus, & qu'on en ait fait ſortir tout ce qu'il contenoit d'humidité, on l'ex-poſe quelque peu de temps au Vent, on ne le trouve plus ſi ſec qu'il eſtoit, & on le voit derechef fumer en l'expoſant au feu.

XVII.

Ce que je dis des Vents ſe confirme par l'experien-ce de l'Eolipile ; qui eſt un vaiſſeau de cuivre ou de quelque autre metail, de la forme que l'on voit icy repreſentée; Sa capa-cité n'eſt d'abord ré-plie que d'air ; qu'on fait tellement dilater en l'approchant du feu, qu'il en échape la plus grande partie par le trou A ; l'on

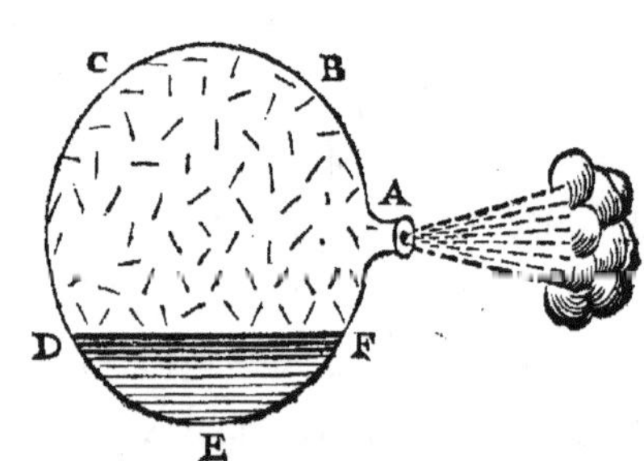

plonge enſuite le petit goulet A, dans l'eau de quelque

vaiſſeau; Et comme l'air de l'Eolipile ſe condenſe en ſe refroidiſſant, il arrive que l'eau acheve de le remplir, en meſme façon que nous avons dit auparavant que l'eau forte rempliſſoit le Thermometre vulgaire. Cela fait, l'on diſpoſe l'Eolipile dans la ſituation que cette figure repreſente, & ſa partie baſſe D E F repoſant ſur des charbons ardens, l'eau qu'elle contient s'éleve petit à petit en vapeurs, qui volant dans l'eſpace D C B F, ſe chaſſent les unes les autres, & font que celles qui ſe rencontrent auprés du trou A, ſortent par-là avec beaucoup de vîteſſe; Ces vapeurs entraînant l'air avec ſoy produiſent un Vent, qui continuë juſqu'à ce que toute l'eau ſoit evaporée, ou que la chaleur ſoit tout-à-fait éteinte; Et ce Vent a toutes les proprietez qu'on remarque dans ceux que nous ſentons au deſſus de la ſurface de la Terre.

L'on peut comparer le creux des montagnes, à la cavité d'une Eolipile; la chaleur qui eſt dans les entrailles de la Terre, à celle qui dilate l'eau de ce vaiſſeau; l'eau que la Mer y envoye par divers conduits ſoûterrains, à l'eau qu'il contient; & enfin les fentes de la Terre par où les vapeurs peuvent échaper, au trou de l'Eolipile. Toutesfois comme la petiteſſe de ce trou contribüe à faire ſortir les vapeurs avec beaucoup de rapidité, & qu'il eſt fort vray-ſemblable que les fentes de la Terre ne ſont pas ſi petites, ou du moins que leur grand nombre les rend équivalentes à une plus grande, on auroit de la peine à croire que les vents dûſſent eſtre ſi impetueux qu'ils ſont quelquesfois, ſi quelques autres circonſtances ne contribuoient à leur impetuoſité: Or

XVIII.
Comparaiſon des montagnes avec une Eolipile.

il est certain qu'il se rencontre des montagnes telle-ment disposées, qu'elles ne permettent point aux va-peurs qui sortent de leurs côtes, de prendre leur cours que vers un seul côté ; ce qui fait qu'elles s'y portent avec beaucoup de violence & de vîtesse.

XIX.
Qu'il se pour-roit engen-drer des vents dans un pays où il n'y auroit point de montagnes.

Mais quand bien mesme il n'y auroit aucune monta-gne dans une grande étendüe de païs, il se pourroit neantmoins faire qu'il s'y engendrast des Vents, à cau-se que les vapeurs qui se mouveroient d'abord de bas en haut, pourroient estre déterminées par des broüil-lars ou par des nües qu'elles rencontreroient bien à propos, à se renverser & à se mouvoir de travers.

XX.
Pourquoy les vents de mer regnent or-dinairement le jour, & les vents de terre la nuit.

A quoy l'on peut ajoûter, que les vapeurs ne s'élevent pas également de tous les endroits du Globe composé de la Terre & des Eaux, & que celles qui s'élevent des lieux plus humides estant en bien plus grande quantité que celles qui s'élevent des autres lieux, ont plus de force pour se dilater, & sont déterminées à se renver-ser vers ceux qui sont plus secs. Et cecy fait que le So-leil échauffant tout un hemisphere sur lequel il luit, l'air y doit estre porté des Mers vers les Terres, & ainsi causer un Vent de Mer ; Au lieu que quand le Soleil est couché, comme la Terre conserve bien plus long temps sa chaleur, que les eaux qui la perdent en fort peu de temps, suivant cette loy, Que les corps les moins grossiers continüent moins long temps de se mouvoir, il doit arriver qu'il s'éleve alors beaucoup plus de vapeurs des Terres que des Eaux, & par consequent qu'elles en-traînent l'air de la Terre vers les Eaux, & causent ainsi un Vent de Terre,

CHAPITRE

CHAPITRE XII.

Des Broüillars, & des Nües.

TANDIS que les vapeurs, & les exhalaisons qui les accompagnent, ont assez de mouvement pour produire des Vents, & pour faire que leurs parcelles se tiennent separées les unes des autres, il est impossible qu'elles obscurcissent sensiblement l'air, à cause que l'action de la lumiere qui les penetre ne s'en trouve point interrompuë, & n'est point obligée de se refléchir; Mais lors que ces mesmes vapeurs perdant peu à peu leur agitation s'arrêtent en grand nombre en quelque endroit, & que leurs parcelles se joignent les unes aux autres, elles doivent alors necessairement empêcher que l'action des rayons de lumiere ne se continüe au delà, à cause qu'y ayant plusieurs gouttes d'eau les unes au dessus des autres, le grand nombre de leurs superficies les peut faire tous reflechir; Et ainsi l'air devient obscur, & il commence à paroître un broüillard ou une nüe à l'endroit où se fait cet amas de parcelles d'eau, selon l'étenduë qu'il occupe.

Si les parcelles d'eau qui s'arrêtent ainsi suspenduës dans l'air, conservent encore assez de mouvement pour glisser les unes contre les autres, elles doivent composer un grand nombre de gouttes d'eau insensibles; Mais si elles ont tout-à-fait cessé de se mouvoir, il est évident que s'arrêtant sans ordre les unes auprés des

I.
Comment se forment les broüillars, & les nües.

II.
Que les broüillars & les nües sont tantost composées de gouttes d'eau, & tantost de

Ll

parcelles de glace. autres, elles doivent compofer un tout fort rare & fort leger, lequel n'eftant pas liquide, doit plûtoft recevoir le nom de glace, ou de neige tres fubtile, que le nom d'eau.

III.
Comment les nües font foûtenües en l'air.

Or foit que le broüillard ou la nüe foient faits de gouttes infenfibles d'eau ou de glace, il eft certain que ny l'un ny l'autre ne fçauroit tomber à Terre que fort lentement, à caufe que ces gouttes d'eau, ou ces parcelles de glace, ont beaucoup de fuperficie, en comparaifon du peu de matiere qu'elles contiennent, & confequemment peu de pefanteur pour vaincre la refiftance que l'air qu'elles rencontrent apporte à fa divifion. A quoy il faut ajoûter que les vapeurs qui fortent de la Terre, & qui fe meuvent de bas en haut, ne font pas feulement obftacle à la chûte de la matiere qui compofe les broüillars, mais qu'elles peuvent mefme la faire monter plus haut, en forte que ce qui eftoit un broüillard devient en peu de temps une nüe.

IV.
Des diverfes fortes de nües qui fe peuvent former.

Et remarquez que fi les parcelles d'eau qui montent, comme nous venons de dire, pour compofer les nües, ne vont pas fort loin fans perdre tout leur mouvement, pour lors elles ne donnent pas le loifir aux exhalaifons qui montent avec elles de fe feparer, & ainfi, elles doivent neceffairement fe trouver pefle-mefle les unes avec les autres; Mais fi les vapeurs ont affez de force pour s'élever bien haut, & fi elles ne rencontrent aucun obftacle qui les empêche de continuer long temps leur chemin, alors la facilité qu'elles ont à fe mouvoir & à fe détacher, leur doit faire prendre le deffus; fi-bien qu'il fe fait comme deux nües, dont la plus

haute n'eſt compoſée que de parcelles d'eau ou de glace, & la plus baſſe que de ſimples exhalaiſons; Et s'il
s'élevoit enſuite d'autres vapeurs & d'autres exhalaiſons,
qui montaſſent de meſme, il ſe formeroit comme pluſieurs lits de differentes nües, qui ſeroient alternativement compoſées de vapeurs & d'exhalaiſons.

CHAPITRE XIII.

Des Pluyes, de la Brüine, de la Roſée, & du Serein.

COMME il arrive que deux Vents contraires ame-
nant une grande quantité de vapeurs en un meſme endroit, ſont cauſe qu'il s'y engendre un broüillard
ou une nuë, de meſme il peut arriver qu'un Vent fort
rapide, qui gliſſera contre une nüe, ou contre un broüillard, pourra en emporter les parties les unes aprés les
autres, & leur faire reprendre la forme de vapeurs, &
ainſi diſſipera à la fin toutes les nües; Toutesfois ce n'eſt
pas par cette voye qu'elles ont ordinairement coûtume
d'eſtre diſſipées; il y en a une plus commune, qui eſt,
lors que la nüe ſe fond, & diſtile toute en pluye; La ſeule
difficulté qu'il peut y avoir en cela, conſiſte, à ſçavoir
quelle eſt la cauſe qui peut ainſi déterminer les parties
d'un tout ſi rare, comme eſt une nüe, à s'épaiſſir, & à
acquerir aſſez de force pour vaincre la reſiſtance de l'air
qui s'oppoſe à leur deſcente.

    Si nous en croyons le commun des Philoſophes, ou

I.
*Que les nües ſont la ma-
tiere des pluyes.*

II.

LI ij

plûtoſt le vulgaire, nous dirons qu'il n'y a que la froideur du lieu où ſont les nües qui ait cette vertu, dautant
qu'on eſt perſuadé qu'il n'y a que le froid qui ait la proprieté de condenſer.

Ce n'eſt pas que le froid n'y puiſſe quelquesfois contribuer, & faire que des petites gouttes d'eau inſenſibles,
qui eſtoient éparſes dans l'air, & qui ſans cela ne ſe fuſſent peut-eſtre jamais unies, s'aſſemblent & ſe convertiſſent en pluye : Car pour moy, j'avoüe bien que les parties groſſieres de l'air qui ſe condenſe, peuvent en s'approchant les unes des autres, joindre des gouttes inſenſibles d'eau, qui autrement ne ſe fuſſent point ren-
contrées, & par conſequent les mettre en eſtat de deſcendre. Je reconnois meſme que les vapeurs eſtant ſur
le point de ſe convertir en gouttes d'eau inſenſibles, le
froid qui ſurvient, & qui condenſe l'air, les peut aſſembler en aſſez grande quantité, & les rendre aſſez peſantes pour tomber ; Ce qui explique fort bien comment
il peut pleuvoir dans un temps qui ſemblera fort ſerein,
& avant qu'il ſe ſoit formé aucune nüe ; Mais j'eſtime
auſſi qu'il y a d'autres cauſes, & meſme plus ordinaires,
qui épaiſſiſſent les nües, & qui font qu'elles ſe fondent &
convertiſſent en pluye.

Car premierement, il eſt évident que le vent qui
ſouffle contre une nüe ſans l'entraîner tout-à-fait, doit
en approcher les parties, & faire en ſorte que pluſieurs
gouttes d'eau qui eſtoient inſenſibles, & éloignées les
unes des autres, ſe joignent enſemble, & compoſent par
ce moyen de plus groſſes gouttes, que leur peſanteur
aprés cela fait deſcendre.

Deplus il est evident, qu'aprés qu'il s'est formé quelque nüe, d'autres parties d'eau peuvent monter en forme de vapeurs, qui peuvent conserver encore quelque
agitation quand elles rencontrent celles qui se sont déja arrêtées ; Ce qui fait que se joignant avec elles, elles
en deviennent plus pesantes, & ont alors assez de force
pour vaincre la resistance de l'air, qui ne sçauroit plus
les empêcher de descendre.

Mais la cause la plus commune & la plus efficace
qu'il y ait pour convertir les nües en pluye, n'est autre
que la chaleur de l'air qui a esté quelque temps contre
la Terre, & que quelque vent qui est survenu a enlevé
assez loin de nous : Car cet air échauffé s'appliquant
aux nües, dispose la neige tres subtile dont elles sont
composées, à se fondre, & à s'épaissir en plusieurs petits
tas ou flocons, qui ont la force de surmonter la resistance de l'air qui s'opposoit à leur descente ; En suite
de quoy, achevant de se fondre, par l'action de la chaleur
qui se rencontre dans les lieux par où ils passent en tombant, ils se convertissent en gouttes de pluyes.

Or ces gouttes seront fort grosses, si la nüe est fort
épaisse, & si l'air échauffé qui se porte vers elle la prend
par le dessus : Car alors tout conspire à faire que les petites gouttes d'eau ou parcelles de glace qui composent
la nuë, se joignent plusieurs ensemble, & composent
d'abord des gouttes assez sensibles, que leur pesanteur
fait descendre ; mais qui grossissent encore beaucoup
par l'union de celles qu'elles rencontrent en penetrant
toute l'épaisseur de la nuë.

Au lieu que si cet air échauffé s'appliquoit au dessous

d'une nüe fort rare, les gouttes ne pourroient manquer d'eſtre fort petites ; Et ſi avec cela la chaleur de l'air n'eſtoit que mediocre, ces gouttes ſeroient ſi petites, qu'elles ne compoſeroient pas de la pluye, mais ſeulement de la brüine.

IX.

Pour ce qui eſt de la roſée, l'on n'aura pas beaucoup de peine à comprendre comment elle ſe forme, ſi l'on conſidere que dans le temps le plus ſerein & le plus calme, qui eſt celuy auquel on obſerve qu'elle tombe, il y a toûjours dans l'air une grande quantité de parties d'eau tres ſubtiles, qui y volent en forme de vapeurs, leſquelles perdant peu à peu leur agitation s'amaſſent pluſieurs enſemble, & retombent en gouttes inſenſibles, qui s'attachent ordinairement aux feüilles des plantes, & qui s'uniſſant les unes aux autres ſe convertiſſent en eau, & rendent la roſée viſible.

X.

Et cecy arrive pour l'ordinaire un peu devant le lever du Soleil, à cauſe qu'y ayant alors aſſez long temps que l'air n'a eſté échauffé par ſes rayons, il doit auſſi avoir plus de fraîcheur, & eſtre plus propre à faire aſſembler les vapeurs qui ſe rencontrent dans l'air ; Toutesfois il y a des lieux où l'air ſe refroidiſſant peu de temps aprés que le Soleil s'eſt couché, la roſée ſe doit auſſi plûtoſt faire ſentir.

XI.

Quand la chaleur de l'air a eſté fort grande pendant tout le jour, il peut arriver que la ſuperficie de la Terre en ſoit tellement émeuë, en certaines contrées, qu'elle envoyera & pouſſera des exhalaiſons qui monteront & s'éleveront dans l'air en la compagnie des vapeurs ; Mais parce que ces exhalaiſons perdent beau-

coup plus aifément leur agitation, que ne font les vapeurs, auffi doivent-elles eftre les premieres à retomber, quand la difpofition s'y rencontre ; Et c'eft en
cela que confifte le ferein ; qui peut avoir des qualitez
nuifibles felon celles des lieux & des chofes dont il a
efté enlevé : Car il eft fort croyable que ce qui s'exhale
de quelque lieu fort infect, ou de quelques herbes vene-
neufes, doit caufer plus de mal, que ne peuvent faire de
fimples vapeurs qui s'élevent du fein de la Terre.

Et c'eft une erreur de croire qu'on fe puiffe entiere-   XII.
ment garantir du mal, qu'on s'imagine que le ferein   *Erreur popu-*
eft capable de produire, en fe couvrant fort la tefte :   *laire touchãt*
Car puis qu'on l'attire avec l'air de là refpiration, il eft   *le ferein.*
certain qu'en penetrant les poulmons, il nous peut nui-
re beaucoup plus , & corrompre plus aifément noftre
fang, qu'il ne pourroit faire en touchant fimplement
quelque partie exterieure du corps, qui n'eft pas fi delicate.

CHAPITRE XIV.

De la Neige, de la Grefle, & des Frimats.

IL a déja efté remarqué que les parties d'une nüe peu-   I.
vent bien n'eftre pas entierement fondües, & ne pas   *Comment fe*
laiffer de commencer à defcendre, & mefme qu'elles   *fait la neige.*
n'achevent ordinairement de fe diffoudre , & de fe
convertir en gouttes de pluye, qu'en approchant de la
Terre, où la chaleur eft pour l'ordinaire plus grande

qu'elle n'eſt au haut de l'air ; Mais ſi les parcelles de la
nüe, qui ne ſont que condenſées, ſans eſtre aucunement fonduës, ne rencontrent que de l'air froid à parcourir, elles peuvent bien alors parvenir juſqu'à nous
dans cet eſtat ; Et ainſi au lieu de pluſieurs gouttes de
pluye, nous aurons pluſieurs flocons de neige ; Et cette
neige ne ſçauroit manquer d'eſtre blanche, à cauſe
que la matiere aqueuſe dont elle eſt compoſée, eſt pluſieurs fois interrompuë par une grande quantité d'air,
dont les pores s'ajuſtent ſi mal avec ceux de la glace,
que la lumiere qui ſe preſente pour paſſer au travers,
trouve plus de facilité à ſe reflechir.

I I.
De la greſle,
& de ſa fi-
gure.

Que ſi ce qui tombe de la nüe eſt en partie fondu,
lors qu'il rencontre un air froid qui le regele, il eſt é-
vident que ce qui tombera alors ſera de la greſle, dont
les grains auront une figure d'autant plus approchante
de la ronde, que la diſſolution precedente aura eſté
grande ; en ſorte que ces grains ſeront exactement
ronds, ſi le froid qui les regele les ſurprend lors qu'ils
ſont tout-à-fait fondus.

III.
D'une greſle
pyramidale.

Ainſi, les divers degrez de la chaleur de l'air, qui ſe
porte à l'endroit où eſt la nuë qu'il doit diſſoudre, cauſent en cecy une grande diverſité d'effets : Car ſi cette
chaleur n'eſt que mediocre, elle peut tellement agir
ſur les extremitez de chaque petite maſſe de la nüë qui
doit ſervir à former un grain de greſle, qu'elle les fondra
& les reduira en eau, avant qu'elle en puiſſe diſſoudre
les parties interieures, auſquelles quand elle vient aprés
cela à s'appliquer, les autres ſe redurciſſent par la froideur de l'air par où elles paſſent ; Si bien que les parties

ties interieures, & qui approchent plus prés du centre,
venant à se fondre, & par consequent à se condenser,
elles s'unissent aux autres, qui composent déja une espece de croûte ; de mesme que l'on voit que les parties
d'un tronc d'arbre qui se desseche , se retirent de la
moële vers l'écorce, où les parties sont tellement serrées en forme de voûte, que celles qu'elles enferment,
& qui ne se condensent qu'ensuite , sont contraintes de
se retirer vers elles. Et comme dans cet exemple, les
fibres du bois, qui composoient un anneau de certaine
grandeur & à certaine distance de la moële , venant
à s'approcher de l'écorce, & à composer un plus grand
anneau , se desunissent en quelques endroits, & causent ces fentes en forme d'étoiles que l'on remarque
particulierement vers la coupe du tronc des arbres ; de
mesme les parties d'eau, qui se retirent du centre vers la
superficie , en se regelant peu-à-peu, se desunissent en
quelques endroits. Et s'il arrive qu'il se fasse trois fentes
qui se coupent mutuellement au centre d'un grain de
gresle, pour lors il se fend & se rompt en huit parties,
chacune desquelles est de figure pyramidale, dont la
base est la huitiéme partie de la superficie de ce grain,
& le sommet la parcelle de glace qui estoit auparavant
tout proche du centre.

Il tombe quelquefois de cette sorte de gresle , &   IV.
mesme des pyramides plus aigües, dont les bases sem-   *D'une autre*
blent n'estre que la trente-deuxiéme partie de la su-   *forte de*
perficie d'une sphere ; ce qui nous donne occasion de   *grefle plus*
penser,qu'elles resultent de ce que chaque huitiéme par-   *pointüe.*
tie de la superficie d'un grain s'est subdivisée en quatre

M m

parties égales par trois nouvelles fentes. Et fi leurs pointes & leurs carnes paroiffent pour l'ordinaire un peu
émouffées, en forte qu'elles reffemblent à des pains de
fucre, cela vient de ce que la chaleur a eu plus de pri-
fe en ces endroits-là, & qu'elle a fondu les parcelles de
glace qui s'y font rencontrées.

V.
D'une autre grelle plus admirable.

・ La figure de cette grefle n'a rien de merveilleux &
de furprenant, en comparaifon d'une autre grefle toute
plate & fort mince, qu'on voit quelquefois tailée en
forme d'étoiles à fix pointes fort égales, ou en rofes à fix
feüilles, ou quelquefois mefme
comme feroient fix fleurs de lys
qui fe tiendroient par leurs pointes ; telles à peu prés qu'elles font

A　　B　　C

icy reprefentées, hormis qu'elles font beaucoup plus
petites & incomparablement plus exactes.

VI.
De la production de certains flocons de neige.

Comme on ne s'apperçoit jamais qu'il tombe de
cette forte de grefle qu'aprés qu'il a fait un affez grand
vent, on a lieu de croire qu'elle fe forme à peu prés
de la maniere fuivante. Premierement, l'agitation de
l'air fait que plufieurs parcelles d'eau, qui voloient en
forme de vapeurs, fe rencontrent en fe gelant, & compofent des grains infenfibles de grefle, que leur peti-
teffe feule pourroit empêcher de tomber à Terre, quand
bien mefme le vent qui fouffle de bas en haut ne s'op-
poferoit pas à leur defcente. Or ce vent les foûleve en
effet, & les porte quelquefois jufques contre la fuperficie inferieure d'une nuë, où ils ne parviennent qu'a-
prés s'eftre chargez de vapeurs, qui s'y font attachées en
forme d'un duvet fort rare. Et dans cet eftat on ne peut

plus dire que ce foient des grains de grefle, mais bien
des flocons de neige, qui reffemblent en quelque façon à ces parties delicates qui fe détachent fur la fin de
l'Efté des fleurs de certains chardons qui croiffent à la
campagne, & qui font fi legeres, que la moindre agitation de l'air les tranfporte quelquefois jufques dans
les villes, où elles fervent de joüet aux enfans, qui les
nomment des barbe-à-dieu.

Quand cela arrive, ces flocons de neige fe rangent
contre la fuperficie de cette nüe, qui a déja efté polie
par l'action du vent qui a gliffé contre elle ; Et parce
qu'ils font à peu prés égaux, ils fe trouvent tellement
rangez, qu'hormis ceux qui fe rencontrent aux extremitez de la feüille qu'ils compofent, il n'y en a pas un
feul qui ne fe trouve environné de fix autres, comme
un peu d'Elemens de Geometrie le peut faire comprendre, ou comme on peut voir à l'œil en arrangeant plufieurs balles de plomb d'égale groffeur fur une affiette,
ou plûtoft plufieurs jettons fur une table ; Et la comparaifon des jettons, qui font des corps plats, eft plus
propre à mon fujet, parce qu'en effet ces flocons de
neige dont nous parlons s'applatiffent, à caufe que le
duvet de deffus s'abat par le frottement contre la nüe,
& celuy de deffous par l'action du vent qui les preffe en
gliffant.

Or il fe peut former plufieurs lits, ou plufieurs feüilles femblables les unes au deffous des autres, fans qu'-
elles fe puiffent coller enfemble : Car le vent qui les
fait ondoyer, remüe quelque peu autrement les feüilles de deffous que celles de deffus ; Mais foit qu'il n'y

VII.

*Arrange-
ment de ces
flocons au
deffous d'une
nüe.*

VIII.

*Qu'il s'en
peut former
plufieurs lits.*

M m ij

ait qu'une seule feüille, soit qu'il y en ait plusieurs, nous pouvons dire que chacun de ces petits flocons de neige, qui sont ronds & plats, est la matiere prochaine de cette gresle figurée en étoile, ou en rose, ou en six fleurs de lys, dautant qu'il n'est plus besoin que d'un air mediocrement chaud pour achever une chose si merveilleuse.

IX.
*Comment il
s'en forme
plusieurs é-
toiles.*

Cet air ainsi échauffé peut estre poussé du voisinage de la Terre par l'action de quelque vent ; Et parce que ce vent passe assez commodement entre deux de ces feüilles, où il rencontre son chemin tout droit, il ne sçauroit manquer de fondre ce qui peut rester de parties d'eau, qui sont herissées en forme de poils ou de duvet sur la superficie de chacun de ces petits flocons. De plus, cet air s'insinuant dans les six espaces triangulaires que de semblables flocons laissent necessairement entr'eux lors qu'ils se touchent, fond aussi la neige tres-rare qui se rencontre vers leur circonference , & ces parcelles d'eau que la chaleur agite, se joignent à celles qui restent sans se fondre, lesquelles ne leur sont pas plûtost jointes qu'elles se regelent aussi-tost aprés ; Ainsi , les poils de dessus & de dessous se couchant & se renversant tout-à-fait à mesure qu'ils se fondent & se regelent, rendent chaque flocon plus mince, & le changent en une petite lame de glace ; Mais pour les poils qui se fondent dans la circonference de ces intervalles, ils se condensent, en se retirant vers ceux qui joignent chacun de ces flocons aux six autres qui l'environnent ; Si-bien qu'il se fait comme six fentes aux six endroits de la circonference où la chaleur a plus de prise ; Et

comme ces fentes s'allongent en tirant vers le centre,
& qu'elles vont en retréciſſant vers là, il eſt évident que
chaque petite lame de glace doit avoir la figure d'une
étoile à ſix pointes , comme celle qui eſt cy-deſſous
repreſentée vers A. Et alors la
moindre ſecouſſe , eſt capable
de les deſunir les unes des autres,& de les faire tomber ſeparément juſqu'à terre.

Que ſi la chaleur de l'air eſt quelque peu plus grande que je ne viens de la ſuppoſer, elle doit continuer
ſur les endroits où elle a le plus de priſe, c'eſt à dire, ſur
les ſix pointes, leſquelles par conſequent ſe doivent
émouſſer ; & par ce moyen la petite lame de glace qui
avoit déja la figure d'une étoile , doit devenir ſemblable
à une roſe à ſix feüilles , comme celle qui eſt repreſentée vers B.

X.
De la pro-
duction de la
greſle figurée
en roſe.

Et ſi les flocons dont cette greſle eſt compoſée a-
voient d'abord eſté plus grands que de coûtume , il
auroit pû arriver qu'elle ne ſe feroit pas ſeulement di-
viſée en ſix endroits pour former ſix pointes ; mais que
ce qui auroit pû ſervir à en former une , ſe feroit ſubdi-
viſé en trois, par deux petites fentes qui ſe ſeroient faites de part & d'autre des poils qui touchent à ceux d'un
autre flocon; Ainſi, il auroit pû ſe former des deux côtez
deux pointes, qui ſe ſeroient recourbées en dehors, parce que la chaleur agiſſant là avec un peu plus de force,
y cauſe auſſi une condenſation un peu plus grande ;
D'où il ſuit, qu'au lieu d'une ſeule pointe d'étoile, ou
d'une feüille de roſe, il ſe feroit formé une fleur de lys

XI.
De la pro-
duction de la
greſle qui
reſſemble à
ſix fleurs de
lys.

M m iij

& au lieu d'une simple étoile, il se seroit formé une grefle semblable à celle qui est représentée vers c.

XII.
De quelques autres sortes de grefle.

La chaleur de l'air agissant encore avec plus de force sur ces grains de grefle, peut fondre plus ou moins quelques-unes de ses parties ; d'où il est aisé de conclure que cela peut causer mille sortes de varietez. Et si tous les grains d'une mesme feüille venoient à se fondre, tandis que ceux des deux feüilles de dessus & de dessous sont disposez à s'approcher, les gouttes d'eau qui proviendroient de cette dissolution, serviroient comme de colle pour unir ensemble deux étoiles par le plat, & pour faire qu'elles n'en composassent plus qu'une seule, qui auroit douze pointes fort bien compassées, si elles s'estoient ainsi rencontrées.

XIII.
Comment elles sont quelque fois plus épaisses.

Toutes ces sortes de grefle sont ordinairement fort minces & transparentes, à cause que les parcelles de glace dont elles sont composées se sont serrées d'assez prés ; Mais il en tombe quelquefois de toutes blanches & un peu épaisses, qui ne sont telles, qu'à cause qu'elles se sont chargées en tombant de quantité de parcelles d'eau, qu'elles ont rencontré voltigeant çà & là, dans le chemin qu'elles ont fait pour parvenir juques à Terre.

XIV.
Comment se font les frimats & la gelée blanche.

Comme les vapeurs perdent leur mouvement à la rencontre de la grefle, de mesme peut-on concevoir qu'elles le perdent quelquefois à la rencontre de plusieurs corps froids ; Et c'est ainsi que se forment les frimats, & la gelée blanche, qui couvre la Terre, & qui s'attache contre les branches des arbres, & les cheveux des voyageurs, particulierement du côté que le vent souffle.

CHAPITRE XV.

Du Mielat, des Pluyes extraordinaires, & de la Manne.

APRE's avoir traité des meteores dont l'eau seule fournit la matiere, il ne faut pas oublier de parler de ceux qui peuvent n'estre composez que des parties de quelques-unes des matieres grasses qui se trouvent dans la Terre, & qui montent en forme d'exhalaisons. Pour cela, il faut remarquer, que si dans une saison un peu chaude, & dans laquelle l'air n'est agité d'aucun vent, il s'éleve tout à la fois une quantité notable de vapeurs & d'exhalaisons, dont l'agitation soit telle qu'-elles puissent monter assez haut, pour lors les vapeurs qui se dégagent facilement, se separeront des exhalai-sons, en prenant le devant, & les exhalaisons dont les parties sont plus embarassées, & qui ne peuvent pas s'élever si haut, voltigeront toutes seules dans l'air, qui est le plus proche de la Terre ; Or s'il arrive que cet air se refroidisse mediocrement pendant la nuit, les va-peurs pourront bien conserver encore assez de mouve-ment pour demeurer sous leur mesme forme ; Mais les exhalaisons ayant des parties dont la figure est cause qu'elles se déterminent plûtost au repos, elles s'affaisse-ront les unes sur les autres, & composeront un broüil-lard, qui couvrira une étenduë de païs d'autant plus grande, qu'elles seront en plus grande quantité ; En-

I.
Comment se fait le mie-lat.

ſuite dequoy, ſi elles s'épaiſſiſſent en liqueur huileuſe
à la rencontre des corps les plus ſecs , comme nous
avons dit que les vapeurs s'épaiſſiſſent en roſée, elles
y feront voir le Mielat, qui attriſte quelquefois les paï-
ſans.

II.
Pourquoy le mielat tom-be plûtoſt ſur les bleds, & comment il leur eſt nuiſi-ble.
Comme les exhalaiſons qui compoſent le Mielat
tiennent de la Nature des huiles , il eſt évident que c'eſt
principalement aux corps les plus ſecs qu'elles doivent
s'attacher; Et dautant que les bleds,& autres ſemblables
plantes, ſe trouvent ordinairement aſſez ſeches dans
la ſaiſon du Mielat, auſſi eſt-ce ſur ces ſortes de corps
qu'il ſe trouve en plus grande quantité ; Et il ne peut
manquer de leur eſtre fort nuiſible, s'il arrive enſuite
que l'air ſoit fort ſerein, & que le ſoleil darde ſes rayons
ſur ces plantes : Car la liqueur huileuſe dont elles ſont
comme enduites , eſtant ſuſceptible de beaucoup de
chaleur, fait qu'elles ſe cuiſent & ſe corrompent entierement.

III.
Des pluyes de ſang.
Si les exhalaiſons ſe condenſoient un peu loin de
la Terre, elles formeroient une nuë & non pas un broüillard ; & en s'épaiſſiſſant enſuite par quelqu'une des cauſes qui ont coûtume de faire que les vapeurs ſe convertiſſent en eau, elles compoſeroient des gouttes hui-
leuſes; qui paroiſſant d'ailleurs de couleur rouſſe , don-
neroient occaſion de les prendre pour une pluye de
ſang , telle qu'on raconte qu'il en eſt quelquefois
tombé.

IV.
De la man-ne.
Les exhalaiſons eſtant fort diverſes en divers païs, à
raiſon du naturel particulier de la Terre de chaque contrée, elles peuvent auſſi produire de fort differents effets.

Ce

Ce font elles, par exemple, qui compofent la Manne,
dont l'ufage eft affez commun dans la Medecine, &
qu'on recueille le matin fur de certains arbres où elle
s'eft attachée ; dequoy l'on ne pourra douter, fi l'on
prend garde qu'elle s'y attache feulement du côté que le
vent fouffle. Au refte, fi l'on ne trouve pas de la Manne
fur toutes fortes de plantes, cela vient de ce que les
exhalaifons ne rencontrent pas partout les mefmes difpofitions pour eftre retenuës.

CHAPITRE XVI

Du Tonnerre, des Eclairs, & de la Foudre.

LE Tonnerre, les Eclairs, & la Foudre, font les plus
étonnans de tous les Meteores ; & comme ils accompagnent affez fouvent les pluyes & les grefles,
l'ordre demande qu'aprés avoir parlé de ceux-cy, je tâche à décrire la maniere dont les autres fe produifent.
Reprefentons-nous donc qu'il fe forme quelquefois
plufieurs nües les unes au deffus des autres, qui font
alternativement compofées de vapeurs & d'exhalaifons,
que la chaleur a enlevées à diverfes reprifes des entrailles de la Terre ; Confiderons enfuite que la faifon la
plus propre pour cela eftant celle de l'Efté, pendant
lequel, l'air qui a demeuré dans le voifinage de la Terre,
a pû s'échauffer, au moins fi le temps a efté calme, il
peut arriver qu'une partie de cét air foit chaffée, par
l'action de quelque vent qui s'eft élevé depuis, vers

1.
Comment
s'engendre le
tonnerre.

N n

l'une des plus hautes nües, à laquelle il s'applique par le deſſus; De maniere qu'il y condenſe preſqu'en un moment la neige tres ſubtile dont elle eſt compoſée, en faiſant approcher les parties les plus hautes contre celles qui ſont au deſſous ; Ce qui fait que cette nüe deſcend toute entiere, & avec aſſez de vîteſſe, ſur la plus baſſe, ſans pourtant que celle-cy puiſſe deſcendre, à cauſe que les cauſes ordinaires qui tiennent les nües ſuſpenduës à certaine diſtance de la Terre, & le vent que nous avons ſuppoſé s'eſtre élevé depuis, l'en empêchent. Cela eſtant, l'air qui eſt entre la nüe de deſſus & celle de deſſous, eſt chaſſé du lieu où il eſt, enſorte que celuy qui eſt vers les extremitez des deux nües échape le premier, donnant ainſi moyen aux extremitez de la nüe de deſſus de s'abaiſſer quelque peu plus que ne fait le milieu, & d'enfermer ainſi une grande quantité d'air, lequel achevant de ſortir, par un paſſage aſſez étroit & irregulier qui luy reſte, il eſt facile de concevoir que la façon dont il échape, luy fait produire un grand bruit, pour la meſme raiſon que l'air qui ſort du receptacle produit un grand ſon en paſſant par les pedales de nos orgues; Ainſi, ſans voir aucun éclair, nous pouvons bien entendre le bruit du Tonnerre.

II.
Ce qui le
rend fort
éclatant.

    Il eſt vray que celuy qui ſe fait de la ſorte ne ſçauroit eſtre fort éclatant; Mais parce que les exhalaiſons qui ſe rencontrét quelquefois entre deux nües, dont l'une tombe auec impetuoſité ſur l'autre, ſont pour l'ordinaire tellement preſſées, en certains endroits, que les parties du ſecond Element qui eſtoient mêlées entre leurs branches avec la matiere du premier, ſont forcées d'en ſor-

tir, il arrive que ce qui se rencontre d'exhalaisons en
ces endroits, ne nageant plus que dans la seule matiere
du premier Element, prend la forme de feu, laquelle se
communiquant en moins de rien à tout ce qu'il y a de
combustible alentour, dilate merveilleusement l'air,
& augmente à proportion la vîtesse avec laquelle il é-
chape d'entre les deux nuës; Ce qui fait qu'au lieu du
simple grondement du Tonnerre, l'on entend un bruit
qui éclate effroyablement.

De plus, comme la flamme qui naist des exhalaisons
est tres pure, aussi est-elle fort propre à pousser les petites boules du second Element dont elle est environnée, vers les objets d'alentour, d'où se réflechissant
vers nos yeux, nous devons estre excitez à voir ces objets, comme s'ils estoient enflammez ou éclairez du
soleil; Et c'est en cela que consiste l'éclair; lequel, suivant ce que nous avons dit autresfois de l'action de
la lumiere, & du son, peut bien estre apperceu avant
qu'on entende le Tonnerre, nonobstant que ces deux
choses se fassent ensemble, ou mesme que le Tonnerre
précede quelque peu l'éclair.

Et l'on ne doit pas trouver étrange que le Tonnerre dure
plus long temps que l'éclair, si l'on considere que l'agitation de l'air qui produit le son, peut encore durer, aprés
que toutes les exhalaisons qui ont produit l'éclair sont
entierement consumées; Mais il faut encore ajoûter que
les nuës, & mesmes plusieurs corps durs qui sont sur la
Terre, causent plusieurs échos, d'où dépendent ces rou-
lades que l'on entend lors que le plus grand bruit du
Tonnerre est déja passé; Ce qui se confirme, en ce que

III.
Comment se
fait l'éclair.

IV.
Pourquoy le
bruit du ton-
nerre dure
plus que l'é-
clair.

N n ij

comme la cauſe qui peut produire un écho au regard d'un certain lieu, n'en produit pas toûjours au reſpect d'un autre, de meſme auſſi un meſme coup de Tonnerre ne s'entend pas de meſme façon de toutes ſortes d'endroits.

V.
Comment il ſe fait des éclairs ſans tonnerre.

Comme nous avons dit qu'il peut y avoir des Tonnerres ſans éclair, il peut auſſi arriver qu'on voye des éclairs ſans entendre le Tonnerre: Car la nuë ſuperieure peut eſtre ſi petite, & avec cela tomber ſi lentement ſur l'inferieure, que l'air n'acquerera pas cette agitation qui eſt requiſe pour produire ce bruit; Cependant les exhalaiſons pourront ne pas laiſſer de ſe trouver ſi preſſées, que quelques-unes de leurs parties ne nageant plus que dans la ſeule matiere du premier Element, elles s'embraſeront tout d'un coup pour faire un éclair.

VI.
Que la pluye doit paroître redoubler à chaque coup de tonnerre.

Au reſte, comme la chaleur qui appeſantit aſſez une nuë pour la faire tomber fort vîte ſur une autre, doit auſſi eſtre aſſez grande pour fondre une partie de la neige dont elle eſt compoſée, il s'enſuit qu'à chaque coup de Tonnerre il doit tomber une ondée de pluye aſſez abondante. Auſſi ne manquons-nous jamais de nous en appercevoir, ſi ce n'eſt que le Tonnerre ſe faſſe un peu loin de l'endroit qui correſpond ſur noſtre reſte.

VII.
De la foudre, & que ce qu'on dit du carreau eſt fabuleux.

Ce qu'on a coûtume d'appeller le Tonnerre, reçoit le nom de Foudre lors qu'il en reſulte quelque fracas; Et parce qu'on ſe perſuade que les corps les plus durs ont plus de force pour en ébranler d'autres, on croit qu'outre l'éclair & la flamme qui ſortent avec impetuoſité d'entre deux nuës, il en ſort encore un corps fort

dur qu'on nomme le Carreau de la foudre ; que si on ne
le voit pas tomber à chaque coup de tonnerre, c'est, dit-
on, parce qu'il ne se darde pas toûjours contre la terre ,
& que l'ouverture par où il échape est tournée vers quelqu'autre côté. Toutesfois, si cela estoit, il ne seroit pas
possible qu'on ne le vist quelquefois tomber dans quelques-unes des ruës de cette grande ville, ou dans quelque cour, ou sur le toict de quelque maison ; Ce que
personne que je sçache n'assure avoir jamais vû ; Et c'est
une mauvaise raison de dire que ce qui fait qu'on ne
le voit pas , c'est qu'il n'a pas esté dardé contre la Terre:
Car soit qu'il se fust meu de travers, ou mesme de bas
en haut , il devroit toûjours arriver que sa pesanteur le
fist descendre.

Aussi n'est-il pas necessaire d'avoir recours à un corps
dur, pour expliquer l'effet le plus ordinaire de la foudre : Car si l'on considere que la poudre qui s'enflam-
me dans un canon n'a rien de dur , & qu'elle a cependant la force de chasser le boulet avec une vîtesse incroyable , & quelquefois mesme de rompre & de crever le canon, l'on connoîtra qu'il n'est nullement besoin d'un carreau de foudre, pour faire tout le fracas que
l'on experimente.

VIII.
Que le car-
reau est inu-
tile pour ex-
pliquer les
effets de la
foudre.

Ce n'est pas qu'il ne se puisse engendrer dans l'air un
corps dur, que l'on prendra peut-estre pour ce carreau
imaginaire, pourveu qu'il y ait dans l'air quelques sels
volatils, mêlez avec des exhalaisons soufreuses, & d'autres exhalaisons plus terrestres , telles que sont celles
qui paroissent épaissies en forme de limon au fond
de l'eau de pluye qu'on a laissé rasseoir: Car l'experien-

IX.
Comment il
est possible
qu'il s'en-
gendre un
corps dur
dans l'air.

ce fait voir, qu'en mettant le feu dans un compofé d'une certaine quantité de foufre, de falpêtre, & de ce limon deffeché, il s'en forme en fort peu de temps une pierre fort dure.

X.
Pourquoy la foudre tombe plus ordinairement fur les corps les plus élevez.

Et ce n'eft pas une grande merveille, fi la foudre attaque plûtoft les corps les plus élevez, comme le fommet des clochers, que ceux qui ne s'élevent gueres au deffus de la fuperficie de la Terre : Car les nuës où s'engendre le Tonnerre eftant affez hautes, & leur ouverture fe faifant pour l'ordinaire par le côté, l'exhalaifon qui échape par là, & qui fe meut de travers, ne fçauroit, qu'elle ne rencontre les corps les plus hauts. Ajoûtez à cela, que fi deux nuës qui fe font déja jointes par leurs extremitez, avoient à crever par le deffous, ce devroit eftre principalement à l'endroit fous lequel correfpond quelque corps notablement élevé ; parce que ce corps refiftant d'abord à la defcente de l'air, il le détermine à fe fendre pour s'écarter de part & d'autre, ce qui fait que la nuë qui fuit la mefme détermination, s'entrouvre juftement en cet endroit-là, vers où par confequent la foudre trouve plus de difpofition à defcendre.

XI.
De la caufe de divers effets de la foudre.

Il eft mefme aifé de comprendre comment la foudre peut brûler les habits & les cheveux d'un homme fans luy caufer d'ailleurs aucun mal , & quelquefois auffi employer toute fon action fur les chofes qui refiftent le plus, en rompant, par exemple , les os, fans endommager fenfiblement la chair : Car les exhalaifons eftant de leur nature fort diverfes, il s'en peut rencontrer qui reffemblant au foufre, ne peuvent compo-

fer qu'une flamme fort legere, laquelle s'attache feulement aux corps qui font aifez à brûler ; Quelques autres
au contraire font fort fubtiles & penetrantes, & tiennent de la nature des fels volatils, ou de l'eau forte, ce
qui fait qu'elles épargnent les corps qui ont le plus de
molleffe, & qu'elles n'exercent leur action que contre
les corps durs, d'où vient qu'elles brifent les os & le
fer. Il eft vray que le fracas des os peut auffi eftre cau-
fé par la feule agitation de l'air dont fe forme le bruit
effroyable du Tonnerre, lors qu'il s'engendre fort prés
de nous : Car fi le fon d'une fort groffe cloche, peut
bien quelquefois caufer dans le corps d'un homme
qui en eft proche, de telles fecouffes, qu'elles l'empê-
cheront de pouvoir fe tenir debout, le bruit du Tonnerre
en pourra bien produire qui feront capables de rompre
les os ; Et les chairs n'en devront point paroître endom-
magées, ou ne devront paroître tout au plus que meur-
tries, à caufe que leur molleffe fait qu'elles fe peuvent
plier diverfement fans fe rompre.

Enfin, ce n'eft pas fans raifon qu'on tient que le fon
des cloches fait ceffer le Tonnerre, dautant que par ce
moyen l'air le plus proche des clochers ébranle celuy
qui eft plus haut, & cet air ébranle les parties de la
nüe inferieure, qu'il difpofe à tomber en pluye, avant
que celle de deffus ait occafion de defcendre ; De forte que quand aprés cela elle viendroit à tomber, elle
ne poufferoit les exhalaifons que dans un air libre, où
n'eftant point ferrées elles n'auroient pas lieu de s'embrafer. Et quand mefme cette nüe inferieure ne feroit
encore tombée qu'en partie, l'ébranlement que la clo-

XII.
Que le fon
des cloches
peut empé-
cher la fou-
dre.

che imprime à l'air, pourroit difposer les exhalaifons qui font au deffus de l'ouverture de prendre leur cours par là ; De forte que la matiere de la foudre manquant au lieu où elle fe pourroit former, ce n'eft pas merveille s'il ne s'y en forme point en effet.

CHAPITRE DERNIER

De l'Arc-en-ciel.

I.
Ce que l'on entend par l'Arc-en-ciel.

LE fimple peuple ne témoigne pas plus d'étonnement, en entendant le bruit du Tonnerre, que les Philofophes font paroître d'admiration, en confiderant ces couleurs difpofées en arc, qui paroiffent tout d'un coup dans un temps pluvieux, dans la partie de l'air oppofée au Soleil, & qui difparoiffent auffi quelquefois prefque en un moment. Ce font ces couleurs qu'on appelle l'Iris, ou l'Arc-en-ciel, dont il y a long temps qu'on a tâché de découvrir la caufe, fans avoir rien trouvé jufqu'en ce Siecle-cy qui puiffe contenter un efprit raifonnable. Je m'en vas en apporter une explication à laquelle j'efpere qu'on fe pourra tenir. Mais afin de rejetter toute forte de préoccupation, & pour ne nous point engager dans la refutation de plufieurs opinions que quelques Philofophes ont propofées là-deffus, feignons que nous fommes les premiers qui nous mettons en peine de trouver la caufe de ce Meteore.

II.
Conjefture generale tou-

La premiere chofe que je remarque, c'eft que toutes les fois que nous avons apperceu des couleurs, ç'a

toûjours

toûjours efté pendant la lumiere ; dont les rayons ou *chant l'Arc-en-ciel.* nous ont efté renvoyez par la fuperficie de quelque corps opaque ; ou nous ont efté tranfmis au travers d'un corps en quelque façon tranfparent, mais qui eftoit en mefme temps teint de quelque couleur ; ou enfin nous ont efté envoyez au travers d'un corps tout-à-fait tranfparent, mais dans lequel ils ont fouffert quelque refraction. Et dautant que l'experience ne nous a jamais fait connoître que ces trois manieres d'appercevoir des couleurs, ce feroit fans raifon qu'on fe voudroit perfuader qu'il s'en pourroit peut-eftre rencontrer une quatriéme, laquelle ne tiendroit de pas une des autres. Mais parce qu'il n'eft pas vray-femblable qu'il fe puiffe fi promptement former dans l'air un grand corps opaque, qui puiffe renvoyer la lumiere de la façon qu'il faudroit pour nous faire voir l'Arc-enciel ; ou bien un corps en quelque façon tranfparent, & en mefme temps teint des couleurs capables de produire le mefme effet ; Et que d'ailleurs nous fçavons par experience, que quand on voit l'Iris, l'air eft remply de gouttes d'eau qui font tout-à-fait tranfparentes, & qui ne font teintes d'aucune couleur, nous devons conjecturer que ce font ces gouttes d'eau, au travers defquelles la lumiere a fouffert quelque refraction en paffant, qui nous font fentir ces couleurs, en la renvoyant vers nos yeux, avec les modifications propres & neceffaires pour nous en faire avoir le fentiment.

Cecy n'eft à la verité qu'une conjecture ; mais pour *III. Que plufieurs rayons du foleil qui tombent fur* voir fi elle eft bien ou mal-fondée, confiderons ce que doivent devenir des rayons de lumiere, qui partant *les gouttes de pluye sont renvoyez vers le côté d'où ils viennent apres deux refractions & une seule reflexion.*

Voyez la figure qui est à la fin de cette troisiéme partie.

d'un corps lumineux fort éloigné, comme est le Soleil, éclairent un corps d'eau de figure spherique, tel que nous sçavons qu'est chaque goutte de pluye. Jettons donc les yeux sur cette figure, dans laquelle pensons que A D K N represente une de ces gouttes de pluye, & les lignes E F, B A, O N, & leurs semblables, qui viennent du mesme côté, sont des rayons qui partent du centre du Soleil, que nous considererons comme paralleles, à cause de la grande distance qu'il y a de cet Astre jusques à nous. Ensuite dequoy, comme il est évident que le seul rayon B A, est perpendiculaire à la superficie de l'eau, à cause qu'il est le seul qui tende vers le centre de la superficie spherique sous laquelle cette goutte est contenuë, & que tous les autres tombent obliquement sur cette mesme superficie, il est aisé de conclure que si l'on excepte B A, tous les rayons qui penetrent l'eau souffrent quelque refraction en approchant de la perpendiculaire. Ainsi E F, & ceux qui l'accompagnent, ne tendent pas directement vers G, mais s'approchant de la perpendiculaire H I, ils vont de F en K; où il ne faut pas douter que quelques-uns ne passent dans l'air, à cause que ses pores se presentent à eux comme il faut pour y pouvoir passer; mais pour les autres qui ne trouvent pas cette disposition pour continuer ainsi leur chemin, il faut necessairement qu'ils se reflechissent dans la goutte d'eau selon la ligne K N, en sorte que l'angle de reflexion soit égal à celuy d'incidence. De rechef, le rayon K N, & ses semblables, tombant obliquement sur la surface de l'air qui environne cette petite sphere d'eau, ne peuvent passer dans l'air sans se rompre en

s'éloignant de la perpendiculaire L M ; c'eſt pourquoy
au lieu d'aller tout droit en Y , ils doivent tendre vers P.

Et remarquez que quelques-uns des rayons qui ſont
parvenus en N , ne paſſent dans l'air qu'aprés s'eſtre encore une fois réflechis vers Q, où ſouffrant refraction
comme les autres, ils ne ſe portent pas directement
vers Z , mais ſe détournent vers R , en s'éloignant de la
la perpendiculaire T V. Mais en ne conſiderant les
rayons de lumiere, qu'entant qu'ils peuvent ſervir pour
faire impreſſion ſur un œil qui ſeroit placé quelque
peu plus bas que cette goutte , comme vers P, il eſt
vray de dire que ceux qui ſe réflechiſſent de N vers Q,
ſont inutils , parce qu'ils ne parviennent pas à l'œil.
Mais en recompenſe il faut prendre garde qu'il y en a
d'autres comme 23, & ſemblables, qui ſe rompant pour
aller de 3 vers 4, & delà vers 5, & de 5 vers 6, peuvent
enfin par 7 parvenir à l'œil, qui eſt placé plus bas que
la goutte.

Tout cela ſe connoiſt aiſément en gros ; mais pour
déterminer la quantité préciſe des refractions de chaque rayon en particulier, il en faut venir au calcul ; En
ſuite duquel ſeulement on ſçait que ceux qui tombent
ſur le quart de la ſphere A D, ſe continuent dans des
lignes telles que ſont celles qui ſont repreſentées dans
la goutte A D K N, ſur leſquelles jettant les yeux, on
peut faire trois remarques importantes. La premiere
eſt, que les deux refractions que les rayons de lumiere
ſouffrent à l'entrée & à la ſortie de la boule d'eau, ſe
font en meſme ſens, de façon que la ſeconde ne dé-
truit pas l'effet de la premiere. La ſeconde eſt, qu'-

entre les rayons qui fortent par la partie de la fphere
A N, il n'y a que N P, & quelques-uns de fes voifins,
qui foient efficaces pour exciter un fentiment notable,
à caufe qu'il n'y a que ceux-là qui fortent affez ferrez,
& prefque paralleles, les autres eftant fort divergens,
& mefme plus écartez en fortant de la boule, qu'ils
n'eftoient en y entrant. La troifiéme eft, que le rayon
N P a de l'ombre pardeffous: Car puis qu'il ne fort aucun rayon de lumiere par la partie N 4 de la boule,
c'eft comme fi elle eftoit en cet endroit couverte d'un
corps opaque. On peut mefme dire que ce rayon N P,
eft encore borné d'ombre par le deffus ; parce que les
rayons de lumiere qui fe rencontrent de ce côté là, font
ineficaces, & qu'il ne les faut gueres plus confiderer
que s'il n'y en avoit point du tout.

Au refte, le calcul nous apprend que l'angle O N P
que le rayon N P fait avec la ligne O N, que je fuppofe
partir du centre du foleil, eft de quarante & un degrez
trente minutes. Et dautant qu'outre les rayons de lumiere que nous avons fuppofé venir de ce centre vers
la goutte d'eau, il en part auffi de tous les points de la
fuperficie de cet Aftre, nous devons encore confiderer
plufieurs rayons efficaces, & particulierement celuy
qui part de l'endroit le plus haut du foleil, & celuy qui
vient de l'endroit le plus bas. Et parce que fon demy
diametre apparent eft d'environ feize minutes, il s'enfuit que le rayon efficace qui viendra de la partie haute
du foleil, tombera fur la goutte d'eau, feize minutes
plus haut que E F, comme vous voyez que fait (dans
cette feconde figure, qui concerne l'Arc-en-ciel) le rayon

ɢʜ,lequel souffrant une refraction égale à celle que souf-
froit le rayon ᴇ ꜰ, se détourne vers ɪ, & delà vers ʟ, pour
venir enfin vers
ᴍ, avec une re-
fraction égale à
celle du rayon
ɴ ᴘ, & pour fai-
re avec la ligne
ᴏ ɴ, l'angle ᴏ ɴ
ᴍ, de quarante
& un degrez qua-
torze minutes·
Ainsi, le rayon
efficace ǫ ʀ, qui
part de la partie
basse du soleil,
tombe au point
ʀ,qui est plus bas

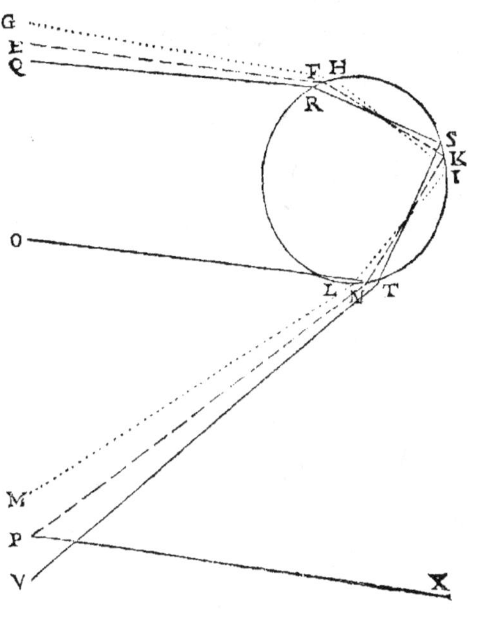

de seize minutes que le point ꜰ, où aboutit le rayon ᴇ
ꜰ, & il se rompt pour aller vers s, où il se réflechit pour
tendre vers ᴛ, où passant dans l'air il parvient enfin vers
l'endroit marqué ᴠ ; en sorte que la ligne ᴛ ᴠ, fait avec
le rayon ᴏ ᴛ, un angle de quarante & un degrez quarante six minutes.

En calculant les détours des rayons semblables à 23,
de la premiere figure, que nous avons supposé venir
du centre du soleil vers la partie basse de la goutte, &
qui aprés deux refractions & deux reflexions tendent
vers l'œil, par des lignes semblables à 67, on trouve
que celuy qui peut recevoir le nom d'efficace, & qui

VII.
De trois au-
tres sortes de
rayons effi-
caces.

est représenté dans cette troisiéme figure par 67, fait avec la ligne 86, qui vient du centre du soleil, l'angle 867, d'environ cinquante-deux degrez. D'où il suit que le rayon efficace qui vient de l'endroit le plus haut

du corps du so-
leil, fait avec la
mesme ligne 86,
un angle de seize
minutes moins ;
Et celuy qui part
de l'endroit le
plus bas de cet
Astre, en fait un
de seize minutes
plus. Ainsi A B C
D E F, estant la

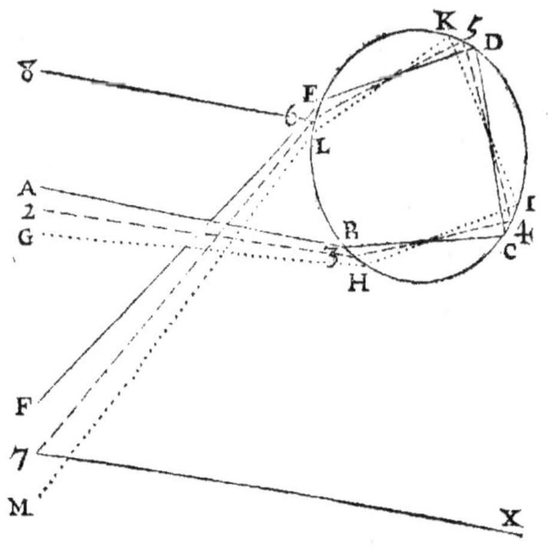

route que tient le rayon efficace qui vient de la partie haute du soleil pour aboutir environ l'endroit F, vers où nous supposons que l'œil est placé, l'angle 8 6 F, est d'environ cinquante & un degrez quarante-quatre minutes ; Et de mesme G H I K L M, estant le chemin que tient le rayon efficace qui vient de la partie basse du soleil, l'angle 8 6 M, est à peu prés de cinquante-deux degrez seize minutes.

VIII.
De trois
principales
couleurs qu'-
on peut voir
sur les gout-
tes de pluye.
Les rayons que nous reconnoissons estre efficaces, outre celuy qui vient du centre du soleil, sont cause qu'il y a quelque chose à changer touchant ce que j'ay dit cy-dessus de l'ombre : Car des trois rayons qui sont representez dans la seconde & troisiéme figures, il n'y a que les deux extrêmes qui en ayent, & mesme en dehors,

& celuy du milieu n'en a point du tout. Enfuite dequoy il eſt manifeſte, que ces rayons ont toutes les conditions neceſſaires pour faire ſentir des couleurs ſemblables à celles que l'on voit par le moyen du priſme triangulaire de verre, dont il a eſté parlé dans la premiere partie de ce Traité. Et en particulier l'on connoiſt que le rayon T V, de la ſeconde figure, doit faire ſentir le rouge à cauſe qu'il ſe rompt vers le côté oppoſé à celuy où il a de l'ombre ; Que le rayon L M de cette meſme figure, doit faire ſentir le bleu, parce que ſa refraction ſe fait en tirant vers l'ombre ; Et enfin que le rayon N P, doit faire ſentir le jaune, parce qu'il n'a point d'ombre de part ny d'autre ; De meſme, il eſt aiſé de juger que par les meſmes raiſons le rayon E F de la troiſiéme figure, doit faire paroître le rouge, L M le bleu, & 67 le jaune; De ſorte que le rayon le plus haut de la troiſiéme figure eſt capable de faire ce que fait le rayon le plus bas de la ſeconde ; Et c'eſt une choſe évidente, que les rayons de la ſeconde figure doivent produire des couleurs plus vives que les rayons de la troiſiéme, à cauſe que ceux-là n'ont eu occaſion de s'affoiblir que trois fois, aux endroits où ils ſe ſont rompus ou réflechis; Au lieu que ceux-cy ſe ſont pû affoiblir quatre fois, aux lieux où leurs refractions & leurs reflexions ſe ſont faites.

L'experience eſt parfaitement d'accord avec ce rai- ſonnement: Car ayant remply d'eau une boule de verre qui a un peu plus de trois pouces de diametre, & l'ayant expoſée au ſoleil, je n'ay jamais placé l'œil en un endroit ſemblable à celuy qui eſt marqué V dans la ſeconde figure, que je n'aye veu un rouge fort vif, qui ſemble

I X.
Preuve par experience de ces couleurs.

couvrir toute la partie qui eſt alentour du point T ; Et
ſi en tenant toûjours l'œil arrêté au meſme endroit j'ay
fait quelque peu deſcendre la boule, ou ſi ſans la changer de place j'ay hauſſé tant ſoit peu l'œil, enſorte qu'il
ſe trouvaſt à l'endroit marqué P, j'ay vû la boule comme couverte d'un jaune fort vif, alentour du point N ;
Et ſi j'ay encore un peu baiſſé la boule, ou ſi j'ay derechef hauſſé un peu l'œil, en ſorte qu'il ſe trouvaſt à l'endroit marqué M, je n'ay jamais manqué de voir la boule couverte de vert ou de bleu alentour du point L ; De
meſme, ſi j'ay placé l'œil à l'endroit marqué F, de la
troiſiéme figure, il m'a paru du rouge à l'endroit marqué E ; Et en mettant l'œil à l'endroit marqué 7, il m'a
paru du jaune à l'endroit marqué 6 ; Et en fin, en mettant l'œil à l'endroit marqué M, il m'a paru du bleu ou
du vert à l'endroit marqué L. Et ce qui merite d'eſtre
icy remarqué, c'eſt que les couleurs, qui ſe voyent par
les rayons de la troiſiéme figure, ſont moins vives que
les autres ; dont l'éclat eſt quelquefois ſi vif, que l'on
en eſt tout-à-fait ébloüy.

X.
*Moyen aiſé
de faire ré-
uſſir l'expe-
rience prece-
dente.*

    Et il ne faut pas trouver étrange, ſi quelques Philo-
ſophes qui ont eſſayé de faire cette experience, n'y ayant
pas bien réüſſy, la revoquent en doute ; Mais je me
ſuis aviſé de la rendre facile par un artifice fort ſimple,
qui eſt, de la faire dans un lieu où il n'entre preſque
qu'autant de rayons qu'il en faut pour couvrir toute la
boule, & de mettre une feüille de papier blanc à l'endroit où il faudroit placer l'œil pour voir ces couleurs:
Car par ce moyen l'on voit le rouge, le jaune, & le bleu,
fort diſtinctement, & en meſme temps, dépeints ſur le
papier;   Au

Au reste, si l'on vient à hausser ou à baisser l'œil, en sorte qu'il ne soit plus dans l'espace V P M, de la seconde figure, ou dans celuy marqué F 7 M, de la troisiéme, on ne voit plus aucune couleur. Et l'on ne peut pas soupçonner que les couleurs qu'on voyoit auparavant, puissent estre causées par d'autres rayons que ceux que j'ay dit: Car si, par exemple, on couvre presque toute la boule de verre, en sorte que les rayons de lumiere n'ayent aucun passage que par les endroits marquez F & N de la seconde figure, on continüe toûjours de les voir; au lieu qu'elles cessent de paroître si l'on couvre seulement l'un de ces endroits, ou mesme si par l'ouverture de la boule de verre par où l'on verse l'eau pour la remplir, l'on y enfonce quelque corps opaque, qui intercepte l'un des rayons F K, ou K N, & que tout le reste de la boule demeure libre & découvert.

Outre la difficulté qu'il y a à bien distinguer ces trois couleurs, à cause de la trop grande vivacité des rayons, il y en peut avoir une particuliere, si l'on se sert d'une fort petite boule, & principalement si elle est environnée de quelques objets fort éclairez: Car ces objets ébranlent si fort les endroits de l'œil où ils tracent leurs images, par l'impression qu'ils y font, qui s'étend quelque peu à la ronde, que les rayons efficaces qui partent de la petite boule, se terminant sur les mesmes filets du nerf optique, n'ont pas la force d'y faire une impression dont on se puisse appercevoir. Mais la petitesse peut en cecy estre compensée par le nombre ; & plusieurs boules fort petites, telles que sont les gouttes de pluye qui se

P p

trouvent à côté, & au deſſus ou au deſſous les unes des autres, peuvent bien faire que l'eſpace qu'elles occupent paroiſſe remply de ces trois couleurs, pourvû qu'elles ſoient dans un lieu d'où leurs rayons efficaces parviennent à l'œil du ſpectateur.

XIII.
Quelles gouttes de pluye peuvent paroître colorées; & de l'axe de la viſion.

Afin de déterminer quel doit eſtre ce lieu, concevez une ligne droite, qui parte du centre du ſoleil, & qui paſſant par l'œil du ſpectateur, qui a le dos tourné vers cet Aſtre, ſe prolonge vers la partie oppoſée au ſoleil, comme eſt p x dans la ſeconde figure, & 7 x dans la troiſiéme; Cette ligne eſt ce que quelques-uns avant nous ont appellé l'Axe de la Viſion, laquelle venant d'un point ſi éloigné, doit paſſer pour parallele à toutes les lignes qui viennent du meſme point. Et parce qu'une ligne droite qui tombe ſur deux paralleles fait les angles oppoſez alternativement égaux, ſi l'on conçoit qu'il parte de l'œil du ſpectateur, vers la partie oppoſée au ſoleil, où l'on ſuppoſe qu'il pleut alors, une quantité indefinie de rayons viſuels qui faſſent avec l'axe de la viſion trois ſortes d'angles, ſçavoir, de quarante & un degrez quarante-ſix minutes, de quarante & un degrez trente minutes, & de quarante & un degrez quatorze minutes, & que ces rayons rencontrent des gouttes de pluye éclairées du ſoleil, l'on connoîtra que les rayons viſuels feront des angles de pareille grandeur, avec les lignes qui tombent du centre de cet Aſtre ſur ces gouttes; Et conſequemment qu'ils ne different point de ces rayons efficaces de lumiere qui ont la proprieté de faire ſentir quelque couleur; Et en particulier l'on ſçaura que les rayons viſuels, qui font avec l'axe de la viſion des angles

de quarante & un degrez quarante-six minutes, font
les mefmes que les rayons efficaces de lumiere qui font
voir la couleur rouge, comme v т de la feconde figure ;
Ceux qui font des angles de quarante & un degrez
trente minutes, font les mefmes que les efficaces qui
font voir le jaune, comme p n de la mefme figure ; Et
enfin que ceux qui font des angles de quarante & un degrez quatorze minutes, font les mefmes que les efficaces qui font voir le bleu ou le verd, comme м ʟ; De
forte que toute la partie de l'air où ces gouttes s'étendent, & où ces rayons vifuels fe terminent, doit paroître teinte de ces trois couleurs.

D'ailleurs, c'eft une verité conftante, que fi l'on
place l'œil au fommet d'un cone, pour regarder divers
objets qui font dans fa fuperficie conique, fans eftre
nullement attentif à leur diftance, ces objets doivent
paroître compofer une circonference de cercle ; Or
l'œil de noftre fpectateur eft au fommet commun de
trois cones, qui font formez par les rayons vifuels, qui
font ces trois fortes d'angles, dont je viens de parler,
avec l'axe de la vifion; Et les gouttes de pluye qui paroiffent rouges, font dans la fuperficie de celuy de ces trois
cones, dont l'angle du fommet eft le plus grand, &
qui eft exterieur aux deux autres ; Celles qui paroiffent
jaunes, font dans la fuperficie de l'autre cone, dont
l'angle du fommet eft quelque peu moindre ; Et celles
qui paroiffent bleuës ou vertes, font dans la fuperficie du
troifiéme, qui eft renfermé par les deux autres ; Et partant toutes ces gouttes doivent faire paroître trois bandes difpofées en rond, l'une de couleur rouge, l'autre de

couleur jaune, & la troisiéme de couleur verte. Et dautant que les rayons visuels qui partent de l'œil du spectateur, faisant avec l'axe de la vision des angles quelque peu plus grands que quarante & un degrez quarante six minutes, ou quelque peu plus petits que quarante & un degrez quatorze minutes, font aussi des angles plus grands ou plus petits avec des lignes qui tombent du centre du soleil sur les gouttes où ils aboutissent, il s'ensuit que ces rayons visuels ne different point de quelques-uns de ceux que nous avons reconnus inefficaces, ou incapables de faire sentir aucune couleur; Tellement que ces trois bandes, rouge, jaune, & verte, se trouvant voisines l'une de l'autre, & estant separées de tout autre objet qu'on puisse sentir coloré, elles doivent composer le premier & principal Arc-en-ciel, des deux qui paroissent quelquefois.

XV.
De quelques autres gouttes qui doivent paroître colorées.

Remarquez qu'en déterminant cy-dessus quelles sont les gouttes qu'on doit sentir colorées, il est bien vray que j'en ay exclus celles que rencontrent les rayons visuels qui sont conceus partir de l'œil du spectateur, & qui font avec l'axe de la vision des angles un peu plus grands que quarante & un degrez quarante-six minutes; Mais ce n'est pas à dire que j'en aye exclus les gouttes où aboutissent d'autres rayons visuels qui font des angles notablement plus grands : Car il est certain que si l'on imagine qu'il parte de l'œil du spectateur une quantité indefinie de ces rayons, dont les uns fassent avec l'axe de la vision des angles d'environ cinquante & un degrez quarante-six minutes, d'autres des angles d'environ cinquante-deux degrez, & d'autres des angles d'environ cinquante-deux degrez seize minutes , les gouttes où ils aboutiront devront paroître colorées ; Et en particulier celles - là devront paroître rouges , qui sont veües par des rayons qui font l'angle de cinquante & un degrez quarante-six minutes , à cause que ces rayons ne different pas des efficaces , lesquels ayant esté deux fois rompus & deux fois refléchis ont la proprieté de faire voir cette couleur, tel qu'est le rayon F E dans la troisiéme figure ; Celles-là devront paroître jaunes, qui sont veües par des rayons visuels qui font l'angle de cinquante deux degrez , parce que ces rayons ne different pas des efficaces qui font sentir cette couleur , tel qu'est 76 dans la mesme figure. Enfin l'on doit voir bleuës ou vertes les autres gouttes que rencontrent les rayons qui font l'angle de cinquante-deux degrez seize minutes; dautant que ces rayons sont les mesmes que ceux qui font voir bleu ou verd, comme M L de la mesme figure.

D'ailleurs, ces gouttes estant disposées en rond alentour de l'axe de la vision assez proche les unes des autres, & n'ayant aucuns objets colorez dans leur voisinage , il est manifeste qu'elles doivent composer un second Arc-en-ciel, lequel, suivant ce qui a esté dit cy-dessus, doit avoir ses couleurs moins vives que le premier , & avec cela dans une situation toute contraire : Car la couleur rouge, qui est veuë sous le plus grand angle dans le premier Arc-en-ciel, y paroist en dehors, & le bleu en dedans ; au lieu que dans le second, le rouge, qui est vû sous le plus petit angle, paroist en dedans , & le bleu en dehors.

XVI.
D'un second Arc-en-ciel, & en quoy il differe du premier.

Cette explication rend fort bien raison de la diversité   XVII.

Experience pour faire voir un Arc-en-ciel artificiel.

& de l'ordre des couleurs qui paroiſſent dans l'Arc-en-ciel interieur & exterieur, & c'eſt ſans doute aſſez dequoy nous perſuader de ſa verité ; Mais il m'eſt impoſſible de n'en eſtre pas convaincu, quand je conſidere que toutes les fois que le vent éparpille çà & là, & diſperſe de tous côtez l'eau d'une fontaine jailliſſante, ou que je l'éparpille & la diſperſe moy-meſme en la faiſant ſortir de ma bouche, dans un endroit oppoſé au ſoleil, où ſes rayons parviennent, & au delà duquel il n'y a point d'objets fort éclatans, on ne manque jamais de voir des Arc-en-ciels artificiels, qui ne different en rien de ceux que l'on nomme naturels.

XVIII. *Conjeĉtures des Philoſophes modernes, & leur refutation.*

C'eſt faute d'avoir fait reflexion ſur cette experience, que des Philoſophes modernes ont tâché d'expliquer l'Iris, en ſuppoſant qu'il ſe forme dans l'air une nüe tranſparente d'une certaine figure, au travers de laquelle les rayons du ſoleil venant à paſſer, ils ſe rompent de telle ſorte, qu'au ſortir de cette nüe, chacun d'eux en particulier a la proprieté de faire ſentir quelque couleur, & tous enſemble de former une ſuperficie conique, qui n'eſt bornée que par la rencontre de quelque nüe, d'où ces rayons eſtant renvoyez vers nos yeux, ils cauſent l'apparence de l'Arc-en-ciel : Car ſans ſe donner la peine d'examiner pluſieurs choſes qui ſuivent neceſſairement de cette hypotheſe, & qui ne s'accordent pas avec l'experience, s'ils euſſent conſideré qu'il n'y a rien de ſemblable à cette nüe tranſparente, qui intervienne pour la production des Iris qu'on nomme artificiels, ils euſſent pû eſtre perſuadez de la fauſſeté de leur conjeĉture.

Ceux qui favorifent l'explication que je condamne, ne manqueront pas de dire icy qu'on a vû des Arc-en-ciels fans qu'on s'apperceuft qu'il tombaft aucune pluye, & par confequent que c'eft une neceffité, que ce Meteore dépende, au moins quelquefois, de quelques caufes differentes de celles que j'ay rapportées; Mais cette obfervation ne conclud rien contre moy : Car encore qu'il ne pleuve point au lieu où l'on eft, ce n'eft pas à dire qu'il ne pleuve nulle-part ; Et ce que je viens d'établir de l'Arc-en-ciel me paroift fi neceffaire, que je croy ne rien hazarder, en foûtenant qu'il pleut fans doute vers l'endroit où il paroift.

Nous confirmerons d'autant plus la penfée que nous en avons, fi nous faifons voir qu'on en peut déduire toutes les autres proprietez qu'on a jamais obfervées dans ce Meteore ; Et premierement, il eft facile de rendre raifon par noftre hypothefe, pourquoy il n'a qu'une certaine largeur apparente, qui n'augmente ny ne diminüe jamais:Car il eft manifefte que cette largeur doit neceffairement eftre comprife d'un angle de trente-deux minutes, qui eft la difference des angles fous lefquels nous avons montré qu'on doit voir les couleurs qui le bornent & qui le terminent.

C'eft encore une neceffité que l'Arc-en-ciel paroiffe mieux borné du côté du rouge, que du côté du bleu, où la couleur fe doit perdre en affoibliffant ; Et vous en ferez perfuadé, fi vous jettez les yeux fur les figures où font marquez tous les rayons qui fortent de la goutte, & fi vous prenez garde qu'il n'en fort aucun à côté de celuy que nous avons dit caufer le fentiment du rouge,

& qu'il en fort quelques-uns à côté de celuy qui excite le fentiment du bleu, lefquels, quoy qu'inefficaces pour produire un fentiment fort vif, ne laiffent pas neantmoins d'exciter en nous quelque forte de fenfation. En fuite dequoy, il eft évident que les gouttes de pluye qui font à côté de celles qui font voir la couleur rouge, n'envoyant aucuns rayons vers nos yeux, l'apparence de cette couleur doit ceffer tout d'un coup ; Au lieu que les gouttes qui font proche de celles qui nous font fentir le bleu, envoyant quelques foibles rayons, doivent faire voir une couleur diminuée à l'endroit où elles font ; ce qui fait que le bleu ne finit qu'infenfiblement.

XXII.
Que deux perfonnes differentes ne voyent pas le mefme Arc-en-ciel.

De plus, fi l'on confidere que les gouttes qui paroiffent colorées, font veuës fous un certain angle alentour de l'axe de la vifion, & que deux perfonnes differentes ont ces axes differens, l'on connoîtra manifeftement que chaque fpectateur doit avoir fon Arc-en-ciel particulier ; Ce que l'experience confirme, (contre le fentiment de ceux qui expliquent ce Meteore de la maniere que j'ay cy-deffus refutée,) premierement dans l'éparpillement de l'eau d'une fontaine rejailliffante, ou dans la petite pluye que l'on fait en jettant en l'air de l'eau avec la bouche vers la partie oppofée au foleil : Car dans ces deux cas chaque perfonne le voit en des gouttes differentes, & le rapporte à divers endroits, Et mefme dans ces grandes pluyes qui naiffent de la diffolution des nües, & où l'Arc-en-ciel nous paroift, pourvû qu'on puiffe rapporter fes cornes à quelque chofe de fixe : Car on les voit alors changer de place à mefure qu'on avance ou qu'on recule ; d'où l'on a tiré occafion

de

de dire que l'Arc-en-ciel fuit ceux qui le cherchent, &
fuit ceux qui le fuyent.

La grandeur de l'Arc-en-ciel est aussi toûjours pro-
portionnée à la portion de la superficie conique qui se *Pourquoy l'Arc-en-ciel*
rencontre, quand on l'observe, au dessus de la surface *est une por-*
de la Terre ; & cette portion est d'autant plus petite que *tion de cercle d'autant*
l'axe de la vision incline plus vers cette surface ; Or cecy *plus petite que le soleil*
arrive d'autant plus que le soleil est élevé sur l'Horison ; *est plus élevé sur l'horison.*
C'est pourquoy plus cet Astre sera élevé, & plus l'Arc-
en-ciel sera petit.

Et il est manifeste que si le soleil estoit un peu plus
élevé que de quarante & un degrez quarante-six minu- *Pourquoy il ne paroist pas*
tes, la superficie conique dans laquelle on le pourroit *d'Arc-en-ciel quand le*
voir, ne s'étendroit pas loin de l'œil sans se cacher entie- *soleil est ele-vé d'une cer-*
rement dans la Terre ; D'où il suit, que n'y ayant aucu- *taine quan-*
nes gouttes de pluye au lieu où elles pourroient paroî- *tité pardessus*
tre colorées, & ce lieu mesme n'estant pas visible, à cau- *l'horison.*
se qu'il est caché dans la Terre, on ne pourroit pas voir
alors le principal Arc-en-ciel.

Au reste, pour bas que soit le soleil, & quand il seroit
mesme dans l'Horison, il est impossible qu'en regardant *Que l'Arc-en-ciel re-*
l'Arc-en-ciel d'une plaine, il paroisse jamais former plus *gardé d'une plaine n'est*
d'un demy cercle, à cause que son centre est toûjours *jamais plus grand qu'un*
dans l'axe de la vision ; lequel axe rase alors la Terre, *demy cercle.*
sans s'élever aucunement au dessus ; si ce n'est qu'on
vouluft compter l'élevation de l'œil du spectateur au des-
fus de sa surface, laquelle n'est nullement considerable,
principalement quand la pluye, ou l'Arc-en-ciel paroist,
en est tant soit peu éloignée.

Il n'y a point de doute que si le Soleil estant dans

Q q

l'Horifon, le fpectateur eftoit fort élevé, comme par exemple, s'il eftoit au fommet d'une tour fort haute, l'axe de la vifion, dans lequel eft le centre de l'Arc-en-ciel, feroit alors notablement élevé au deffus de l'Horifon, en comparaifon de la grandeur du cercle dont cet Arc a coûtume de faire une partie ; fi-bien qu'il en pourroit paroître plus de la moitié. Et mefme on pourroit fuppofer la tour fi haute, & la pluye fi prés de l'œil du fpectateur, qu'on verroit l'Iris comme un cercle entier.

Et fi quelque nüe empêchoit alors les rayons du foleil de tomber fur la plus haute partie de la circonference de ce cercle, on n'en verroit que la partie d'embas, qui fembleroit un Arc-en-ciel renverfé ; tel peut-eftre qu'ont efté tous ceux dont quelques Auteurs font mention, comme d'une chofe fort extraordinaire.

Ce que je dis n'empêche pas qu'on ne puiffe voir un Arc-en-ciel renverfé par un autre moyen : Car fi le foleil eftant élevé fur l'Horifon plus que de quarante & un degrez quarante fix minutes, fes rayons tomboient fur la fuperficie toute polie de quelque grand lac, au milieu duquel fuft le fpectateur, & fi en mefme temps il tomboit une pluye dans l'air, au lieu où fes rayons fe reflechiffent, ce feroit comme fi le foleil éclairoit de deffous l'Horifon, & l'axe de la vifion fe continueroit alors de bas en haut ; D'où il fuit, que la fuperficie conique qui détermine le lieu des gouttes qui doivent paroître colorées, feroit toute entiere au deffus de la fuperficie de la Terre ; Mais parce qu'il n'y auroit des gouttes que vers le bas de cette fuperficie conique, les nües toutes entieres occupant le haut , il eſt manifeſte qu'on ne pourroit voir qu'un Arc-en-ciel renverſé.

Nous devons icy nous reſſouvenir que noſtre imagination n'eſt pas capable de ſe repreſenter diſtinctement les grandes diſtances, mais que paſſé une certaine meſure, nous ne voyons plus les objets que ſous un meſme éloignement ; Ce qui fait qu'il y a une infinité d'objets qui ſont inégalement éloignez de nous, que nous ne laiſſons pas neantmoins de juger également éloignez. Ainſi, encore que la ſuperficie entiere de pluſieurs nües enſemble ſoit fort inégale & ondoyante, & que les diverſes parties de cette ſuperficie ſoient fort inégalement éloignées de l'endroit où nous ſommes, nous l'imaginons neantmoins ordinairement, comme ſi c'eſtoit une ſimple ſuperficie ſpherique concave, dont noſtre œil fuſt le centre ; & meſme nous y rapportons les autres choſes viſibles qui ſont beaucoup au deçà, comme les pointes de nos clochers, & les oiſeaux qui volent dans l'air ; Or cette mépriſe, ou plûtoſt ce defaut de noſtre imagination, fait que nous y rapportons auſſi les couleurs de l'Arc-en-ciel, lequel par conſequent nous jugeons plus loin de nous, plus grand, & plus regulierement rond, qu'il n'eſt en effet.

Par là vous voyez qu'encore que les gouttes de pluye ſoient abſolument neceſſaires pour la production de l'Arc-en-ciel , il peut bien neantmoins arriver qu'il n'en tombe point au lieu où l'on ſe perſuade qu'eſt ce Meteore.

Mais à l'occaſion de cecy, il ne faut pas oublier de dire que ſi les gouttes de pluye qui doivent paroître co-

Q q ij

peut paroître sur une prairie.

lorées, ne se rencontroient pas vis-à-vis d'une nuë, mais vis-à-vis de quelques autres objets, aufquels on portaft sa principale attention, ce seroit sur ces objets qu'on croiroit voir l'Arc-en-ciel ; Comme en effet, j'en ay vû qui me paroissoient sur les côtes des montagnes ; Et un de mes amis se trouvant un jour dans un lieu fort haut dans les Alpes, & regardant une vallée qui estoit vis-à-vis de luy, où il tomboit une grosse pluye, dont les gouttes estoient éclairées des rayons du soleil, qui estoit alors fort élevé sur l'Horifon, & dans la partie opposée à celle où tomboit la pluye, il vid un Arc-en-ciel qu'il se perfuadoit estre sur l'herbe de la prairie qui estoit au delà de la pluye.

XXXII.
*D'un autre
Arc-en-ciel
extraordi-
naire.*

Il ne faut pas non plus passer sous filence, une observation digne de remarque, qui est, qu'au lieu que nous avons jufqu'à prefent confideré les gouttes d'eau comme tombant en l'air, & passant les unes aprés les autres par les endroits où elles doivent estre pour paroître colorées, nous pourrions penfer qu'elles feroient arrêtées en certains lieux, où elles conferveroient une figure qui ne differeroit pas fenfiblement de la ronde. En effet, un fçavant homme se promenant un jour le matin sur une levée, apperceut à côté de luy sur les herbes d'une grande prairie qui estoit proche, un Arc-en-ciel qui luy fembloit changer de place, & avancer juftement autant que luy, ce qui l'étonna d'autant plus que l'air estoit fort ferein, & qu'il ne paroiffoit aucun nüage tout alentour ; Mais son étonnement ceffa, lors qu'ayant confideré les herbes de la prairie, il en vid prefque toutes les feüilles couvertes de gouttes d'eau, femblables à

celles de la rofée, lefquelles il eftima s'eftre formées de
la chûte d'un broüillard fort épais, dont l'air avoit efté
chargé quelque temps auparavant : Car l'explication
précedente ne luy eftant pas inconnüe, il jugea bien
que c'eftoient ces gouttes d'eau qui caufoient l'apparence de cet Arc-en-ciel, qu'il continua de voir tandis
que ces gouttes durerent fur les herbes; Et il vid bien
que cet Arc devoit paroître renverfé, comme en effet
il luy paroiffoit, à caufe que c'eftoit feulement la partie
la plus baffe de la fuperficie conique, qui eftoit alentour de l'axe de fa vifion, qui rencontroit ces gouttes
d'eau.

Au refte, afin que vous ne puiffiez douter, que cette
rondeur exacte que l'on remarque ordinairement dans
l'Arc-en-ciel, dépend, comme j'ay dit un peu auparavant, de ce qu'on rapporte fes couleurs fur une furface que l'on fe perfuade eftre également éloignée, con-
fiderez que fi la pluye qui nous fait voir l'Arc-en-ciel
tomboit fi prés de nous, que nous pûffions remarquer
la difference de la diftance de ces gouttes, & celle de
la diftance des nües, ou des autres corps qui font au
delà, & fur lefquels nous le rapportons, pour lors l'Arc-
en-ciel ne nous paroîtroit plus fi regulier, & l'on s'ap-
percevroit de plufieurs diverfes inégalitez, felon que
la pluye tomberoit diverfement fur la Terre. Par exemple, fi le vent la chaffoit vers nous, en forte que les gouttes les plus baffes fuffent plus prés de nous que les plus
hautes, en ce cas les cornes de l'Arc-en-ciel devroient
paroître moins éloignées de nous que la voûte, & confequemment cet arc devroit paroître incliné à l'Horifon.

XXXIII.
*Comment il
peut paroître
un Arc en-
ciel incliné.*

Et si la pluye se terminoit du côté du spectateur, dans un plan tellement incliné à l'axe de la vision, qu'il fist un angle aigu vers la main gauche, & un obtus vers la main droite, ce seroit une necessité que la superficie conique qui détermine les gouttes qu'on doit voir colorées, les rencontrast de telle sorte, que celles qui sont à la gauche, fussent beaucoup plus prés de l'œil du spectateur, & de l'axe de la vision, que celles qui sont à la droite; Et dautant que ce sont ces deux sortes de gouttes qui forment les deux cornes de l'Arc-en-ciel, ces cornes devroient necessairement paroître inégalement éloignées ; Ensuite dequoy, comme l'on établit le centre de cet Arc dans un point également distant des deux cornes, il seroit impossible qu'on ne le jugeast estre hors de l'axe de la vision.

Ces diverses sortes d'irregularitez dont je viens de parler, présupposent toûjours que les gouttes de pluye soient exactement rondes, comme elles ont coûtume d'estre ; Mais si l'on supposoit que le vent les aplatist en divers sens, il seroit aisé de juger qu'il en devroit naistre plus d'irregularitez qu'on n'en a jamais veritablement observé.

A quoy si nous ajoûtons que l'Arc-en-ciel doit paroître interrompu en quelques endroits, quand il cesse d'y pleuvoir, ou quand les rayons du soleil sont empêchez d'y parvenir ; & qu'au contraire certaines bréches qui paroissoient en quelques endroits, doivent se remplir, lors qu'il commence à y pleuvoir, ou lors que les rayons du soleil, qui avoient esté retenus par l'interposition de quelque nüage, commencent d'y tomber, il n'y aura aucune circonſtance de ce Meteore tant ſoit peu conſiderable, dont nous n'ayons rendu une raiſon tres évidente.

Je finis en cet endroit cette troiſiéme partie, mais cette troiſiéme partie n'eſt pas pour cela finie; Elle embraſſe tant de choſes, qu'il eſt impoſſible qu'aucun homme mortel les puiſſe toutes expliquer; Et la plus-part de celles qui reſtent à éclaircir, dépendent de tant de circonſtances particulieres, dont les unes demandent beaucoup d'étude & d'application, & les autres ne ſe ſçauroient découvrir que par hazard, que quand j'auray mis la derniere main à cet ouvrage, & que j'auray meſme expliqué toutes les autres choſes qui pourront encore cy-aprés venir à ma connoiſſance, il en reſtera encore aſſez pour exercer durant pluſieurs ſiecles ceux qui viendront aprés nous; Mais quoy que ce qui reſte à faire ſoit d'une étenduë preſque infinie, & qu'ainſi ce que j'ay dit ne ſoit preſque rien en comparaiſon de ce qui reſte à dire, je croiray neantmoins avoir aſſez fait, ſi les principes dont je me ſuis ſervy, & que j'ay établis, ſont tels, que ſans les changer, l'on puiſſe continuer & avancer chemin dans la découverte de la verité. Parlons donc maintenant du Corps Animé, & eſſayons ſi nos principes pourront ſervir à nous en faire acquerir quelque connoiſſance.

XXXVII.
Qu'on pourra un jour ajoûter quelque choſe à cette troiſiéme partie.

Fin de la troiſiéme Partie.

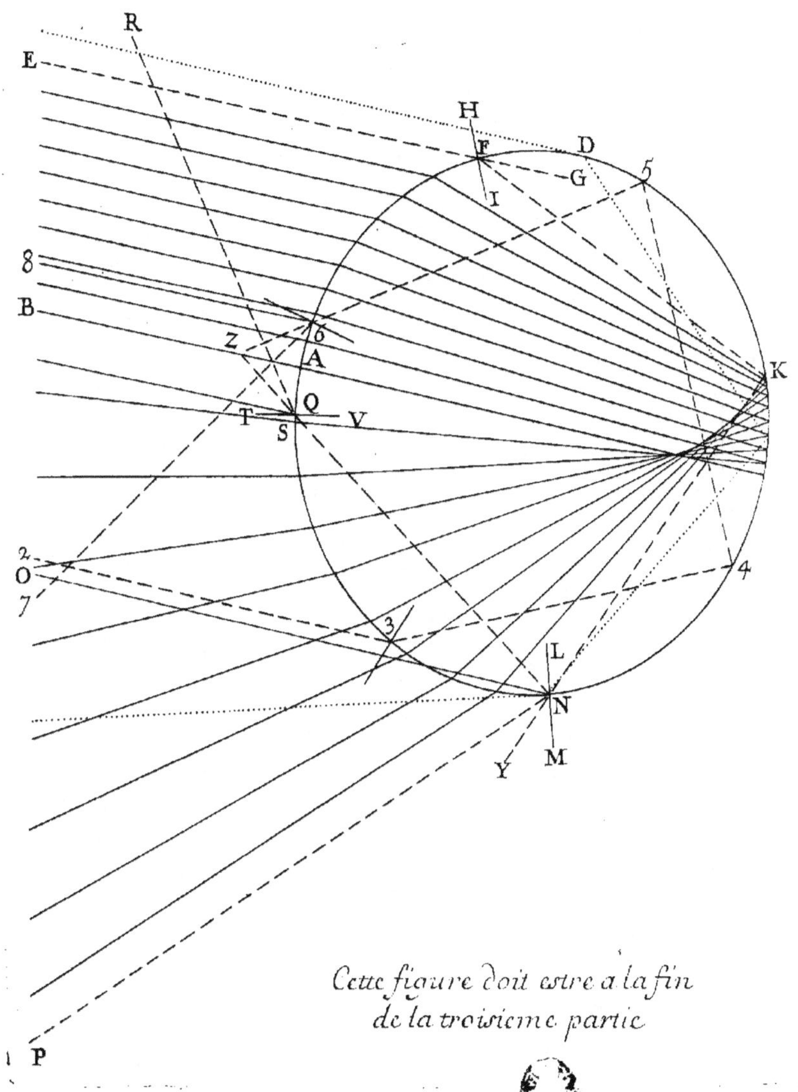

Cette figure doit estre a la fin de la troisieme partie

TRAITE'
DE
PHYSIQUE.

QVATRIÉME PARTIE.

DU CORPS ANIME'.

CHAPITRE PREMIER.

Du contenu en cette quatriéme partie.

UOY que par le Corps Animé l'on entende ordinairement les Animaux & les plantes, je reſtrains neantmoins icy la ſignification de ce mot, à celle des Animaux ſeulement ; Mais comme il y en a une infinité d'eſpeces, ce ſeroit tenter l'impoſſible que d'entreprendre de parler de chacune en particulier ; Ainſi nous nous contenterons de traiter icy du Corps de l'Homme, que nous avons plus d'intereſt de con-

I.
Ce qui ſe doit
icy entendre
par le corps
animé.

R r

noître que pas un autre ; Et cela n'empêchera pas que noſtre diſcours ne ſe puiſſe auſſi appliquer à ceux des autres animaux, & qu'il ne puiſſe ſervir à rendre raiſon des proprietez que la pluſpart des beſtes ont communes avec les hommes.

II.
*De deux ſor-
tes de con-
noiſſances.* Toutes les connoiſſances que l'on peut acquerir en cecy, ſont de deux ſortes ; les unes ſe peuvent acquerir par le moyen des ſens, les autres ne ſe peuvent acquerir que par le moyen du raiſonnement ; Et l'on peut dire que celles-cy dépendent en quelque façon des autres, eſtant certain que ce qu'il y a de ſenſible dans un ſujet, nous ſert de motif pour porter noſtre jugement touchant ce qu'il y a en luy d'inſenſible. C'eſt pourquoy pour écrire icy avec ordre, je me trouve obligé de commencer par les choſes qui tombent ſous les ſens.

III.
*De deux
ſortes de
parties ſenſi-
bles.* Ces choſes ſont auſſi de deux ſortes : Car les unes ſont exterieures, & ſe preſentent d'elles meſmes à nos yeux, les autres ſont interieures & cachées, & ne ſe découvrent qu'enſuite de quelque préparation, comme celles qui ſe découvrent par la diſſection d'un cadavre. Il eſt inutile de faire le dénombrement des premieres : Car chacun ſçait aſſez qu'il a une teſte, des bras, une poitrine, &c. On ſçait auſſi que noſtre corps eſt compoſé de pluſieurs diverſes parties, dont les unes peuvent eſtre diviſées en d'autres parties ſemblables, ou de meſme nature, que les Medecins appellent des parties ſimilaires, telle qu'eſt la chair ; Et les autres ſe peuvent diviſer en des parties diſſemblables, ou de differente nature, à qui l'on a donné le nom de parties diſſimilaires ; Ainſi, la main qui ſe peut diviſer en chair,

en os, en nerfs, en tendons, &c. qui font des chofes
de differente nature , eft une partie diffimilaire. De
mefme, on fçait qu'il y a dans noftre corps des parties
qui nous fervent comme d'outils, pour faire certaines
actions, que nous ne pourrions faire fans elles, comme
par exemple, la main nous fert pour écrire, & ce font
ces parties que l'on appelle des parties organiques. L'on
fçait encore que dans chaque partie tant foit peu confiderable, on peut affigner des parties hautes, moyen-
nes, & laterales.

Ceux qui traitent de ces chofes-là avec beaucoup
d'étenduë & d'application , comme fi elles eftoient fort
importantes, font caufe d'un mal plus grand qu'ils ne
s'imaginent : Car ils gâtent & corrompent par là l'efprit
de plufieurs perfonnes, qui fe font une fcience des
mots, au lieu de celle des chofes ; Enfuite dequoy, ils
s'accoûtument à parler fans fin , & aprés avoir long
temps difcouru, il fe trouve qu'ils n'ont rien dit que ce
que tout le monde fçavoit déja, fi ce n'eft peut-eftre
qu'ils fe font exprimez dans un certain jargon qu'ils
affectent, qui peut bien à la verité leur acquerir quelque eftime auprés des ignorans, mais qui ne fçauroit
que leur attirer le mépris de ceux qui ont le gouft affez
fin pour difcerner ce qui n'eft que verbiage, d'avec ce
qui part du fond d'une veritable doctrine.

Sans m'arrefter donc aux parties exterieures, je traite-
ray principalement des parties interieures. Mais je veux
bien encore vous avertir que la defcription que je fe-
ray de quelques-unes, n'eft pas tant pour les faire connoître à ceux qui ne les ont jamais veuës, que pour

R r ij

IV.
Qu'il y a des
chofes qu'il
n'eft pas bon
de traiter
trop particu-
lierement.

V.
Le fruit qu'-
on peut at-
tendre de ce
Traité.

les rappeller dans l'imagination de ceux qui les ont déja obſervées dans un cadavre, ou du moins qui ont conſideré le dedans du corps de quelque animal qui a les parties interieures à peu prés ſemblables à celles de l'homme : Car c'eſt un abus de croire qu'un diſcours, pour clair & ample qu'il puiſſe eſtre, puiſſe jamais ſi bien donner à connoître, ce que l'inſpection d'un ſujet eſt capable de nous découvrir preſqu'en un inſtant.

VI.
Pourquoy il n'y eſt pas parlé des os.

On pourroit à la verité mettre les os au nombre des choſes qui meritent qu'on en faſſe une mention expreſſe, puis qu'eſtant cachez ſous la peau, ils ne ſe découvrent pas à la veuë ; Mais parce que je n'entreprens pas icy de faire un traité complet de cette matiere, que je n'enviſage que ſous certains regards que l'on découvrira dans la ſuite ; & que l'attouchement ſeul nous fait aſſez connoître comment ils ſont faits, & où ils ſont placez, quand on les a une fois obſervez dans un ſquelette, où l'on doit auparavant avoir pris garde à leur figure particuliere, & à la maniere de leur aſſemblage, je m'abſtiendray d'en parler dans ce Traité-cy.

CHAPITRE II.

Deſcription generale des plus groſſieres parties qui ſont renfermées dans le corps humain.

I.
Du cerveau.

L'Os de la teſte, qu'on nomme le Crane, eſt remply d'une ſubſtance molle & blanche, à qui l'on a donné le nom de Cerveau, qui s'alonge & se continüe dans les os de l'Epine du Dos, comme dans un canal que forment ces os, ausquels les côtes sont attachées, & à qui les Medecins ont donné le nom de Vertebres.

Le Crane ne touche pas immediatement le Cerveau; lequel est envelopé d'une forte membrane, que l'on nomme la Dure Mere, au dessous de laquelle il y en a encore une plus delicate, que l'on nomme la Pie Mere. *II. Des envelopes du cerveau.*

Le tronc du corps, ou cette partie qui est comprise depuis le col jusqu'au haut des cuisses, contient une grande cavité qui est remplie de plusieurs choses fort differentes. Le haut de cette cavité, qu'on nomme le Ventre Superieur, ou la Poitrine, comprend les Poumons, qui sont divisez en plusieurs lobes, & semblent entourer une taye, qu'on nomme le Pericarde, qui forme une espece de poche, au dedans de laquelle est le Cœur, lequel nage dans une liqueur fort peu differente de ce que nous paroist l'urine. Le Cœur par des ligamens qui sont à sa base est attaché aux Vertebres, en telle sorte que sa pointe incline tant soit peu vers le côté gauche. *III. Des poumons, du pericarde, & du cœur.*

Au dessous des Poumons & du Cœur, à l'endroit où se termine le Ventre Superieur, est le Diaphragme, qui est une membrane assez épaisse, qui separe le ventre superieur de l'inferieur, & tellement située, que quand l'homme est debout, elle se trouve comme de niveau, sans pancher gueres plus d'un côté que de l'autre. *IV. Du diaphragme.*

Au dessous du Diaphragme, du côté droit est le Foye, dans la partie inferieure duquel est la bourse du Fiel, & du côté gauche est la Rate. *V. Du foye & de la bourse du fiel ; & de la rate.*

VI.
Situation extraordinaire du foye & de la rate.

Cependant nous avons vû un Cadavre, il y a environ vingt ans, dans lequel l'arrangement de ces parties eſtoit tout different, le Foye ſe rencontrant du côté gauche, & la Rate du côté droit; qui eſt une choſe ſi rare, qu'elle n'avoit point encore eſté remarquée.

VII.
Du ventricule.

Entre le foye & la Rate ſe trouve le Ventricule, où tout ce que l'on boit & mange eſt receu, & y eſt porté par un canal, qu'on nomme l'Eſophage, ou le goſier, lequel eſt couché le long des vertebres.

VIII.
Des ouvertures du ventricule.

Le ventricule eſt percé en deux endroits; à ſon entrée, pour y recevoir les viandes; & à ſa ſortie, pour leur permettre d'en ſortir; Et c'eſt en cet endroit-là, qu'on nomme le Pilore, que commencent les Inteſtins, ou les Boyaux, leſquels aprés pluſieurs détours ſe terminent à cette partie baſſe par où ſe vuident les groſſiers excremens.

IX.
Des inteſtins.

A proprement parler, il n'y a qu'un ſeul inteſtin; mais comme une longue ruë reçoit quelquefois differens noms en differens endroits, ainſi ce long inteſtin ſe diviſe par la penſée en pluſieurs parties, à qui les Medecins ont donné differens noms. La premiere partie qui touche immediatement au ventricule, s'appelle le Duodenum; la ſuivante le Jejunum; la troiſiéme l'Ileum ; la quatriéme le Colon; celle qu'on pourroit appeller la cinquiéme & derniere, le Rectum; Mais entre l'Ileum & le Colon, il y a un bout de boyau, fermé par le fond comme un cul de ſac, qu'on appelle le Cæcum; Ce qui fait que l'on conte ſix Inteſtins; les trois premiers ſont appellez greſles ou menus, & les trois autres ſont beaucoup plus gros.

Tous les Intestins semblent d'abord floter dans le corps sans aucune attache, mais en les maniant, on voit qu'ils sont attachez à une certaine taye (qu'on nomme le Mesentere) laquelle est attachée aux Verte-bres.

X.
Du Mesen-
tere.

Outre cela le bas-ventre contient les deux Reins, ou Rognons, qui sont attachez aux vertebres, & la Vessie, qui est le reservoir de l'urine.

XI.
Des Reins &
de la Vessie.

Il est bon de considerer ainsi grossierement toutes ces choses, non seulement avant que d'y faire des re-marques particulieres, mais aussi avant que de descen-dre à la consideration de quelques autres qui ne se dé-couvrent pas si aisément ; afin que connoissant ainsi en gros l'ordre & la disposition de toutes ces parties, nous nous formions d'abord une idée generale de toute la machine du corps humain, qui est l'objet de nostre recherche. Passons maintenant aux choses qui de-mandent une étude & une description un peu plus exacte.

XII.
Comment il
faut d'abord
considerer les
parties du
corps.

CHAPITRE III.

Du Cerveau, des Nerfs, & des Muscles.

LE Cerveau est divisé en deux parties, l'une ante-rieure, & l'autre posterieure. L'anterieure, qui est beaucoup plus grosse que l'autre, retient le nom de Cer-veau, & la posterieure s'appelle le Cervelet. Dans la substance de la partie anterieure sont deux cavitez, tel-

I.
Du cerveau
& de ses ca-
vitez.

lement fituées, qu'elles ont communication avec une troifiéme, qui eft dans la partie pofterieure. Et au def-fus du conduit par où fe fait cette communication, eft une petite glande, appellée Conarium, qui eft attachée par fa bafe au corps du cerveau, dont elle fait partie, & femble par fa pointe comme fufpendüe au milieu de toutes ces cavitez. Cette petite glande eft fort remar-quable, pour les grands ufages qu'on luy peut attri-buer; & elle a cela de particulier, qu'elle eft unique, au lieu que les autres parties du cerveau font toutes doubles.

II
De fept pai-res de nerfs. Lors que dans une operation anatomique l'on fe met en devoir d'ofter hors du crane le cerveau qui y eft contenu, l'on s'apperçoit qu'on en eft empêché, premierement parce que la Dure Mere tient en quel-ques endroits au crane, & fecondement, parce qu'il part du cerveau fept paires de nerfs, qui tendent vers diffe-rens endroits. Les deux nerfs optiques, dont nous avons parlé vers la fin de la premiere partie de ce Traité, com-pofent ce que les Medecins appellent la premiere Paire; La paire qui aboutit aux mufcles des yeux, eft la fecon-de; Il y en a trois qui vont à la langue, qu'ils nomment la troifiéme, la quatriéme, & la feptiéme paires; Celle qui va aux oreilles eft la cinquiéme. Et la fixiéme eft celle qui defcend au travers du col, & qui fe fubdivife en plufieurs petits nerfs, qui vont aboutir feparément aux poumons, au cœur, au ventricule, au foye, à la rate, aux inteftins, & aux autres parties qui font conte-nües dans le ventre fuperieur, & inferieur.

III. On voit auffi fortir plufieurs gros nerfs de cette partie

tie du cerveau qui eſt contenuë dans les vertebres, d'où
ils ſe vont terminer dans tous les membres du corps. *Des autres nerfs du corps.*

Tous ces nerfs, de meſme que les precedens, ſont
chacun envelopez de deux membranes aſſez fortes, *IV. Des membranes des nerfs.*
leſquelles ne paroiſſent autre choſe que la Dure-Mere
& la Pie-Mere continuées.

La ſubſtance interieure des Nerfs, qu'on peut ap- *V.*
peller leur Moële, eſt compoſée d'un grand nombre de *De la moele des nerfs, & des muſcles.*
filets fort déliez, qu'on voit à la fin ſe deſunir & ſe diſſi-
per dans quelques endroits du corps, où ils ſe dérobent
à la veuë, & deviennent tout-à-fait inſenſibles. Mais la
plus-part des nerfs ſe diſſipent & ſe diviſent de telle
ſorte, qu'aprés que les filets dont ils ſont compoſez
ſe ſont comme confondus dans un morceau de chair,
avec lequel ils font ce que l'on nomme un Muſcle, ils
ſe raſſemblent derechef, & compoſent un Tendon, qui
pour l'ordinaire ſe va attacher à quelque os.

Un Anatomiſte étranger, appellé M. Stenon, nous a *VI.*
depuis peu fait remarquer, que la diſpoſition des filets *Diſpoſition des filets des nerfs dans un muſcle.*
d'un nerf qui concourent à la formation, eſt à peu prés
telle que vous la voyez dans cette figure ; dans laquelle
AB, eſt le Nerf, BECF,
eſt le corps du Muſcle, &
CD en eſt le Tendon; Et
moyennant cette diſpo-
ſition, à laquelle celle des
fibres de la chair s'accor-

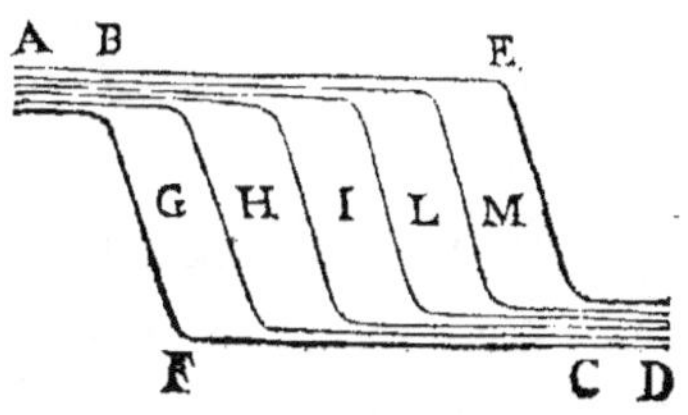

de, il eſt aſſez manifeſte que ſi les intervalles G H I L M,
ſe rempliſſent tout à coup d'une matiere qui reſſemble
à un air fort ſubtil, telle que ſera celle que nous décri-

rons plus particulierement cy-aprés , à qui les Medecins ont donné le nom d'Efprits Animaux , les filets
femblables à celuy qui eft marqué E C, fe doivent trouver fort inclinez au refpect
de ceux qui reffemblent à
B E, & la diftance de B à C,
ne doit eftre gueres grande ; au lieu que fi les mefmes intervalles G H I L M, fe

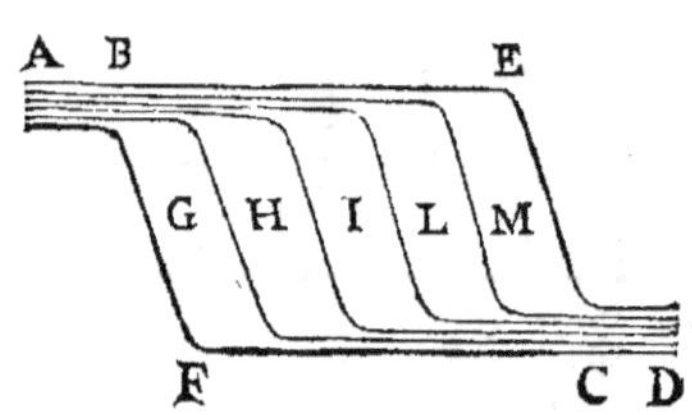

vuident , les filets femblables à E C doivent fe redreffer,
& approcher les uns des autres, & concourant prefque
directement avec ceux qui reffemblent à B E , ils font
que la diftance de B à C , devient plus grande.

VII.
De la tefte &
de la queüe
du mufcle.
Remarquez icy que l'endroit du Nerf marqué B , où
commence le Mufcle, s'appelle fon Origine, & que
l'endroit marqué D , où le tendon s'attache à un os, ou
à quelque autre chofe que ce foit , eft ce que l'on nomme fon Infertion.

CHAPITRE IV.

Du Cœur.

I.
Des fibres du
Cœur.
LA figure exterieure du Cœur eft une des chofes
que l'on n'a jamais ignorées ; & l'on a mefme connu de tout temps que la chair dont il eft compofé eft
celle de tout le corps qui eft la plus ferme, la plus ferrée,
& dont les parties fe defuniffent le plus difficilement ;
Mais ce n'eft que depuis fort peu de temps, qu'un des

plus curieux Anatomistes s'estant avisé de faire cuire un cœur, pour connoître mieux & plus facilement la dispofition de fes parties, a enfin reconnu que les fibres de fa chair font difpofées en deux diverfes manieres ; qui font telles, que celles de dehors fe conduifent comme en limaçon depuis fa baze jufques vers fa pointe, & que celles de dedans ayant une difpofition differente tendent plus directement de la bafe vers la pointe.

Or cette differente difpofition des fibres du Cœur nous donne occafion de juger que le cœur eft un double Mufcle ; qui eft tellement compofé, que fi les interval-les qui font entre les fibres qui vont en limaçon fe rem-pliffent tout d'un coup d'une matiere fort coulante, il doit s'alonger & fe rétrecir ; au lieu que fi ces interval-les fe vuident, & que ceux qui font entre les fibres du dedans viennent à fe remplir, il doit s'élargir & fe ra-courcir.

II.
De quels
mouvemens
il eft capable.

Il y a dans le cœur deux chambres, ou cavitez, qui font feparées par une portion de la chair du cœur, qu'on nomme le Septum-Medium, ou la Cloifon mitoyenne. L'une de ces cavitez eft à droite, & l'autre à gauche, toutes deux font plus longues que larges, mais la lon-gueur de la cavité gauche eft vifiblement plus grande que celle de la droite.

III.
Des cavitez
du cœur.

Chacune de ces cavitez a deux ouvertures qui font fituées vers la bafe du cœur ; à l'entrée de ces ouvertu-res il y a certaines peaux qui fervent comme de portes, pour ouvrir & fermer ces ouvertures, & qui font telle-ment difpofées qu'elles ne peuvent s'ouvrir & fermer que d'un certain fens. L'une de ces ouvertures qui ré-

IV.
Des ouver-
tures du
cœur & de
leurs valvu-
les.

pond à la cavité droite a trois de ces peaux, ou valvules, dont la difpofition eft telle qu'elles s'ouvrent facilement quand quelque chofe fe prefente pour y entrer ; Au lieu qu'elles fe ferment quand il fe prefente quelque chofe pour en fortir. L'autre ouverture a auffi trois valvules, difpofées à contrefens des premieres, en forte qu'elles permettent bien la fortie à ce qui eft déja dans cette cavité, mais qu'elles s'oppofent à ce qui s'offre pour y entrer. De ces deux ouvertures de la cavité gauche du cœur, il y en a une qui n'eft pas ronde comme les autres, mais de figure ovale, laquelle a deux valvules, difpofées à s'ouvrir pour donner paffage à ce qui fe prefente pour entrer dans cette cavité, & à fe fermer quand la mefme chofe fe prefente pour en fortir. L'autre ouverture a trois valvules difpofées à contre-fens des deux autres, qui fe peuvent ouvrir pour laiffer fortir ce qui eft déja dans cette cavité, & qui fe ferment pour empêcher que rien n'y entre.

CHAPITRE V.

Des Venes, & des Arteres.

IL n'y a gueres de parties dans le corps, d'où il ne forte du fang quand on les pique ; Mais il y a certains vaiffeaux d'où le fang coule en grande abondance lors que l'on vient à les ouvrir. Ce font comme des canaux qui portent ou rapportent le fang de tous côtez, dont les uns qui ne font compofez que d'une peau fort mince,

qu'on peut aiſément ſerrer, & dont on en rencontre
un grand nombre au deſſous de la peau qui couvre
tout le corps, s'appellent des Venes; Et les autres, qui
ſont compoſez d'une peau aſſez épaiſſe, & qui n'approchent pas ſi fort de la ſuperficie du corps, ſe nomment
des Arteres.

Les Venes & les Arteres les plus conſiderables de
tout le corps ſont au nombre de quatre, qui ſont comme plantées à la baſe du cœur, où elles aboutiſſent
aux quatre ouvertures dont nous venons de parler.

Le vaiſſeau qui aboutit à celle des deux ouvertures
de la cavité droite du cœur, où ſont les trois valvules qui
en permettent l'entrée, eſt une vene, à qui l'on a donné
le nom de Vene-Cave; à peine eſt elle un peu éloignée
du cœur, qu'elle ſe couche le long des vertebres, & ſe
diviſe en deux branches, qui concourent aſſez directement; l'une deſquelles ſe porte en haut, & ſe ſubdiviſe
en un grand nombre de rameaux, qui vont aux bras &
aux autres parties ſuperieures du corps, & pour cela s'appelle la Vene-cave aſcendante; L'autre deſcend en bas,
& ſe ſubdiviſe auſſi en un tres grand nombre de branches, qui vont vers les cuiſſes & les autres parties infe-
rieures du corps, & pour cela s'appelle la Vene-cave
deſcendante. Et ainſi, toutes les venes du corps, excep-
té celles des poumons & du cœur, ſont des dependan-
ces de la Vene-cave, ou comme des rameaux dont la
Vene-cave eſt le tronc.

Quelques-uns exceptent auſſi les venes du Meſentere; Mais parce qu'elles s'uniſſent dans un ſeul vaiſſeau, qu'on nomme la Vene-Porte, qui ſe va planter

I I.
Que les
principales
venes & les
principales
arteres abou-
tiſſent à la
baſe du cœur.

III.
De la vene-
cave.

IV.
Que les
venes du Me-
ſentere ſont

des rameaux de la vene-cave. dans la partie baſſe du foye, de la partie haute duquel ſort le rameau hepatique, qui ſe joint à la Vene-cave, au deſſous de l’endroit où cette vene s’unit au cœur, on peut conſiderer les venes du Meſentere comme des rameaux de la Vene-cave.

V.

De la vene arterieuſe.

Le vaiſſeau qui aboutit à l’ouverture de la cavité droite du cœur, où ſont les valvules qui s’entrouvrent lors que quelque choſe ſe preſente pour en ſortir, eſt une Artere, laquelle entrant & ſe répandant dans les poumons, s’y ſubdiviſe en un nombre innombrable de rameaux de differente groſſeur. Les Anciens ont donné le nom de Vene Arterieuſe à ce vaiſſeau, parce qu’ils eſtoient préoccupez de cette créance, qu’il n’y avoit que des venes qui aboutiſſoient à la cavité droite du cœur, & que toutes les arteres aboutiſſoient à la cavité gauche.

VI.

De l’artere veneuſe.

Le vaiſſeau qui eſt à l’ouverture de la cavité gauche du cœur, où ſont les deux valvules qui permettent l’entrée dans cette cavité, eſt une Vene, que les Anciens, par la meſme erreur, ont nommée l’Artere veneuſe, dont les branches ſe trouvent éparſes dans les poumons.

VII.

De l’Aorte.

Le quatriéme vaiſſeau, qui eſt à l’autre ouverture de la cavité gauche du cœur, & dont les valvules ſont diſpoſées pour en permettre la ſortie, eſt une Artere, qu’on nomme l’Aorte, ou la Grande Artere. On la voit prés du cœur couchée le long des Vertebres, à côté de la Vene-cave; & ſon tronc, comme celuy de la Vene-cave, ſe diviſe en deux branches, qui envoyent leurs rameaux dans tous les endroits du corps où la Vene-cave diſtribuë les ſiens.

Quelques Medecins ont pretendu pouvoir déterminer le nombre des venes & des arteres ; mais ils ne l'ont
pû faire que de celles qui font les plus fenfibles ; outre lefquelles il y en a prefqu'une infinité d'autres ,
qui font infenfibles , & à qui l'on a donné le nom de
Capillaires. Et l'on peut mefme vray-femblablement
penfer, que c'eft de quelqu'une de ces venes qu'il fort
du fang lors qu'on eft piqué ; d'où il s'enfuivroit que le
fang feroit toûjours contenu dans quelque Vene , ou
dans quelque Artere.

Les Anciens ont enfeigné qu'il y avoit en divers endroits du corps des communications des arteres avec
les venes ; Et c'eft ce que tous les Medecins appellent
des Anaftomofes , dont il y en a quelques-unes qui
paroiffent quelquefois dans la fuperficie des poumons;
Mais pour les autres, qui font en tres-grand nombre, &
dont l'exiftence fera cy-aprés démontrée, l'on peut dire
qu'ils les ont feulement devinées , les ayant établies fur
une raifon tres foible, pour ne pas dire tout-à-fait fauffe;
à fçavoir, afin, difoient-ils, qu'il paffe du fang des arteres
dans les venes pour leur donner la vie , & pour faire en
mefme temps qu'il paffe du fang des venes dans les arteres pour leur fervir de nourriture.

Un Medecin Anglois, nommé Hervée , a de noftre
temps découvert, qu'en plufieurs endroits des venes,
& principalement en ceux où une vene femble fe divifer en deux branches, il fe rencontre de petites valvules, tellement difpofées , qu'elles s'ouvrent facilement pour permettre le paffage à une fonde qu'on aura introduite dans la vene , & que l'on pouffera comme

pour la faire avancer des extremitez vers le cœur ; Au lieu qu'elles s'oppofent au mouvement de la mefme fonde, quand on effaye de la faire avancer à contrefens, à fçavoir, du cœur vers les extremitez.

CHAPITRE VI.

Des Venes lactées, & des Venes lymphatiques.

I.
Precautions pour voir les venes lac-tées.

CE s deux fortes de venes n'ont efté découvertes, que depuis qu'on s'eft avifé de faire la diffection de quelques Animaux vivans, & mefme pour les découvrir il faut y apporter quelque précaution: Car il faut faire manger l'Animal deux ou trois heures devant que d'en faire la diffection, autrement les venes lactées font vuides, & ne paroiffent point.

II.
Du fuc con-tenu dans les venes lac-tées.

Ces venes ont efté découvertes par Afellius; & il les a appellé lactées, à caufe qu'elles font blanches, & qu'elles contiennent un fuc qui eft blanc ; Elles font répanduës dans toute l'étendüe du Mefentere, où elles font mêlées parmy ces venes rouges que nous avons dit un peu auparavant eftre les rameaux de la vene porte; Et fi on les pique on en voit fortir un fuc qui eft blanc comme du laict, qu'elles reçoivent des inteftins, où l'on s'apperçoit que commencent les extremitez de leurs plus petits rameaux.

III.
Des valvu-les des venes lactées.

On y apperçoit auffi quelques valvules, comme dans les autres venes du corps, qui font difpofées pour per-

mettre

mettre à la liqueur blanche de couler en s'éloignant des intestins, & pour s'opposer au mouvement contraire de la mesme liqueur.

Un Medecin de nos amis (nommé M. Pecquet) a ajoûté à cette découverte celle d'une espece de reservoir, qui est attaché aux vertebres, un peu au dessus des reins, qu'il nous a fait voir plusieurs fois plein d'un suc semblable à celuy dont les venes lactées sont remplies. Il s'est aussi le premier apperceu d'un canal qui s'étend le long des vertebres, depuis ce reservoir jusques prés de l'endroit où les venes souclavieres se vont aboucher avec la Vene-cave.

IV.
Du reservoir du chile, & du canal thorachique.

Pour les Venes Lymphatiques, on ne sçait pas bien au vray qui est celuy qui en a fait la premiere découverte. On les trouve avec beaucoup de peine entre les chairs d'un Animal vivant; Et quoy que la liqueur qu'elles contiennent ressemble assez à de l'urine, toutesfois il est tres certain qu'elle n'en a pas les proprietez : Car si l'on en met dans une cuilliere sur le feu, elle s'épaissit & se durcit comme de la glaire d'œuf, ce que ne fait pas l'urine.

V.
Des venes lymphatiques & de la liqueur qu'elles contiennent.

On ne sçait pas encore tous les détours que font les venes lymphatiques, ny comment elles se distribuent; Mais on y remarque des valvules, dont la disposition est semblable à celle des autres venes.

VI.
Des valvules des venes lymphatiques.

Tt

CHAPITRE VII.

De la Langue, & des conduits de la salive.

I.
*Des fibres de
la langue.*

TOus ceux qui ont traité de l'Anatomie du Corps humain, tant anciens que modernes, ont tous consideré la langue comme un muscle; Mais ce n'est que depuis peu que nous en connoissons la structure. Ceux qui en ces derniers temps ont eu assez de curiosité & d'industrie pour en faire la recherche, ont découvert dans une langue cuite, qu'entre les fibres dont elle est composée, celles qui sont vers sa superficie sont couchées le long de la langue, & s'étendent depuis la racine jusques à la pointe ; & que les autres, qui sont au dessous, sont comme disposées alternativement en plusieurs lits ; où dans les uns elles vont de haut en bas, & dans les autres elles sont couchées de travers ; D'où il suit, que les unes ou les autres de ces fibres se racourcissant selon qu'il est necessaire, elles peuvent faire mouvoir la langue de toutes les manieres que nous voyons qu'elle se meut.

II.
*Des conduits
de la salive.*

La salive ne tombe pas dans la bouche par une insensible transpiration qui se fasse au travers des pores des gencives, comme l'antiquité l'avoit creu ; L'on a depuis peu découvert des conduits salivaux, qui ressemblent à de petites venes, qui aboutissent à la surface interieure des joües. Ces conduits sont assez grands pour y pouvoir fourrer sans rien forcer un brin de soye de fanglier; Mais comme ils fe fubdivifent en de plus petits qui deviennent infenfibles, on ne fçait point encore d'où ils prennent leur origine.

La feule fluidité de la falive peut bien la faire couler dans la bouche; mais il y a des temps aufquels elle eft déterminée à y tomber en plus grande abondance; comme par exemple, quand nous mangeons quelque viande feche, ou quelque viande qui eft un peu dure: Car alors, à chaque fois que la bouche s'ouvre, & que les machoires s'éloignent l'une de l'autre, les jouës qui s'alongent & s'aplatiffent, refferrent les conduits falivaux, & les preffant ainfi en font fortir la falive; de laquelle ils fe rempliffent quand la bouche fe referme, & que les joiies ceffent d'eftre plates & alongées, comme elles eftoient auparavant.

III.
Des caufes de l'affluence de la falive dans la bouche.

Et dautant que les joües s'aplatiffent extraordinairement lors que l'on baaille, cela doit auffi faire qu'il tombe une quantité extraordinaire de falive dans la bouche, comme en effet on l'experimente, & mefme fi fenfiblement, que lors que les conduits falivaux en font bien remplis, on la darde quelquefois affez loin hors de la bouche.

IV.
D'où vient que la falive fe darde quelquefois dans l'air lors qu'on baaille.

CHAPITRE VIII.

Des Poumons.

APRE's ce que nous avons cy-deffus remarqué touchant les Poumons, il ne refte pour les bien con-

I.
De la Trachée Artere.

noître, qu'à obſerver icy que de l'endroit de la bouche
qui eſt vers la racine de la langue, il deſcend un certain canal, qu'on nomme la Trachée Artere, qui ſe
diviſe en tant de rameaux, qu'il n'y a aucune partie dans
les poumons tant ſoit peu ſenſible, où ils ne ſe répandent, de meſme que font ceux de la vene arterieuſe,
ou de l'artere veneuſe; De ſorte que ce n'eſt pas ſans
raiſon que quelques-uns ont dit que les poumons n'eſtoient qu'un tiſſu des branches & des rameaux de ces
trois vaiſſeaux.

    La Trachée Artere reçoit l'air de la reſpiration; Et
dautant que ſa membrane eſt aſſez dure & difficile à
comprimer, elle eſt toûjours pleine d'air; & c'eſt delà
que dépend la legereté ou le peu de peſanteur des
poumons.

    Les viandes & la boiſſon ne ſe peuvent porter dans
l'Eſophage ſans paſſer pardeſſus l'embouchûre de la
Trachée Artere; Toutesfois pour l'ordinaire rien n'y
ſçauroit tomber, parce qu'il y a une eſpece de valvule, qu'on nomme la Luette, qui la couvre lors que
nous voulons avaler quelque choſe; Et s'il arrive par
haſard que quelque particule des viandes, ou quelque goutte de liqueur y tombe, on eſt alors incité à
touſſer, pour s'efforcer de la rejetter.

CHAPITRE IX.

Du Foye.

EN coupant le Foye on n'y rencontre aucuns vaiffeaux fenfibles, ce qui fait dire que ce n'eft qu'un
amas d'un nombre innombrable de venes infenfibles,
dans lefquelles la vene-porte fe diffipe, & qui femblent
ne s'eftre ainfi diffipées, que pour aboutir & fe communiquer au rameau hepatique.

I.
De la fub-
ftance du
foye.

Le Foye dans la plus-part des animaux, auffi-bien
que dans l'homme, eft d'une couleur qui approche
affez de la rouge; mais il s'en rencontre de certaines ef-
peces, qui ont le foye verd, d'autres jaune, & d'autres
qui l'ont encore d'autre couleur.

II.
De la couleur
du foye.

Nous avons déja un peu auparavant remarqué que
la bourfe du fiel eft fituée dans la partie baffe & concave du foye; L'on voit fortir de cette bourfe un petit canal, qui fe fourche bientoft aprés en deux branches, dont l'une fe replie pour retourner en arriere,
& rentrer dans le foye; Et l'autre, qu'on nomme le
Meat ou Canal Colidoque, va s'inferer au commencement de l'inteftin Jejunum, où il fait que le fiel diftile, par un trou qui eft fi petit, qu'on a de la peine à
l'appercevoir.

III.
Des déchar-
ges de la
bourfe du
fiel.

CHAPITRE X.

De la Rate.

I.
*Du fang con-
tenu dans la
rate.*

ON ne connoiſt rien de particulier de la Rate, ſinon qu'elle eſt pleine d'un ſang fort groſſier, & qu'-elle a communication avec le ventricule, par le moyen d'un petit conduit que les Medecins appellent Vas-Breve; & avec le cœur, & quelques parties voiſines, par le moyen de quelques arteres & de quelques venes.

II.
*Que la rate
n'eſt pas ab-
ſolument ne-
ceſſaire à la
vie.*

J'ay vû un chien à qui il y avoit ſix mois qu'on avoit oſté la rate; la playe qu'il avoit fallu faire pour cette operation ayant eſté recouſuë, elle guerit petit à petit, & le chien reprit auſſi à proportion ſes forces; enſorte qu'il ne parut à la fin aucun ſigne exterieur que cet animal fuſt incommodé de n'en avoir point.

CHAPITRE XI.

Des Reins, & de la Veſſie.

I.
*De la ſub-
ſtance des
Reins & de
leurs baſſins.*

LA ſubſtance des Reins paroiſt de la nature d'une éponge fort fine; & l'on remarque dans chaque Rein une certaine cavité, qu'on nomme le baſſin, qui eſt preſque toûjours pleine d'urine.

II.
Des vaiſ-

Il faut icy remarquer que l'endroit où chaque Rein

est placé, est celuy où sont les extremitez de l'artere & seaux qui
sont auprés
des Reins.
de la vene qu'on nomme Emulgentes.

Les deux Reins ont communication avec la Veßie III.
Des Vreteres.
par deux canaux fort étroits, qu'on nomme les Vre-
teres, lesquels pour l'ordinaire sont pleins d'urine, & où
l'on trouve aussi quelquefois de petites pierres semblables à celles qui s'engendrent dans les Reins. Ces
Vreteres s'inserent de telle sorte auprés du col de la
veßie, qu'on ne s'apperçoit d'aucun conduit par où ils y
versent l'urine.

CHAPITRE XII.

Du Mouvement du Sang.

LE mouvement du Sang est l'une de ces choses que I.
De la doctri-
ne des An-
ciens touchât
le mouve-
ment du
sang.
j'ay dit ne se pouvoir bien connoître que par le
moyen du raisonnement. Et c'est une question des plus
fameuses parmy les Medecins, & au sujet de laquelle
les Esprits se trouvent partagez, que de sçavoir où se
fait le sang, & comment il se meut. Les anciens, dont
la plus-part de nos vieux Docteurs suivent encore les
sentimens, estimoient que tout le sang partoit du foye,
& que tandis qu'il en tomboit une petite portion
dans la Vene-Porte, & delà dans tous ses rameaux, la
plus grande partie passoit dans la Vene-cave, & ensuite dans toutes ses branches; avec cette circonstance,
qu'au sortir du foye une quantité considerable se dé-
tournoit pour entrer dans la cavité droite du cœur,

où elle se divisoit en deux portions , dont l'une estoit portée dans les poumons, par la vene arterieuse , & l'autre passoit dans la cavité gauche, au travers de la cloison qui la separe de la cavité droite ; où estant, elle se convertissoit, disoient-ils, en sang Arterial, ou Esprit Vital , qui estoit porté dans les poumons, par l'artere veneuse , & dans toutes les autres parties du corps, par la grande Artere , & par tous ses rameaux.

II.
Que le sang se meut fort lentement dans la pensée des Anciens.

Selon cette opinion , le sang se meut toûjours du milieu du corps vers les extremitez , sans jamais retourner en arriere ; Et comme on pretend qu'il n'avance qu'à proportion que quelques parties sortent des venes & des arteres pour nourrir l'Animal , il s'ensuit que le mouvement du sang doit estre fort lent.

III.
Refutation de cette doctrine.

Cette doctrine a esté receuë des Anciens sans aucune preuve, en des temps où l'on faisoit scrupule de douter que les premiers Philosophes eussent esté capables de se méprendre. Mais depuis qu'on ne se soûmet plus aveuglement à l'autorité dans ces sortes de matieres, & qu'on recherche les raisons que les premiers Maistres de certaines opinions ont pû avoir pour les établir, l'on trouve que cette doctrine n'est qu'une pure imagination sans fondement , & qu'elle doit estre absolument rejettée : Car outre qu'elle fait passer du sang au travers de cette cloison qui est dans le cœur , où il ne paroist aucuns pores sensibles, & par où l'experience fait voir que ny l'air ny l'eau ne sçauroient passer, elle ne s'accorde pas avec la disposition des valvules qui sont à l'entrée de l'artere veneuse, & en plusieurs autres endroits des venes. Sans nous y arrêter donc davantage,

tage, ny nous amuſer à la refuter, nous nous contenterons d'établir icy une autre conjecture, dont les raiſons
me ſemblent ſi plauſibles, que j'eſpere qu'on ne fera
pas difficulté de l'admettre, quand on aura une fois pris
la peine de l'examiner.

Si nous nous ſouvenons de la diſpoſition des valvules qui ſont aux deux ouvertures du cœur où la vene-
cave & l'artere veneuſe aboutiſſent, nous verrons que
ces deux vaiſſeaux eſtant toûjours pleins de ſang, il en
tombe neceſſairement de chacun d'eux une groſſe goutte dans chacune de ſes cavitez, quand elles ſont vuides.

IV.
Que la vene-cave & l'ar-tere veneuſe verſent au ſang dans le cœur.

Ces deux gouttes ſe dilatant par la chaleur qui eſt dans
le cœur, laquelle y eſt plus grande qu'en aucune autre
partie du corps, comme l'experience le fait voir, elles
tendent à en ſortir par les ouvertures qui ſe trouvent
dans ces deux cavitez; Toutesfois comme elles ne peuvent échaper par celles par où elles y ſont deſcenduës,
à cauſe qu'elles ſe ferment elles-meſmes le paſſage, en
approchant les valvules qui ſont à leurs entrées, elles
ſont contraintes de ſortir par les deux autres, dont elles
peuvent ouvrir & écarter les valvules; Et ainſi, preſque
tout le ſang qui eſtoit dans la cavité droite paſſe dans les
poumons par la vene arterieuſe, & preſque tout celuy
qui eſtoit dans la cavité gauche paſſe dans l'Aorte.

V.
Que le ſang paſſe des ca-vitez du cœur dans la vene-arte-rieuſe, & dans l'aorte.

Le ſang qui eſt ainſi ſorty du cœur, n'y ſçauroit rentrer, à cauſe que la diſpoſition des valvules eſt telle,
qu'il ſe ferme luy meſme le paſſage; C'eſt pourquoy
ce qui reſte dans les cavitez du cœur, n'eſtant plus capable de preſſer les valvules qui ſont aux ouvertures où
la vene-cave & l'artere veneuſe aboutiſſent, il en tombe

VI.
Qu'il tombe derechef du ſang de la vene-cave & de l'ar-tere veneuſe dans les ca-vitez au cœur.

derechef deux grosses gouttes de sang, lesquelles se dilatant comme les precedentes, prennent le mesme chemin qu'elles ont tenu.

VII.
Que le sang passe des arteres dans les venes.

Or afin de concevoir comment il est possible que cela se puisse continuer durant toute la vie de l'Animal, il faut penser qu'à chaque fois que la vene arterieuse reçoit du sang qui s'est nouvellement dilaté dans la cavité droite du cœur, ce sang pousse celuy dont elle estoit déja pleine, & fait qu'elle s'en décharge d'une partie dans l'artere veneuse, où il passe non seulement par ces Anastomoses visibles, dont nous avons parlé cy-dessus, mais encore par une infinité de passages insensibles qui sont aux extremitez des rameaux de la vene arterieuse, & qui s'abouchent avec les extremitez des rameaux de l'artere veneuse. De mesme, il faut penser qu'à chaque fois que l'Aorte reçoit du sang, qui s'est nouvellement dilaté dans la cavité gauche du cœur, ce sang pousse celuy dont elle estoit déja pleine, & fait qu'elle se décharge d'une partie dans les rameaux de la vene-cave, où il passe par quelques anastomoses sensibles, & par une infinité d'autres qui sont insensibles.

VIII.
De la circulation du sang.

Ces choses estant ainsi supposées, le sang contenu dans les venes se meut des extremitez du corps vers le cœur, où il entre par la vene-cave, qui le décharge dans sa cavité droite, d'où il passe dans la vene arterieuse, puis dans l'artere veneuse, & delà dans la cavité gauche du cœur, d'où il est porté jusques aux extremitez du corps, par le tronc & les rameaux de l'Aorte, qui s'abouchent avec ceux de la vene-cave, qui le rendent & le resti-

tuent à son tronc, d'où il se décharge derechef dans la
cavité droite du cœur. Et c'est ainsi que se fait cette circulation si fameuse, de la découverte de laquelle nous
sommes redevables à Hervée.

Aprés avoir fait voir que la circulation du sang est
une suite necessaire de la disposition des vaisseaux qui
le contiennent, on peut encore en confirmer la preuve
par deux moyens infaillibles. Le premier est, que si
aprés avoir levé la peau d'un animal vivant, en quelque
endroit où il y ait une vene assez sensible, l'on détache
cette vene d'avec la chair d'alentour, en sorte qu'on la
puisse serrer avec un fil qu'on passe pardessous, l'on voit
que la vene se vuide entre la ligature & le cœur, & qu'-
elle s'enfle au contraire entre la ligature & l'extremité
du corps ; & que si l'on pique cette vene, ou mesme si
on la coupe entre la ligature & le cœur, il n'en sort
que tres peu de sang ; au lieu que si on la pique seulement, entre la ligature & l'extremité du corps, le sang
en sort en si grande abondance que cela pourroit causer la mort de l'Animal ; Ce qui est une marque infail-
lible que le sang ne se meut point dans les venes du milieu du corps vers les extremitez, comme l'ont creu les
anciens, mais qu'il se meut au contraire des extremitez
vers le milieu.

IX.
*Que la circu-
lation du
sang se con-
firme par les
ligatures.*

Et il est aisé de juger que ce qui se fait dans les bestes
se fait aussi dans le corps de l'homme, en considerant
ce qui se pratique dans la saignée : Car de ce que les
Chirurgiens sont obligez de lier le bras, pour faire sortir le sang de la vene, par l'ouverture qu'ils font au delà de la ligature, on ne peut raisonnablement penser

X.
*Raison de la
pratique de
la saignée.*

autre chofe, finon que la bande dont ils lient le bras preffant les venes, & ne preffant pas de mefme les arteres, qui ne font pas fi fouples que les venes, & qui font plus enfoncées qu'elles au deffous de la peau, le fang a la liberté de couler dans les arteres du bras, & d'aller du milieu du corps vers les extremitez des doigts; mais qu'il ne luy eft pas ainfi libre de retourner delà par les venes vers le milieu du corps, à caufe que la ligature l'en empêche; de forte qu'il eft contraint de fortir par l'ouverture qui a efté faite.

Et cecy vous paroîtra encore plus évident , fi vous prenez garde que quand le bras eft trop ferré par la ligature que l'on a faite, en forte que les arteres en foient preffées, il eft impoffible de tirer du fang de la vene qu'on a ouverte, à moins que de lâcher quelque peu la bande, & de donner par là moyen au fang des arteres de couler pardeffous.

Le fecond moyen qui confirme la circulation du fang , telle qu'elle a efté cy-deffus décrite, confifte dans une experience que l'on fait en quelqu'une des venes qui font fur la peau de noftre corps, & qui eft d'autant plus fenfible que les venes y font apparentes. L'on prend une fimple branche des venes, telle que l'on veut, comme par exemple, une de celles qui font au deffus de la main, qui eft icy reprefentée par A B, dont l'endroit A, eft le plus éloigné du cœur, & où deux branches fe réüniffent en une, & l'endroit B, en eft le plus proche, & où la mef-

me branche fe divife derechef en deux autres ; L'on
preffe avec le bout du doigt la vene à l'endroit A , pour
arrêter le fang , & en mefme temps l'on fait glifler un
autre doigt le long de la vene A B , pour en chaffer le
fang vers C C , & alors la vene A B fe vuide de fang ,
& difparoift tout-à-fait ; & on n'y en fçauroit mefme
faire revenir d'autre, en paffant le doigt de C vers B , à
caufe que la valvule qui eft en B , s'y oppofe ; Mais ce
qui prouve manifeftement le mouvement du fang , tel
que nous l'avons décrit, c'eft que fi l'on appuye un
doigt fur l'endroit B , comme pour empêcher que le
fang ne puiffe en aucune façon venir du cœur par B
vers A , & que l'on vienne à lever celuy qu'on tenoit
appuyé vers A , tout auffi-toft on a le plaifir de voir que
la branche A B fe remplit de fang , & que le fang fe
meut d'A vers B , c'eft à dire des extremitez vers le milieu.

L'on démontre particulierement les Anaftomofes
infenfibles , ou la communication que les extremitez
des arteres ont avec les extremitez des venes , par cette
experience. L'on ouvre la poitrine d'un Animal vivant,
& aprés en avoir lié l'Aorte à deux doigts au deffus du
cœur, on la coupe entre la ligature & le cœur ; Enfuite dequoy, non feulement tout le fang des venes, mais
mefme celuy des arteres, fort en fort peu de temps
par l'ouverture du cœur, par où le fang a coûtume
de paffer de la cavité gauche dans l'Aorte ; Ce qui ne
fe pourroit faire fi les extremitez des branches de ce
vaiffeau n'avoient communication avec les extremitez
des branches des venes.

V u iij

CHAPITRE XIII.

Du Poux, ou battement du Cœur & des Arteres.

I.
Que le mouvement du cœur & des arteres dépend du sang.

LE battement, ou le mouvement du cœur, & des arteres, qui est ce qu'on appelle le Poux, est assez connu par experience, & l'on est seulement en peine de sçavoir comment il se produit ; Mais comme ce mouvement n'est qu'une espece de dilatation qui arrive au cœur & aux arteres, laquelle se fait à certaines reprises reglées, & avec telle mesure que les arteres ne battent ny plus ny moins de fois que le cœur, on peut penser, qu'il dépend d'une mesme cause, & que cette cause n'est autre que l'alteration que le sang reçoit dans le cœur.

II.
Comment le sang cause ce mouvement.

Il y a donc apparence qu'à chaque fois qu'il tombe du sang dans les deux cavitez du cœur, ce sang se mêle avec celuy qui y estoit resté auparavant, lequel luy sert comme de levain pour le faire dilater tout d'un coup ; Et par mesme moyen la substance mesme du cœur est contrainte de se dilater, & de s'élargir ; Aprés quoy, comme la plus grande partie du sang qui estoit dans ces cavitez, en sort, celuy de la cavité droite entrant dans la vene arterieuse, & celuy de la gauche dans l'Aorte, le cœur se relâche, & se ralonge ; & c'est dans ce changement continuel de la figure du cœur que consiste son battement; Et quant aux arteres, leur mouvement consiste en ce qu'elles s'enflent par le nouveau fang qu'elles reçoivent du cœur, & fe defenflent, quand le fang ayant auffi-toft perdu de fa force & de fon agitation, elles fe remettent d'elles-mefmes dans leur premier eftat.

Ce n'eft pas que je ne veüille bien auffi reconnoître, dans la machine particuliere du cœur, des difpofitions à fe pouvoir dilater & refferrer par une autre voye : Car eftant compofé de deux mufcles, on peut penfer qu'ils exercent alternativement leurs actions, c'eft à dire, que les Efprits Animaux paffent alternativement d'un mufcle dans l'autre ; Mais j'eftime toûjours que c'eft la dilatation qui fe fait du fang dans le cœur qui détermine fes actions. Ce qui fe prouve, parce que le cœur fe dilate plus ou moins vîte, felon que les diverfes qualitez qui fe rencontrent dans le fang, le rendent fufceptible d'une plus prompte ou d'une plus lente dilatation.

III.
*Que la fa-
brique du
cœur y con-
tribue.*

Cette feconde caufe du mouvement du cœur eftant fuppofée, il n'eft pas plus étrange qu'il batte encore quelque temps, quand il eft hors du corps d'un Animal vivant, qu'il l'eft qu'une cloche continüe de fe mouvoir, quand on ceffe de tirer fa corde ; Mais je ne penfe pas que l'on pûft autrement rendre raifon de ce phéno-mene.

IV.
*Pourquoy le
cœur bat e,
tant ofté au
corps de l'a-
nimal.*

CHAPITRE XIV.

De la durée de la Circulation du fang.

EN eftimant à peu prés la quantité du fang qui paffe dans l'Aorte à chaque battement du cœur, & dé-

I.
*Comment je
fait le calcul*

terminant auſſi à peu prés la quantité de tout le ſang que le corps peut contenir, on peut conclure en combien de temps il acheve ſa circulation, par un raiſonnement ſemblable à cetuy-cy. J'eſtime donc premierement qu'à chaque fois que le cœur bat, il verſe dans l'Aorte une dragme de ſang, qui eſt à mon avis la moindre quantité qui puiſſe ſuffire pour cauſer une dilatation ſenſible dans toutes les arteres; Cela ſuppoſé, je conte combien mon poux, & conſequemment mon cœur, battent de fois en une minute d'heure, & je trouve qu'ils battent ſoixante-quatre fois; D'où il ſuit qu'ils doivent battre trois mille huit cens quarante fois en une heure; Et delà je conclus qu'il paſſe chaque jour par le cœur quatre-vingt douze mille cent ſoixante dragmes de ſang, qui font onze mille cinq cens vingt onces, ou ſept cens vingt livres de ſang; Tellement que ſi j'en avois autant, je conclurois qu'il ne circuleroit qu'une fois par jour; Mais parce que je n'eſtime pas qu'il y ait plus de dix livres de ſang dans tout le corps, je conclus qu'en vingt-quatre heures, il doit paſſer ſoixante-douze fois par le cœur, & conſequemment qu'il ſe fait trois circulations de tout le ſang dans l'eſpace d'une heure.

Or il eſt tres manifeſte que ſi à chaque battement il ſortoit du cœur une autre quantité de ſang que celle que j'ay ſuppoſée, ſi le poux eſtoit plus ou moins frequent que je n'ay trouvé le mien dans l'experience que j'en ay faite, & ſi la maſſe du ſang n'eſtoit pas de dix livres, ainſi que j'ay eſtimé qu'elle eſtoit, on concluroit un autre nombre de circulations, que celuy que j'ay étably, dans l'eſpace de chaque jour; ſi-bien que le

calcul

calcul que je viens de faire, ne doit servir que d'exemple pour en faire de semblables.

CHAPITRE XV.

De la Chaleur naturelle.

IL y a en nous une certaine chaleur qui n'est pas *I.*
passagere, comme celle que le feu imprime dans *Ce qu'on ap-*
pelle la cha-
des sujets inanimez; Elle se conserve dans le plus fort *leur natu-*
relle.
de l'hyver, & dure mesme toute nostre vie; Et c'est
cette chaleur que l'on nomme Naturelle; touchant
laquelle on a de tout temps tâché de connoître deux
choses; La premiere, en quoy elle consiste; & la seconde, par quel moyen elle se communique du cœur,
qui en est comme le centre, jusqu'aux parties les plus
éloignées.

L'on juge ce me semble fort vray-semblablement de *II.*
la chaleur naturelle, quand on l'attribuë originairement *En quoy elle*
consiste.
au sang, & qu'on la conçoit semblable à celle dont
nous avons parlé dans la premiere partie de ce Traité,
qui naist du mêlange de deux liqueurs, par exemple,
du mêlange de l'huile de tartre avec de l'huile de vitriol: Car aprés que la plus grande partie du sang qui
s'estoit rarefié dans les deux cavitez du cœur, en est
sortie, par la vene arterieuse & par l'Aorte, le peu
de sang qui reste alors dans ces cavitez, & celuy
qui y tombe de nouveau des bourses ou des oreilles
du cœur, tiennent lieu de ces deux liqueurs, & l'un

fert de levain à l'autre pour le dilater & l'échauffer.

Enfuite de cecy, il eft manifefte que la chaleur fe communique à toutes les parties du corps par le moyen du fang qui y arrive continuellement du cœur par les arteres ; Auffi fentons nous d'autant plus de chaleur que le cœur & les arteres ont un battement plus frequent, & que le fang a eu moins d'occafion de fe rafraîchir, par le peu de temps qu'il a employé à fe porter du milieu du corps jufqu'aux extremitez.

CHAPITRE XVI.

De la Nutrition , & de l'Augmentation.

TOutes les parties de noftre corps, à l'exception des os , eftant fort molles, l'on peut conclure ce me femble fort raifonnablement, qu'elles font dans une continuelle diffipation , qui s'augmente mefme par les diverfes agitations de nos membres , & par l'action des chofes exterieures qui nous environnent. Et dautant qu'on ne s'apperçoit prefque jamais d'aucune diminution fenfible dans nos corps , au moins quand nous joüiffons d'une pleine fanté, & qu'au contraire on les voit quelquefois en peu de temps croître & devenir plus grands, on fe perfuade aifément que quelque nouvelle fubftance prend la place de celle dont nous fouffrons continuellement la perte, & qu'elle contribüe mefme à les faire croître. Auffi voyons-nous que fi nous ne fommes que legerement bleffez, dans la plus-

part des parties de noſtre corps, nous nous gueriſſons
comme de nous-meſmes, & que tandis qu'une petite
partie de la peau & de la chair ſe ſeche, & ſe détache de
noſtre corps, d'autre revient en ſa place, & que la partie
bleſſée devient à la fin ſemblable aux autres, ou à ce
qu'elle eſtoit auparavant.

Lors que les parties qui ſe changent en noſtre ſubſtance ne font qu'entretenir le corps dans un meſme
eſtat, cela s'appelle Nutrition; Mais lors qu'elles s'y
appliquent en ſi grande quantité & de telle ſorte qu'-
elles en augmentent la maſſe, cela s'appelle Augmentation ou Accroiſſement.

II.
Ce que l'on entend par la Nutrition & par l'Accroiſſement.

L'on obſerve que le corps ne ſe nourrit point tandis
qu'on ſouffre une perte continuelle de ſang; Mais qu'-
au contraire l'on amaigrit petit à petit; Ce qui a fait
conclure que le ſang eſtoit la ſubſtance qui change de
nature, pour prendre la place de celle de noſtre corps
qui ſe diſſipe, & qui ſe convertit en excrement.

III.
Que la Nutrition & l'Accroiſſement ſe font par le moyen du ſang.

Pour expliquer comment ſe fait ce changement,
tous les anciens Medecins, & une partie des modernes,
qui ſuivent la doctrine du mouvement du ſang que
nous avons auparavant refutée, enſeignent que le ſang
eſtant parvenu aux extremitez des rameaux des venes
capillaires, en ſort pour ſe changer dans une eſpece
de roſée, laquelle venant enſuite à s'épaiſſir, en ſorte
qu'elle reſſemble à de la colle mediocrement épaiſſe,
les diverſes parties du corps en font comme le partage,
chacune attirant à ſoy ce qu'elle en a de beſoin, & la
changeant en ce qu'elle eſt; Ainſi, la chair en attire
une partie qu'elle change en chair, & l'os en attire une

IV.
De la doctrine des anciens touchât la Nutrition & l'Accroiſſement.

autre partie qu’il change en os, & cela par des vertus
fecretes, à qui l’on a donné les noms d’attractrice &
d’affimilatrice.

V.
*Défaut de
cette doctri-
ne.*

Mais comme cette opinion femble choquer la raifon, en ce qu’elle ne s’accorde point avec ce que nous
avons démontré cy-deffus de la circulation du fang ;
qu’elle n’explique point comment le fang venal & le
fang arterial fe changent en rofée, & enfuite en colle ;
Et enfin qu’elle fuppofe dans chaque partie du corps
une vertu attractrice, & une vertu affimilatrice, que
l’on ne comprend point du tout, nous nous trouvons
en quelque façon obligez de chercher une autre maniere d’expliquer ce changement.

V I.
*Comment fe
fait la Nu-
trition &
l’Accroiffe-
ment.*

Pour cela il ne faut que faire reflexion fur l’eftat où
fe trouve le fang quand il fort du cœur pour aller remplir les arteres : Car fe trouvant alors fort fubtilifé &
dilaté, & tendant avec grande force à fe mouvoir en
tout fens, nous pouvons premierement penfer qu’une
petite partie de celuy qui coule dans les arteres capillaires, en échape par une infinité de pores qui font dans
les peaux qui les compofent, & qui s’entrouvrent à chaque battement ; Enfuite dequoy, confiderant que ces
pores font fi étroits, qu’il n’eft pas libre aux parties du
fang qui y paffent de fe mouvoir indifferemment en tout
fens, nous devons conclure qu’elles avancent d’un fens
feulement ; De forte que s’entrefuivant les unes les autres, fans que celles qui fe touchoient ceffent de fe toucher , elles ne compofent plus un tout liquide, mais
feulement de petits filets , tels que font les fibres des
chairs ; Ainfi , la nutrition fe fait, lors que la diffipation

qui arrive à l'une des extremitez des fibres des chairs,
se rétablit par autant de matiere qui se joignant & s'unis-
sant à l'autre extremité, pousse & chasse devant soy ces
fibres ; Et l'Accroissement se fait, lors qu'il s'ajoute plus
de nouvelle matiere qu'il ne s'en dissipe de l'ancienne.

CHAPITRE XVII.

Des Esprits Animaux, & du mouvement des Muscles.

OUTRE les parties sensibles que nous remarquons
dans nostre corps, il y a encore en nous une certaine substance insensible qui ressemble à un air extremement subtil & agité, à qui les Medecins donnent
le nom d'Esprits ANIMAUX. Que cela ne soit ainsi, on n'en
peut pas douter, si l'on considere que plusieurs parties
de nostre corps s'enflent tout d'un coup, sans que l'on
puisse soupçonner que le sang y soit accouru pour produire un si prompt effet ; qui ne se peut mesme raisonnablement attribuer qu'à une matiere fort subtile & fort
agitée.

I.
Qu'il y a des Esprits Ani-maux.

Les anciens ont estimé que les Eprits Animaux estoient faits d'une portion du sang arterial, laquelle s'insinuant dans les Arteres Carotides entroit dans le cerveau, dont ils pretendoient que la substance avoit la
vertu de convertir ce sang en Esprit ; Mais il faut avoüer
que cette doctrine est fort obscure & défectueuse, en
ce qu'elle ne fait point comprendre en quoy consiste

II.
Doctrine dé-fectueuse des Anciens tou-chant les Es-prits Ani-maux.

X x iij

cette vertu, ny quelle eſt la nature particuliere des Eſprits Animaux.

Afin donc de rendre la choſe plus intelligible, conſiderons que le ſang s'échauffant & ſe dilatant dans la
cavité gauche du cœur, quelques-unes de ſes parties,
qui s'entrechoquent les unes les autres, ſe ſubtiliſent
de telle ſorte, & acquierent de telles figures, qu'elles
ſont enſuite diſpoſées à ſe mouvoir beaucoup plus aiſément que les autres, & à paſſer par des pores par où ces
autres ne ſçauroient paſſer; Ces parties plus ſubtiles &
plus agitées ſortent du cœur avec les autres qui le ſont
moins; Et la diſpoſition de l'Aorte eſt telle, que tout
ce qui ſort de la cavité gauche du cœur tend directement vers le cerveau; Mais comme il en ſort une trop
grande quantité, & que les paſſages ſont trop étroirs
pour pouvoir toutes y eſtre reçeuës, la plus-part ſont
contraintes de ſe détourner pour tendre ailleurs, & il
ne ſçauroit y avoir que les parties les plus ſubtiles &
les plus agitées, qui entrent dans le cerveau, où elles ſe
ſubtiliſent encore, & ſe ſeparent des moins ſubtiles; Et
ce ſont ces parties ainſi ſubtiliſées & dégagées des autres,
qui compoſent ce qu'on appelle les Eſprits Animaux;
à la production deſquels le cerveau ne concourt point
autrement, que fait un crible fort ſerré pour nous donner la plus fine fleur de farine.

Quand on eſt une fois aſſuré qu'il y a des Eſprits animaux, & qu'on ſçait que le cerveau en eſt comme le
reſervoir, il n'y a plus rien d'obſcur dans ce qu'on nomme la Faculté Motrice, ou le Principe des divers mouvemens des membres: Car on conçoit aiſément que

la figure & l'agitation particuliere des parties qui compoſent ces eſprits, ou l'action des objets exterieurs ſur les
organes des ſens, ou meſme en Nous l'inclination à un tel
ou un tel mouvement, déterminant ces Eſprits à entrer
plûtoſt dans un nerf que dans un autre, ils parviennent
auſſi enſuite dans un certain muſcle, plûtoſt que dans
un autre ; lequel, à cauſe de la ſtructure commune de
tous les muſcles, ſe groſſiſſant alors & ſe racourciſſant,
fait que le tendon tire à ſoy la partie du corps à laquelle il eſt attaché, & cauſe ainſi le mouvement de
nos membres.

Et il n'eſt pas neceſſaire que toutes les fois que nous
remüons un de nos membres, le cerveau envoye une
grande quantité de nouveaux Eſprits dans le muſcle qui
ſert à cet effet : Car chaque membre pouvant eſtre meu
en deux ſens oppoſez, par le moyen des muſcles qu'on
nomme Antagoniſtes, on peut penſer que le muſcle
qui a ſervy à l'un de ces mouvemens ceſſant d'agir, les
Eſprits qui le gonfloient paſſent dans ſon Antagoniſte,
par un conduit qui leur ſert de communication, & fa-
cilitent ainſi ſon action ; Et pour cela il n'eſt pas beſoin
qu'il y afflüe davantage d'Eſprits Animaux du cerveau,
qu'il en faut pour ouvrir & fermer à propos les paſſages
de cette communication, & pour remplacer ceux qui
ſe ſont tellement ſubtiliſez à force de s'agiter, qu'ils ont
perdu la forme d'Eſprit Animal, & ſont échapez par
les pores de la membrane qui envelope chaque muſcle.

CHAPITRE XVIII.

De la Respiration.

I.
Comment se fait la respiration.

COMME nous avons déja remarqué dans la premiere partie de ce Traité, que la respiration dépend de l'action des muscles de la poitrine & du bas ventre, qui faisant enfler & desenfler nostre corps, déterminent l'air à y entrer ou à en sortir, si nous joignons à cela ce que nous venons de dire de l'action des muscles, nous aurons éclaircy tout ce que l'on peut icy souhaiter principalement de connoître.

II.
Comment ayant la bouche ouverte nous pouvons respirer par la bouche ou par le nez.

Je ne veux pourtant pas omettre une circonstance, laquelle quoy que de peu d'importáce ne laisse pas neantmoins d'estre digne de remarque, qui est, qu'ayant la bouche ouverte, nous pouvons comme il nous plaît respirer par le nez sans respirer par la bouche, ou bien respirer par la bouche sans respirer par le nez; Et pour sçavoir la raison de ces deux effets, il faut remarquer que le premier dépend de ce que nous pouvons tellement retirer la langue vers le fond de la bouche, que nous empêchons l'air d'entrer par là dans les poumons, tout de mesme que si nous avions la bouche fermée, & ainsi l'air est contraint d'y entrer par les narines. Et le second, de ce que nous pouvons aussi faire tellement approcher certaines chairs qui sont au fond des narines, & qui sont comme de petits muscles, que l'air ne pouvant plus passer par là pour entrer dans les poumons,

prend

prend ſon chemin pour y entrer par la bouche.

La neceſſité de la reſpiration paroiſt aſſez dans la plus-part des Animaux, qui meurent lors qu'on les empêche quelque temps de reſpirer. Et pour ſon uſage, il eſt fort vray-ſemblable que l'air entrant dans les branches de la trachée Artere, rafraîchit & condenſe le ſang qui coule dans les branches de l'artere veneuſe, afin qu'il devienne propre à ſervir de nourriture à cette eſpece de feu qui eſt dans la cavité gauche du cœur, & qu'il y puiſſe derechef eſtre dilaté ; Et ce meſme air en ſortant du corps & des poumons ramene avec ſoy certaines parties dont ſe purge le ſang qui coule dans les branches de la vene arterieuſe, & de l'artere veneuſe, qui ſont comme la fumeé ou la ſuye du ſang.

III.
Uſage de la reſpiration.

Les enfans qui ſont dans le ventre de leur mere ne reſpirent point encore ; & le ſang qui a eſté une fois échauffé dans la cavité droite du cœur, n'eſtant point alors rafraîchy par la reſpiration, ne peut pas eſtre propre à entretenir le feu qui eſt dans la cavité gauche ; C'eſt pourquoy la nature y a pourvû, & a fait que le ſang qui a eſté une fois échauffé & dilaté dans le cœur, n'y rentre point, ſi ce n'eſt en tres-petite quantité ; la plus grande partie de celuy qui ſort de la cavité droite paſſant immediatement du tronc de la vene arterieuſe dans l'Aorte ; tandis que pour ſuppléer au defaut de ce ſang, il en paſſe immediatement de la vene-cave dans le tronc de l'artere veneuſe, qui delà entre & ſe dilate dans la cavité gauche du cœur.

IV.
Belle remarque de ce qui ſe paſſe dans le fœtus au defaut de la reſpiration.

Les ouvertures ou les canaux par où paſſe ainſi le ſang dans les enfans qui ne ſont pas encore nez, ſe bouchent

V.
Comment les oiſeaux qui

Y y

plongent peuvent eſtre long-temps ſous l'eau ſans reſpirer.

petit-à-petit aprés leur naiſſance, à cauſe que pouvant alors reſpirer, le ſang qui eſt ſorty de la cavité droite du cœur ſe peut ſuffiſamment rafraîchir & condenſer, devant que d'entrer dans la gauche, pour ſervir de nourriture au feu qui y eſt ; Le ſemblable arrive à la plus-part des beſtes, en qui, comme aux hommes, faute d'uſage ces canaux ſe bouchent, en ſorte qu'il ne paroiſt plus aucune ouverture ny aucun conduit ſix ſemaines ou deux mois aprés leur naiſſance. Mais comme il y a certains Animaux, tels que ſont les Canards & les Plongeons, qui ſont ſujets à demeurer quelque-fois fort long-temps ſous l'eau, où ils cherchent leur nourriture, & où ils n'ont pas la liberté de reſpirer, auſſi ces ouvertures dont je viens de parler ne ſe ferment point en eux, & ils les conſervent toute leur vie, ſoit à cauſe de l'uſage ordinaire qu'ils en font, ſoit que par quelque diſpoſition particuliere du naturel de ces animaux, ces canaux ne ſe puiſſent pas flêtrir ny boucher ſi aiſément.

VI.
Des fameux Plongeurs de l'antiquité.

Et peut-eſtre que ce qui a donné moyen à ces fameux Plongeurs de l'antiquité (dont l'hiſtoire fait mention) qui demeuroient ſous l'eau des heures entieres, de ſe faire par là admirer du reſte des hommes, eſtoit que par une merveille qui leur eſtoit particuliere, leur ſang s'eſtoit reſervé des paſſages pour couler dans le beſoin comme il faiſoit avant leur naiſſance, & comme il coule dans le corps des Canards & des Plongeons.

CHAPITRE XIX.

De la Veille, & du Sommeil.

CE que noftre propre experience nous fait principalement connoître de la Veille, c'eft que c'eft
un eftat auquel nous entendons fi l'on nous parle, nous
voyons s'il y a des objets éclairez devant nos yeux,
bref nous fentons, en toutes les manieres dont nous
fommes capables, lors que des objets agiffent avec
un peu de force fur les organes de nos fens; A quoy
l'on peut ajoûter, que noftre corps fe meut alors comme il nous plaît en plufieurs diverfes façons. Et quant
au Sommeil, l'experience nous apprend que c'eft un
eftat oppofé au premier, pendant lequel, l'action ordinaire des objets exterieurs fur les organes de nos fens,
n'excite en nous aucun fentiment, & durant lequel noftre corps paroift dans un parfait repos.

I.
De l'eftat de la Veille & du Sommeil.

Pour rendre raifon de ces deux eftats, il fuffit de penfer que l'eftat de la Veille, confifte, en ce que les Efprits
Animaux fe trouvant en abondance dans le cerveau,
& eftant facilement déterminez à couler delà dans tous
les nerfs, ils les rempliffent de telle forte, qu'ils en tiennent tous les filets tendus, & feparez les uns des autres:
Car cela pofé, fi un objet agit fur quelqu'endroit de
noftre corps, il eft aifé de concevoir que les filets du nerf
qui aboutit à cet endroit là, pourront tranfmettre l'impreffion qu'ils auront receüe, jufqu'à l'endroit du cer-

II.
En quoy con-fifte l'eftat de la Veille.

veau qui excite immediatement l'Ame à sentir. L'on peut aussi aisément penser que les Esprits Animaux estant alors déterminez à couler vers certains muscles, feront que les parties du corps, où ces muscles sont inserez, se remüeront en certaines façons.

III.
En quoy consiste l'estat du Sommeil.

L'estat du Sommeil estant opposé à celuy de la Veille, pour établir en quoy il consiste, il ne faut que supposer une autre disposition dans le Cerveau, que celle qui cause l'estat de la Veille ; Et comme celle-cy consiste dans une abondance d'Esprits, l'autre par une raison contraire doit estre causée par une disette & un manquement d'esprits , qui fait que les pores du cerveau, par où les Esprits ont accoûtumé de couler dans les nerfs , n'estant plus tenus entr'ouverts par le passage frequent des Esprits , se bouchent d'eux-mesmes : Car ensuite de cette obstruction, les Esprits Animaux qui estoient déja dans les nerfs, venant à se dissiper, & n'y en affluant point d'autres , les filets de ces nerfs deviennent lâches, & comme collez les uns contre les autres ; Et si alors un objet fait impression sur quelqu'endroit de nostre corps , ils ne peuvent servir pour la transmettre jusqu'au cerveau ; D'où il suit qu'il n'en doit resulter aucun sentiment ; Deplus, les muscles qui sont alors vuides d'esprits venant à se relâcher, ne sçauroient plus servir à mouvoir les membres où ils sont inserez ; & mesme ne peuvent non plus contribuer à retenir le corps dans une certaine posture , que s'ils estoient entierement détruits.

IV.
Comment le sommeil peut

L'obstruction des pores du cerveau qui sont les orifices des nerfs, & consequemment le Sommeil, est une suite neceſſaire du grand épuiſement des Eſprits ; Mais *eſtre volontaire.* quand il y en a encore dans le cerveau une quantité ſuffiſante pour pouvoir eſtre employée avec un peu d'effort aux actions de la Veille, on peut dire que quand on ne les y employe pas, le commencement du Sommeil eſt volontaire. En effet, on voit qu'une perſonne qui ſe ſent diſpoſée à dormir, s'en peut encore abſtenir ſi elle veut pour quelque temps, en s'appliquant attentivement à faire quelque choſe, & employant les Eſprits Animaux, qui ſans cela auroient eu quelque autre uſage , aux actions qui ſervent à entretenir la Veille.

Comme les Eſprits Animaux ont beaucoup d'agitation, il eſt aiſé de juger que s'ils ne ſont point employez à entretenir l'eſtat de la Veille, & s'ils demeurent dans le ſang meſme, ils doivent augmenter l'agitation de ſes parties ; Et dautant que c'eſt en cela que conſiſte l'augmentation de la chaleur du ſang , & par conſequent celle de tous les membres, il s'enſuit que ſi l'on s'endort dans un lit au plus fort de l'hyver, on s'échauffe davantage, que ſi eſtant dans le meſme lit, on ſe contraïgnoit à veiller.

V. Pourquoy on s'échauffe en dormant.

Il ſe peut faire que pendant le Sommeil, les Eſprits Animaux qui ſe rencontrent dans le cerveau en ébranlent quelques parties, de meſme qu'elles le pourroient eſtre à la preſence d'un objet qui agiroit ſur les organes des ſens ; Auquel cas l'Ame ſera éxcitée à ſentir, & aura cette ſorte de perception qu'on appelle un Songe.

VI. De la cauſe des ſonges.

Et dautant que les parties du cerveau qui ont déja

VII.

Y y iij

Pourquoy on ne songe gueres que des choses qu'on a senties. efté ébrálées par l'action de quelque objet exterieur, font bien plus aifées à ébranler que celles qui font toûjours demeurées en repos, ce font auffi ordinairement celles-là que les Efprits Animaux agitent pendant le Sommeil; Ce qui fait que l'on ne fonge prefque jamais en dormant qu'aux chofes que l'on a fenties eftant éveillé.

VIII. Pourquoy les songes se font le plus souvent sans ordre. Mais comme le grand nombre d'objets que nous avons fentis durant noftre vie, a fort differemment remüé les mefmes endroits du cerveau, ce feroit une merveille, fi pendant les réveries de la nuit, les Efprits ne les remüoient pas quelquefois en mefme temps, partie comme ils l'ont efté à la prefence d'un certain objet, & partie comme ils l'ont efté à la prefence d'un autre; Ainfi la perception qui en refulte en l'Ame, peut bien eftre quelquefois de la tefte d'un lion entée fur le corps d'une chevre; C'eft à dire, qu'il eft mal-aifé que nos fonges puiffent avoir une fuite fort reglée.

IX. Comment le sommeil peut cesser. L'eftat du Sommeil eftant tel que nous l'avons décrit, il eft évident qu'il peut ceffer, fi quelqu'un des organes de nos fens eft tellement ébranlé, que l'impreffion qu'il a receüe parvienne jufqu'au cerveau : Car en ce cas, le peu d'Efprits Animaux qu'il y a dans le cerveau, & ceux qui y accourent fans ceffe, peuvent eftre employez à entretenir l'eftat de la Veille.

X. Autre cause de la cessation du sommeil. Mais quand un objet n'agiroit pas alors ainfi puiffamment fur les organes des fens, ce feroit toûjours une neceffité que le Sommeil finift aprés un certain temps : Car les Efprits Animaux qui fe produifent pendant le Sommeil, peuvent à la fin fe trouver en telle abondance, qu'ayant la force d'entrouvrir les entrées

des nerfs, ils les rempliſſent autant qu'il eſt neceſſaire
pour en degager les filets, & faire qu'ils donnent occaſion à l'Ame de ſentir les objets qui touchent le corps.
Ainſi quand un homme s'eſt endormy dans un lit, ſon
réveil peut commencer par le ſentiment qu'excite en
luy la dureté du matelas qui le porte, ou le ply d'un
drap qui le bleſſe, ou comme il arrive ſouvent, par le
ſentiment ou l'envie qu'excite en luy quelque excrement dont ſon corps a beſoin d'eſtre déchargé.

CHAPITRE XX.

De la digeſtion des alimens.

UNE partie du ſang ſe convertiſſant continuellement en Eſprits Animaux, ainſi qu'il a eſté dit un
peu auparavant, & une autre partie beaucoup plus conſiderable eſtant employée à nourrir ou à faire croître
le corps, il n'y a pas de doute que le ſang devroit à
la fin tarir, s'il ne s'en produiſoit point de nouveau;
Perſonne meſme n'ignore, & le beſoin que nous avons
de prendre de temps en temps des alimens nous le fait
aſſez évidemment connoître, que ce ſont eux qui reparent cette perte, qui fourniſſent du leur pour la repa-
rer, & qui ſe changent & ſe convertiſſent en ſang;
Mais on ne connoiſt pas ſi facilement tout le myſtere de
cette tranſmutation.

L'experience journaliere nous apprend, qu'aprés que
les viandes ont eſté groſſierement moulües, broyées,

ne des Anciens.

& divifées avec les dents, & détrempées par la falive, elles defcendent dans l'eftomach, où elles continuent de fe divifer en de tres petites parties. Cette feconde divifion qui fait que les viandes changent d'eftat & de forme, & qu'on ne les reconnoift plus, eft ce qu'on nomme la digeftion; que les ANCIENS ont creu, & ont mefme enfeigné eftre l'effet de la feule chaleur du ventricule.

§. III.
Defaut de cette doctrine.

L'on peut dire que cette doctrine n'a efté enfeignée par les anciens que faute d'une meilleure; Ce n'eft pas qu'elle leur paruft defectueufe pour manquer de bonne preuve : Car l'autorité de ceux qui l'avoient avancée leur tenoit lieu d'une preuve inconteftable, fuivant la coûtume de ce temps-là, où pour l'eftabliffement de quelque opinion il fuffifoit que quelqu'un s'en dift l'auteur; Mais ce qui leur faifoit de la peine, c'eft qu'ils voyoient que plufieurs ANIMAUX, dans le ventricule defquels on ne remarquoit aucune chaleur, comme par exemple, les poiffons, ne laiffoient pas de digerer, du moins auffi bien que ceux en qui l'on en remarquoit beaucoup; De forte que pour ne pas demeurer court, dans un temps où les Philofophes avoient honte d'avoüer qu'ils ignoraffent aucune chofe, ils trouvoient moyen de fe tirer d'affaire, en difant que cette chaleur qui fervoit à la digeftion des viandes, eftoit une chaleur extraordinaire & particuliere, & nullement femblable à celle que nous reffentons par le moyen de l'attouchement; Ce qui n'eftoit qu'un pur fophifme: Car cela ne fignifioit rien autre chofe, finon que la digeftion des viandes fe faifoit par une caufe que l'on

ne

ne connoiſſoit point du tout, mais à qui l'on donnoit le
nom de chaleur.

Et pour eſtre en cela plus pleinement convaincu de
l'erreur des anciens, nous avons fait pluſieurs fois l'experience ſuivante. Nous avons pris une certaine quantité de ces petits os qui ſont aux extremitez des pieds
de mouton, que l'on vend à demy cuits, nous en avons
mis une partie dans un chaudron preſque plein d'eau,
que nous avons fait boüillir ſur le feu pendant prés de
trois heures, au bout deſquelles ces os ne paroiſſoient aucunement changez ; Nous avons jetté en meſme temps
l'autre partie à un gros chien, qui l'a incontinent dévo-
rée, & nous avons trouvé qu'aprés trois heures ces os eſtoient preſqu'entierement digerez ; Or tout le contraire
de cela devroit arriver, ſi la digeſtion eſtoit cauſée par la
ſeule chaleur, puiſque celle du chaudron eſt beaucoup
plus grande que celle du ventricule du chien ; C'eſt
pourquoy il faut conclure que la digeſtion ne ſe fait
point comme les anciens l'ont enſeigné.

Les Chymiſtes modernes nous ont en cecy frayé le
chemin pour parvenir à la découverte de la verité : Car ce
ſont eux qui nous ont particulierement fait remarquer
que les liquides eſtoient les cauſes les plus efficaces de
la diſſolution des corps durs, & qu'il y avoit des eaux
fortes propres à diſſoudre certains corps, & d'autres propres à en diſſoudre d'autres. Enſuite dequoy l'on peut
penſer, qu'aprés que les viandes ont eſté ainſi broyées &
diviſées dans la bouche, elles deſcendent comme nous
avons dit, dans le ventricule, détrempées avec la ſalive,
laquelle, par le mouvement que ſes parties ont entant

Marginal notes:

IV.
*Que la digeſ-
tion ne ſe
fait pas par
la ſeule cha-
leur de l'eſ-
tomac.*

V.
*Que la ſali-
ve ſert à la
digeſtion.*

qu'elles compofent un liquide, fert comme d'eau forte pour achever cette autre divifion que les dents n'ont pû faire ; Ce qui fe confirme, en ce que la digeftion fe fait ordinairement mieux , lors qu'ayant beaucoup mâché les viandes, on les a auffi détrempées de beaucoup de falive, que fi les ayant moins mâchées elles eftoient defcenduës prefque toutes feches dans l'eftomac.

VI.
D'une autre liqueur qui tombe dans le ventricule.

Mais il y a plus : Car comme il y a plufieurs branches d'arteres qui aboutiffent à la furface interieure du ventricule, il diftile pour l'ordinaire de quelques-unes de leurs extremitez, une autre efpece d'eau forte , beaucoup plus active que la premiere, laquelle fe mêlant avec la falive , concourt avec elle à la digeftion des viandes, & y a mefme le plus de part; A quoy l'on peut encore ajoûter, pour ne pas s'éloigner tout-à-fait de la penfée des Anciens, que ces deux fortes de liqueurs font de telle nature dans l'homme, & dans la plufpart des animaux, qu'elles ont befoin de la chaleur du ventricule pour agir.

VII.
Que le fiel acheve la digeftion des alimens.

Les viandes eftant ainfi digerées defcendent dans les Inteftins, où l'on peut dire qu'il fe fait une feconde ou troifiéme digeftion : Car le fiel qui y diftile continuellement , & qui colore mefme les viandes prefqu'auffi-toft qu'elles fortent du ventricule, acheve comme un dernier diffolvant ce que les précedens n'ont fait que commencer.

VIII.
Que le fiel n'eft pas un pur excrement.

Si ce que j'ay dit du fiel s'éloigne de la penfée de quelques Medecins, qui fe perfuadent que le fiel n'eft qu'un excrement, lequel n'a aucun ufage dans le corps, il ne s'en faut pas beaucoup mettre en peine, puiſque bien loin d'appuyer leur ſentiment de quelque raiſon, il paroiſt meſme qu'ils la choquent; En effet, ſi le fiel n'eſtoit qu'un excrement, il y a grande apparence que la Nature en auroit placé l'égouſt vers l'extremité d'embas des inteſtins, plûtoſt que vers leur commencement : Car ſi leur opinion eſtoit veritable, le fiel ne pourroit ſervir en ce lieu-là qu'à infecter les viandes, qui ne font preſque que ſortir de l'eſtomac, & qui n'ont pas encore fourny ce qui doit ſervir à noſtre nourriture.

CHAPITRE XXI.

Du mouvement du Chile.

QUELLE que ſoit la préparation des viandes, lors qu'elles coulent dans les inteſtins, tousjours eſt-il certain, que la portion qui s'en doit ſeparer, pour eſtre convertie en ſang, ne ſçauroit manquer d'eſtre aſſez fluide; puis qu'il faut qu'elle ſorte du lieu où elle eſt, par des pores que l'œil n'a encore pû découvrir. C'eſt cette liqueur qu'on nomme le Chile; qui ſe doit dégager (par quelque cauſe que ce puiſſe eſtre) d'avec les autres matieres plus groſſieres, & qui doit tenir un certain chemin pour ſe rendre à l'endroit où il ſe doit convertir en ſang.

I.
Ce que c'eſt que le chile.

Les Anciens, qui ont tâché de connoître ces deux choſes, ont eſtimé que le chile eſtoit attiré hors des in-

II.
Penſée des anciens tou-

chant le
mouvement
du chile.

teſtins par les extremitez des branches de la vene-porte, à qui ils attribuoient la vertu de ſuccer ; Qu'enſuite
de cela, le chile continüoit de couler vers le foye ; par
qui il eſtoit auſſi attiré, & dont il penetroit la ſubſtance ;
& qu'enfin le foye le convertiſſoit en ſang.

III.
*Que cette
penſée a paru
fort cho-
quante.*

Quoy que cette doctrine ait eu long temps vogue
dans les écoles, on a pourtant à la fin eſté obligé d'y
renoncer, voyant qu'on ne pouvoit comprendre ce
que c'eſtoit que cette vertu de ſuccer qu'on attribüoit
aux venes Meſaraiques ; ny en quoy conſiſtoit celle
qu'on attribüoit au foye, d'attirer & de convertir le
chile en ſang ; Mais ſur tout, parce qu'on faiſoit mouvoir le chile des inteſtins vers le foye, dans des venes
où l'on pretendoit que le ſang couloit en meſme temps
d'un mouvement tout contraire, à ſçavoir du foye vers
les inteſtins, ce qui ſans doute choquoit le ſens & la
raiſon.

IV.
*Qu'elle eſt
devenüe pro-
bable par la
doctrine de
la circulation
du ſang.*

Il eſt bien vray que depuis qu'on a connu la circulation du ſang, & qu'on s'eſt apperceu que les venes
Meſaraiques reçoivent celuy qu'elles contiennent des
rameaux de l'Artere Celiaque, & par conſequent qu'il
coule des inteſtins vers le foye, on a bien jugé qu'au
lieu de s'oppoſer au mouvement du chile, il pourroit
contribuer à le faire avancer vers là plus facilement.

V.
*Que la de-
couverte des
venes lactées
l'a fait abā-
donner.*

Mais quoy que par là on ait levé la plus grande ré-
pugnance que l'on trouvoit dans l'opinion des Anciens,
la découverte que l'on a faite depuis quelque temps des
Venes Lactées, dans leſquelles le chile paroiſt viſiblemét
eſtre renfermé, a fait qu'on l'a entierement abandon-
née ; Et hors quelques-uns de nos vieux Medecins, qui

ne peuvent se resoudre à changer d'opinion, tous les autres tiennent aujourd'huy que le chile n'entre point dans les venes Mesaraiques, mais bien dans ces venes Lactées.

Et dautant qu'on n'avoit encore formé aucun doute touchant le lieu où se fait le sang, on s'est d'abord persuadé que les venes lactées servoient de canaux pour conduire immediatement le chile des intestins dans le foye.

VI.
Premiere pensée touchant le chemin du chile.

Toutesfois l'on a encore esté obligé d'abandonner cette opinion, depuis que l'on a reconnu par l'experience, qu'en ostant le foye du corps d'un animal vivant, les venes lactées ne se desemplissoient point du tout: Car il est certain que si le chile tendoit droit au foye, elles devroient alors se vuider & se desemplir, puisque tous les passages par où il y tendroit seroient ouverts.

VII.
Que le chile ne se porte pas dans le foye.

Dans l'incertitude donc où l'on pouvoit estre du chemin que tient le chyle, M. Pecquet s'est avisé d'un moyen qui met la chose hors de doute. C'est une experience qu'il a faite, & qu'il a fait voir à plusieurs, qui fait connoître à l'œil le chemin du chile; La voicy. On lie les deux venes soûclavieres un peu au dessus de l'endroit où elles se vont décharger dans la vene-cave, afin que ce qui est au dessous n'ait plus de communication avec le reste; puis ayant ouvert la cavité droite du cœur, on y fait dégorger tout le sang qui estoit au deçà des ligatures, & l'on a soin de le bien nettoyer avec des éponges; Aprés quoy, pressant premierement les venes lactées, puis le reservoir du chile, & enfin le conduit

VIII.
Des chemins du Chile.

qui eſt le long des Vertebres, ces vaiſſeaux ſe vuident l'un aprés l'autre, & l'on voit tout le chile tomber dans la cavité droite du cœur. Ce qui nous oblige de croire, en attendant qu'on trouve encore quelqu'autre chemin, que tout le chile paſſe des inteſtins dans les venes lactées, de ces venes dans le reſervoir, de cc reſervoir dans les ſoûclavieres, où il ſe mêle avec le ſang, pour delà aller droit au cœur.

IX.
*Que les ve-
nes lactées
n'attirent
pas le chile.*

Or il n'eſt pas neceſſaire d'attribuer aux venes lactées la vertu de ſuccer, comme les Anciens l'attribuoient aux venes Meſaraiques, pour expliquer comment le chile ſort des Inteſtins; Il ſuffit de concevoir, conformément à la raiſon & à l'experience, que tout ce qui eſt contenu dans les Inteſtins eſt dans une continuelle fermentation, ou dans une eſpece de bouillonnement ou d'agitation, qui fait que toutes ſes parties tendent à ſe dilater de tous côtez: Car cela poſé, l'on comprend aiſément que ce qu'il y a de plus ſubtil, & de propre pour compoſer le chile, échape par les pores des Inteſtins, & ſe va rendre dans les venes lactées.

X.
*Que le chile
ſe meut dans
les hommes
comme dans
les beſtes*

L'on a eſté un aſſez long temps qu'on n'avoit fait que ſur des beſtes l'experience qui nous montre le chemin du chile, & cela dónoit lieu à ceux qui tiennent encore pour la vieille opinion, de ſoûtenir que la meſme choſe ne ſe faiſoit pas dans l'homme. Toutesfois l'on s'eſt encore éclaircy du doute que l'on pouvoit avoir la-deſſus par cet accident. Deux Soldats qui eſtoiét yvres prirent querelle, & ſe batirent; & l'un d'eux ayant eſté grievement bleſſé, l'on ſe mit en devoir de le porter chez un Chirurgien, où quand il arriva il eſtoit déja mort. Ce Chirurgien (appellé M. Gayan) qui est fort versé dans l'Anatomie, retint le cadavre , & en ayant fait à quelque temps delà la dissection, il fit voir que le chile se meut dans l'homme de mesme que dans les bestes. Plusieurs personnes ont esté témoins de cette experience les uns aprés les autres ; Mais comme le chile ne pouvoit pas toûjours suffire, on supplea à son defaut, en introduisant le bout d'une petite seringue dans le reservoir, & en y seringuant du laict ; & alors on vit qu'il se déchargeoit dans la cavité droite du cœur, de mesme que faisoit le chile. Si cette experience ne suffit pas pour juger du chemin que le chile tient dans le corps, je ne sçay pas de quel moyen on devra se servir pour le démontrer.

CHAPITRE XXII.

De la Sanguification.

CE que nous avons dit du chemin du chile demeurant pour constant, l'opinion des Anciens, qui vouloient que le sang se fist dans le foye, paroist évidemment fausse ; & l'on ne sçauroit plus douter que le chile n'acquiere la forme de sang dans le Cœur.

I.
Que le sang se fait dans le cœur.

Quant à la maniere de cette conversion, je n'ay garde de dire du cœur, ce qu'on avoit coûtume de dire du foye , à sçavoir , qu'estant rouge il communique cette couleur au chile : Car cela n'est pas necessaire. Et l'on sçait assez qu'un poulet, qui a du sang dans ses arteres & dans ses venes, s'engendre d'un œuf, dont la

II.
De la maniere que se fait le sang.

coquille eſt blanche, la glaire tranſparente, & où il n'y a rien de rouge. J'eſtime donc qu'il eſt bien plus croyable, que le chile ſe rougit par le changement que l'ébullition qu'il acquiert dans le cœur cauſe dans la figure & dans l'arrangement de ſes parties; Et ainſi, le cœur ne contribüe quaſi à la confection du ſang, que comme une huche de boulanger contribüe à faire de la paſte.

III.
Du temps de la ſanguification, & pourquoy certaines perſonnes s'endorment apres le repas.

Les divers temperamens qui ſe rencontrent dans les hommes, ſont cauſe que le chile ſe convertit plûtoſt en ſang dans quelques-uns, que dans quelques autres. Et il y en a, qui n'ont pas plûtoſt pris de la nourriture, qu'on s'apperçoit en eux preſqu'auſſi-toſt, par des effets aſſez ſenſibles, qu'il s'en eſt digeré une partie, & que le ſuc leur a déja paſſé dans le cœur : Car cette diſpoſition à dormir, qu'ils reſſentent immediatement aprés le repas, ne ſçauroit eſtre raiſonnablement attribuée, qu'au defaut des Eſprits Animaux, qui ne continuent plus de s'engendrer dans le cœur en ſi grande abondance, à cauſe que le ſang qui y paſſe pour lors, eſt trop groſſier & trop rafraichy par le chile qui ſe mêle avec luy.

CHAPITRE XXIII.

Des Excremens.

I.
Diverſes ſortes d'excremens.

COMME l'on ſçait que toutes les parties des alimens que nous prenons ne ſe convertiſſent pas

toutes

toutes en chile , & mefme que la plus grande partie
n'eft qu'un excrement inutile, auffi peut-on bien penfer que tout le chile ne fe convertit pas en fang , ny tout
le fang en quelque partie de noftre corps ; fi-bien qu'il
y a des excremens de plufieurs diverfes fortes, & de nature fort differente, lefquels fe feparent auffi de noftre corps en plufieurs diverfes manieres ; Et mefme
on peut dire qu'il n'y a point de partie en nous qui ne
devienne à la fin un excrement , puis qu'il n'y en a
point qui à la fin ne fe defuniffe & ne fe fepare de noftre corps, qui ne vit & qui ne fubfifte que dans le changement, & par un changement continuel.

Les parties de la nourriture qui ne fe convertiffent
point en chile, eftant beaucoup plus groffieres & moins
fluides que luy , ne paffent point avec luy dans les
venes lactées, mais fe déchargent par le boyau deftiné
à cet office. Il n'en eft pas de mefme du Chile à l'é-
gard du fang : Car n'eftant pas moins fluide que luy,
on peut penfer que toutes les parties du Chile qui ne
fe convertiffent point en fang, & qui par confequent
en font comme les excremens, le fuivent par tout, &
paffent par tout conjointement avec luy. Et c'eft ce
qui a fait dire aux Anciens, qui croyoient que le fang fe
faifoit dans le foye, que les excremens de la fanguifi-
cation fe portoient du foye dans toutes les venes ; mais
qu'une partie en eftoit attirée par les reins, pour compofer l'urine, & que l'autre s'en alloit en füeur , qui
échapoit indifferemment par tous les endroits du
corps.

Cette opinion fembloit affez plaufible, tant parce

II.
Doctrine des
anciens tou-
chant la fe-
paration de
l'urine &
des fueurs.

III.

Aaa

que le sang qu'on a tiré des venes, & qu'on a laissé un peu repofer, paroist remply d'une certaine ferofité qui reffemble affez à de l'urine ; qu'à caufe qu'on voyoit que les reins eftoient placez auprés des extremitez des venes & des arteres Emulgentes, par où l'on jugeoit que les parties de l'urine pouvoient échaper. Et mefme fi quelques-uns l'avoient rebutée d'abord, & avoient paru en eftre choquez, à caufe qu'elle fuppofoit une attraction incomprehenfible, & qu'elle étendoit la fphere d'activité des reins jufques aux extremitez du corps, cette efpece de repugnance fembloit avoir efté levée, depuis qu'on avoit découvert la circulation du fang : Car on avoit penfé, que puifque le fang paffoit continuellement de l'artere Emulgente dans la vene, ce qu'il contenoit en ce lieu-là de parties d'urine pouvoit bien échaper par des pores qui les conduifoient dans les reins. Et il n'eftoit plus alors neceffaire d'attribuer aux reins aucune vertu attractrice, puifque l'urine y pouvoit bien paffer, de mefme que la farine paffe bien dans la huche d'un Boulanger au travers des trous d'un crible, fans pour cela que la huche ait aucune vertu attractrice ; Et ainfi cette opinion avoit toutes les apparences de la verité.

Mais depuis que l'on a commencé à philofopher avec un peu moins de negligence que par le paffé, & que l'on a plus foigneufement examiné la Nature, quoy que l'on crûft bien qu'il échapoit de l'urine par la voye que nous venons de dire, l'on a commencé à douter s'il n'y en avoit pas encore quelqu'autre, par où elle fe pûft porter dans les reins & dans la veffie. Des raifons

tres fortes semblent le persuader : Car premierement,
on experimente qu'en saignant une personne qui a man-
gé de l'ail ou des asperges, son sang ny sa serosité n'ent
pas l'odeur que son urine fait sentir, ce qui pourtant
devroit estre, si l'urine n'estoit autre chose que la serosité du sang. En second lieu, il est difficile à croire que
ceux qui boivent de l'eau en quantité, & principalement
des eaux minerales, les pûssent rendre si vîte qu'ils
font, si elles ne parvenoient dans la vessie par un chemin plus court que celuy que nous avons marqué. Outre qu'en passant par le cœur en aussi grande quantité
qu'il faudroit qu'elles passassent, elles devroient causer
quelque alteration & changement à son mouvement,
& au temperament de tout le corps ; Et deplus qu'on
n'a point encore remarqué que la serosité du sang fust
toûjours transparente, ou colorée précisement comme
l'urine. Toutes ces raisons font cause que les Medecins
commencent à douter, & à agiter presentement la
question, sçavoir, si l'urine n'est point un excrement
de la premiere coction, c'est à dire, qui resulte de la seule préparation du chile, & non pas de la conversion du
chile en sang. Pour moy, je trouve ce doute fort bien
fondé, & je pancherois fort à croire qu'il pourroit y
avoir quelque conduit par où une partie de l'urine pas-
seroit immediatement du reservoir du chile dans les
reins. Mais dautant que je n'ay encore aucune experience qui confirme cette conjecture, je ne veux rien
déterminer là-dessus.

Touchant les passages de la cavité des vreteres dans
la vessie, bien qu'ils ne soient nullement sensibles, com-

dans la vef-
sie. me j'ay déja remarqué, neantmoins on peut s'assurer que leur construction est telle qu'ils ont des valvules, qui permettent à l'urine de tomber dans la vessie, & qui ne luy permettent pas de retourner dans les ureteres : Car si aprés avoir osté la vessie du corps d'un Animal, on l'emplit entierement d'eau, on n'en voit pas couler une seule goutte, si ce n'est aprés plusieurs jours, c'est à dire quand elle est pourrie; Au lieu qu'elle se vuide dans l'espace de deux ou trois heures, si on la remplit d'eau aprés l'avoir retournée.

VI.
Des sueurs. La matiere des sueurs se dégage d'avec le sang, au moment qu'il sort par les pores des arteres pour servir à la nutrition; & elle échape entierement du corps, par les petits intervalles qui sont entre les fibres des chairs.

VII.
Quelle est
leur matiere. Il y a grande apparence que la matiere des sueurs n'est point differente de celle qui compose l'urine : Car outre que les sueurs font sentir un sel semblable à celuy qui se trouve dans les urines, on experimente qu'on urine moins lors qu'on süe beaucoup.

CHAPITRE XXIV.

De la faim, & de la soif.

I.
Comment
nous sommes
excitez à la
faim. LA faim & la soif sont deux Sentimens, ou deux Appetits naturels, que nous avons de temps en temps, & qui sont excitez en l'Ame par l'action des nerfs de l'estomac & du gosier. Et pour sçavoir comment cela se fait, il faut remarquer, que quand l'estomac est vuide , c'est à dire , qu'il n'est pas remply de viandes qui servent à la nourriture, alors la liqueur qui a coûtume de descendre des arteres dans l'estomac , & qui y sert ordinairement à digerer les viandes qui y sont , ne trouvant pas surquoy exercer son action , agite & ébranle les nerfs de l'estomac, & ce mouvement estant porté jusqu'au cerveau , excite en l'Ame le Sentiment ou l'Appetit de la faim.

Et si l'humeur qui a coûtume de monter de l'estomac vers le gozier, en forme d'une vapeur moitte & grossiere, pour y entretenir ses parties dans l'humidité qui leur est convenable pour le bien du corps, estant trop échauffée & trop agitée , soit parce que son action n'est point temperée par celle de quelqu'autre liqueur, soit parce que le feu qui est par tout le corps en augmente l'agitation , soit enfin par quelqu'autre cause que ce puisse estre , y monte en forme d'air, ou d'une vapeur trop subtile, alors au lieu d'humecter & de rafraîchir le gosier , elle l'échauffe & le desseche ; ce qui produit un mouvement dans ses nerfs, propre pour exciter en nous le sentiment de la soif.

II.
Comment
on est excité
à la soif.

CHAPITRE XXV.

De la Santé, & de la Maladie.

LA Santé est une certaine disposition du corps, laquelle le rend propre à bien faire toutes ses fonctions.

I.
Ce que c'est
que la santé.

A a a iij

II.
En quoy elle consiste.

Deux choses concourent ordinairement à cette disposition ; C'est à sçavoir, la juste conformation des parties, & leur temperament ; Mais ces deux choses reviennent à peu prés à une mesme : Car par ce mot de temperament, on entend un certain mêlange & assemblage des qualitez ; & par tout ce qui a esté dit en beaucoup d'endroits de ce Traité-cy, il paroist que ce qu'on appelle qualité, n'est autre chose qu'une certaine disposition ou tissure des parties insensibles, qui composent les parties sensibles de nostre corps.

III.
Ce que c'est que la maladie.

La Maladie tout au contraire, est un certain estat des parties de nostre corps, qui les rend incapables de bien faire leurs fonctions.

IV.
Que la maladie est uniquement dās le corps.

Quoy que la maladie attaque tout l'homme, elle consiste neantmoins particulierement dans le corps, & les douleurs qui en resultent dans l'Ame n'en font que des suites ; ce qui se prouve, en ce qu'en usant de remedes qui agissent seulement sur le corps, & qui le remettent en bon estat, toutes les douleurs & les incommoditez qu'on ressentoit en l'Ame ne manquent jamais de cesser.

V.
De la maladie de conformation.

On établit en general de deux sortes de maladies; dont l'une consiste dans la mauvaise disposition des parties ; comme de ce qu'elles sont trop grandes ou trop petites, ou qu'elles n'ont pas la figure qu'elles devroient avoir.

VI.
De la maladie d'intemperie.

Et l'autre consiste dans l'intemperie, c'est à dire dans un certain mêlange des qualitez du corps, qui n'est pas tel qu'il devroit estre. Or on appelle une intemperie manifeste, lors que l'on connoist les qualitez dans lesquelles il y a du desordre ; Au lieu qu'on la nomme occulte, quand ces qualitez n'eſtant pas connües on n'en connoiſt pas la cauſe.

Toutes les maladies viennent pour la pluſ-part du mauvais regime de vie que nous gardons ; comme de ce que nous veillons trop ou trop peu, que nous agiſ-ſons trop ou pas aſſez, &c. Elles reſultent auſſi quelquesfois de l'action des choſes exterieures, & tres-ſouvent du mauvais uſage que nous faiſons des alimens, c'eſt à dire, de noſtre intemperance à l'égard du boire & du manger, qui nous peuvent d'autant plus nuire, qu'ils agiſ-ſent interieurement.

VII.
De la cauſe
des maladies.

Mon deſſein n'eſt pas de traiter icy des maladies en particulier ; Cependant il y a une eſpece d'embraſe-ment extraordinaire du corps, à qui les Medecins ont donné le nom de Fiévre, que j'ay peine à paſſer tout-à-fait ſous ſilence ; & je trouve avoir d'autant plus de ſu-jet d'en parler, que cette maladie accompagne la pluſ-part des autres, & que d'ailleurs ſes intermiſſions rem-pliſſent d'eſtonnement les Eſprits de tous les Philo-ſophes.

VIII.
Ce que c'eſt
que la fievre.

CHAPITRE DERNIER.

De la Fievre.

APRE's ce que nous avons cy-deſſus étably tou-chant l'œconomie du corps humain, l'on peut ex-pliquer aſſez commodement tous les phénomenes ou ſymptomes des fievres, que l'on admire le plus, en ſup-

I.
En quoy elle
conſiſte.

pofant feulement qu'une petite portion de noftre fang,
ou de quelqu'une des humeurs qui fe mêlent avec luy
lors qu'il tend vers le cœur, vienne à eftre retenuë, par
quelque caufe que ce puiffe eftre, dans un endroit de
noftre corps, d'où elle ne commence à couler qu'au
bout d'un certain temps, & aprés s'eftre tellement corrompüe, qu'elle reffemble aucunement au bois verd
dans la maniere qu'elle a de s'échauffer; c'eft à dire,
que comme ce bois eftant jetté dans le feu femble
d'abord n'avoir aucune difpofition à s'embrafer, &
femble plûtoft le devoir éteindre, de mefme auffi cette
portion d'humeur corrompüe ne foit pas d'abord bien
difpofée à s'échauffer & à fe dilater quand elle viendra
à paffer par le cœur; Et comme le bois verd brûle à la
fin plus vivement & plus ardemment que celuy qui eft
fec, auffi cette humeur puiffe à la fin s'échauffer, & fe
dilater, beaucoup plus que le fang ne s'échauffe & ne fe
dilate d'ordinaire.

<table>
<tr><td>

II.
*D'où vient
la foibleffe du
poux au com-
mencement
de l'accez.*

</td><td>

Or cela une fois pofé, on connoift premierement
que cette matiere corrompüe venant à couler de l'en-
droit où elle avoit croupy (que nous nommerons cy-
aprés le Foyer de la fievre) & à fe mêler avec le fang,
elle fera caufe qu'il ne fe dilatera que tres-peu lors
qu'il paffera par le cœur, & par confequent que le
cœur & les arteres ne battront alors que tres foible-
ment.

</td></tr>
<tr><td>

III.
Du friffon.

</td><td>

Et ce qui merite particulierement d'eftre icy obfervé,
c'eft que les Efprits Vitaux fe mouvant dans le corps
beaucoup moins vîte que de coûtume, l'agitation des
petites parties, laquelle ils entretiennent, & en quoy

</td></tr>
</table>

confifte

consiste la chaleur ordinaire du corps, doit beaucoup diminuer. D'où il suit, que nous devons ressentir un certain froid, qu'on nomme le Frisson de la fievre; qui peut estre accompagné de certaines piqueures aigües ou mousses, selon que la matiere corrompuë qui coule dans les arteres ébranle leur peau intericure, ou selon que quelques-unes de ses parties, qui échapent par leurs pores, meuvent diversement les filets des nerfs qu'elles rencontrent dans leur chemin.

Et dautant que durant cet estat il est impossible qu'il se produise autant d'Esprits Animaux, & aussi agitez qu'à l'ordinaire; ceux qui sont déterminez à prendre leur cours vers quelques muscles, pour mouvoir le corps, ou pour le tenir en certaine posture, ne se trouvent pas assez forts, ny en quantité suffisante, pour presser & fermer comme il faut les valvules contre les pores par où ils peuvent échaper; Si-bien qu'il doit arriver, que comme l'air qui n'a esté seringué qu'en petite quantité dans un balon, en sort faute de pousser la languette contre le trou; Aussi, ces esprits qui estoient dans ces muscles en échapent, & se portent temerairement d'un muscle dans l'autre, & ainsi tirent & secoüent alternativement les membres vers des parties opposées; c'est à dire, causent ce tremblement qui accompagne le frisson ou le froid de la fievre.

IV.
De la cause du tremblement.

Et bien que toute la matiere corrompüe ait peut-estre passé en moins d'une demye-heure dans le cœur, il se peut faire neantmoins que le frisson dure beaucoup plus long temps; à cause que cette matiere qui est mêlée avec le sang, peut retourner au cœur avec aussi peu de

V.
Pourquoy le frisson dure quelquesfois fort long temps.

B b b

dispofition à fe dilater, qu'elle en avoit la premiere fois
qu'elle y a paffé.

VI.
Comment la matiere de la fievre vient à s'embrafer.

Mais comme le bois verd à force d'avoir efté échauffé s'embrafe bien plus fort que le bois fec ; de mefme
auffi cette matiere corrompüe, ayant paffé plufieurs
fois dans le cœur, peut à la fin acquerir la difpofition
de s'y rarefier extraordinairement fort, & ainfi en fortir bien plus vîte, & bien plus agitée que le fang n'a de
coûtume ; Ce qui fuffit pour produire tous les effets
que l'on experimente dans cet eftat qu'on nomme
l'ardeur de la fievre, qui fuccede à un fi grand froid.

VII.
De la frequence du poux, & de la chaleur de la fievre.

Et premierement pour le battement du poux, il eft
évident qu'il doit eftre beaucoup plus frequent & plus
élevé que de coûtume, puifque le fang s'élance dans
les arteres par des reprifes plus fouvent reïterées, &
avec plus de force & d'agitation qu'à l'ordinaire. L'on
doit auffi experimenter une chaleur beaucoup plus grande, puifque le fang qui fort comme tout boüillant du
cœur, eft porté d'une tres grande vîteffe jufqu'aux extremitez des membres, fans qu'il ait le temps de fe rafraîchir par la longueur du chemin.

VIII.
De la diffi- culté de dor- mir, des dou- leurs de tef- te, & des membres.

Deplus, comme dans cet eftat il entre une grande
quantité d'Efprits Animaux dans le cerveau, & enfuite
dans tous les nerfs, il en doit refulter une difficulté
de dormir, des douleurs de tefte, & cette fenfibilité
tres importune qu'on experimente dans toutes les parties du corps.

IX.
Des réve- ries.

Il peut mefme arriver que les Efprits Animaux, qui
courent fortuitement, & fans aucune détermination,
dans le cerveau, & qui ont alors beaucoup de force,

se portent d'eux-mesmes à ouvrir & à ébranler certaines parties, en la mesme maniere qu'elles l'ont esté autrefois à la presence des objets ; Ce qui fait qu'on les doit sentir comme s'ils estoient presens ; Et c'est en cela que consistent ces fortes réveries qui tourmentent quelquefois si fort les malades.

Et quand cet estat dure long temps ; comme les parties du sang qui doivent estre employées à la nourriture, ont beaucoup plus de mouvement que de coûtume, & qu'il n'est necessaire pour y pouvoir estre utilement employées, elles ne peuvent pas s'arrêter aux lieux qui en ont besoin, & à qui elles pourroient servir de nourriture, mais elles passent en forme de süeur, ou par transpiration insensible ; Ainsi, le corps devient maigre, en la mesme façon que les plantes se dessechent, lors que durant une chaleur excessive de l'Esté, le suc de la Terre qui les devroit nourrir, passe au travers de leurs pores sans s'y arrêter.

X.
Pourquoy la fievre amaigrit.

Et l'on ne pourra douter que la fievre ne s'engendre de la façon que je viens de dire, si l'on considere, que quand il se fait du pus dans quelque abcez, ou à l'occasion de quelque blessure, dans un corps qui d'ailleurs se porte fort bien, la fievre survient d'ordinaire, & que d'ordinaire aussi l'on en est delivré lors que ce pus cesse de se faire, ou qu'il prend son cours hors du corps.

XI.
Confirmation de cette verité.

Au reste, encore que la matiere qui cause la fievre cesse de couler du lieu de son foyer, ou de son reservoir, & qu'il ne s'en mêle plus de nouvelle avec le sang qui va au cœur, celle qui y est déja mêlée peut suffire pour faire durer l'accez jusqu'à ce que par plusieurs circulations elle

XII.
De la durée de l'accez.

B b b ij

se soit dissipée, & que le sang se soit tellement épuré, qu’il soit reduit à peu prés au tempérament que les Medecins appellent Loüable ; De mesme que le vin nouveau s’éclaircit à la longue, à force de boüillir dans le tonneau.

XIII.
Comment il recommence.

Ainsi l’accez finissant, la fievre ne devroit plus reprendre ; Mais il reste comme un levain, ou certaines mauvaises dispositions, au lieu où le sang s’est la premiere fois corrompu, qui font que celuy qui s’y rassemble & qui y arrive de nouveau, se gâte & se corrompt derechef, & qu’aprés s’estre meury au bout d’un certain temps, il vient à couler vers le cœur, comme a fait le premier ; & ainsi cause les mesmes symptomes.

XIV.
Des diverses especes de fievre.

D’où il faut conclure, que la fievre est Quarte, quand la portion du sang qui croupit, & qui cause la fievre, a besoin de trois jours pour se meurir, & devenir capable de couler avec le reste du sang ; Qu’elle est Tierce, quand elle n’a besoin que de deux jours ; Qu’elle est Continüe, quand elle coule continüement ; Et qu’enfin elle est Continuë avec Redoublement, quand la matiere corrompüe a tellement gâté le sang, qu’il ne sçauroit se purifier, dans le temps qui est compris entre le moment auquel la derniere goutte de cette matiere s’est écoulée, & celuy auquel la premiere goutte de celle qui s’est derechef assemblée commence à couler vers le cœur : Car puis qu’alors il y a un temps auquel la matiere corrompüe, & qui est fort disposée à s’embraser, se porte en plus grande quantité au cœur, aussi doit-elle necessairement causer un plus grand embrasement.

Et cecy se confirme, en ce que cette matiere que nous
avons comparée au bois verd, doit d'abord rafraîchir
en quelque façon le sang, avant que de se trouver en
estat d'estre rarefiée & échauffée beaucoup plus que le
sang n'a de coûtume; Aussi, quand elle passe pour la
premiere fois dans le cœur, elle cause certains petits
frissons, & des dispositions à dormir, comme sont les
baaillemens, & l'assoupissement, & ce n'est qu'ensuite
qu'on experimente le redoublement.

xv.
Circonstance
touchant le
redoublement
de la fievre.

Qui voudroit épuiser cette matiere, n'auroit jamais
fait; Le corps humain est un sujet si remply de merveilles, que la moindre partie qui soit en luy, seroit
capable d'occuper toute la vie d'un homme, s'il vouloit s'employer à la bien connoître; Mais parce qu'il est
tres-dangereux de se méprendre dans une matiere si
importante, où il y va souvent de la vie, de travailler &
de raisonner sur de faux principes (ainsi qu'on ne l'experimente que trop tous les jours) & parce aussi que l'on
ne fait que commencer à se détromper d'une infinité de
choses que nous avions aveuglement receuës de l'antiquité comme vrayes, Il faut attendre que les experiences ausquelles tant de Sçavans hommes, & de si
celebres Academies s'exercent en ce siecle icy, nous
ayent rendus plus sçavans ; afin que nous puissions avec
plus d'assurance parler d'une chose si importante & si
delicate; & où le peu que nous en sçavons déja aujour-
d'huy, nous fait certainement connoître que des Eco-
les toutes entieres se sont trompées durant plusieurs siecles, dans l'établissement de leurs maximes & de leurs
ordonnances, qui n'avoient que la fausseté pour fonde-

B b b iij

ment. C'eſt pourquoy, quand il aura plû à ces Meſſieurs
de communiquer au public ce que leur étude & l'aſſi-
duité de leur travail leur aura fait découvrir, Ils me per-
mettront alors de me ſervir de leur bien, & de le regarder comme m'appartenant, dans l'uſage & l'application
que j'eſpere un jour d'en faire; non pas pour cenſurer
ce qu'ils auront bien voulu nous apprendre, mais pour
me corriger moy-meſme, s'il ſe trouvoit que cela ne
s'accordaſt pas avec mes principes, ou pour m'en confirmer davantage la verité.

Fin de la quatriéme & derniere partie.

TABLE

DES CHAPITRES

DE LA PREMIERE PARTIE.

TABLE DES CHAPITRES

DE LA SECONDE PARTIE.

Chap.

Ccc

TABLE DES CHAPITRES

DE LA TROISIEME PARTIE.

TABLE DES CHAPITRES

DE LA QUATRIEME PARTIE.

Fin de la Table des Chapitres.

FAUTES A CORRIGER.

Dans la premiere partie

Pages.	Lignes.		Fautes.		Corrections.
27	19	*au lieu de*	que	*lisez*	qui
58	30		faiffe		laiffe
75	28		haut en bas		bas en haut,
95	2		uu		un
119	7		un ame		une ame
142	24		un éponge		une éponge.
162	28		de fel		de ce fel.
299	1		vers T.		vers V.

Dans la feconde.

133	14		diametre	demy-diametre

Dans la quatriéme.

315	9		hautes, moyennes	hautes, baffes, moyennes
321	20		formation, eft	formation d'un mufcle, eft

PRIVILEGE DV ROY.

LOUIS par la grace de Dieu Roy de France & de Navarre, A nos Amez & Feaux Conseillers, les Gens tenans nos Cours de Parlements, Maistres des Requestes ordinaires de nostre Hostel, Prevost de Paris, Baillifs, Senefchaux, leurs Lieutenans, & autres nos Justiciers & Officiers qu'il appartiendra ; Salut. Nostre cher & bien amé JACQUES ROHAULT, s'estant toute sa vie appliqué à l'étude de la Philosophie & des Mathematiques, Nous a tres-humblement remontré qu'il auroit composé plusieurs Traitez qu'il desireroit faire imprimer & donner au public s'il en avoit nos Lettres sur ce necessaires ; entr'autres *un Traité de Physique, ou de la Science naturelle, & celuy de Cosmographie, veus par le Sieur de Meseray nostre Conseiller & Historiographe ; Les quinze Livres des Elemens de Geometrie d'Euclide, L'Arithmetique Pratique ; la Resolution des Triangles Rectilignes & Spheriques ; la Geometrie Pratique ; les Fortifications, les Méchaniques, & la Perspective.* A CES CAUSES, voulant donner audit Sieur Rohault des marques de l'estime particuliere que nous faisons de sa Personne, pour l'exciter à continuer ses recherches, Nous luy avons permis & accordé, Permettons & accordons par ces presentes, de faire imprimer lesdits Traitez par tel Libraire ou Imprimeur du nombre des reservez qu'il voudra choisir, en tel volume, caractere, & autant de fois que bon luy semblera, pendant le temps de dix ans, à commencer du jour que chaque Traité sera achevé d'imprimer pour la premiere fois en vertu des presentes ; Iceux vendre & débiter par tout nostre Royaume. Faisons defenses à tous Libraires, Imprimeurs & autres, d'imprimer, faire imprimer, vendre & distribuer lesdits Traitez, sous quelque pretexte que ce soit, mesme d'impression étrangere, & autrement, sans le consentement de l'Exposant ou de ses ayans cause, sur peine de confiscation des Exemplaires contrefaits, amende arbitraire, despens, dommages & interests. A la charge d'en mettre deux Exemplaires de chacun en nostre Bibliotheque publique, un en nostre Cabinet des Livres de nostre Chasteau du Louvre, & un de chacun en celle de nostre tres-cher & feal Chevalier Chancelier de France le Sieur Seguier, à peine de nullité des presentes : Du contenu desquelles, Vous mandons & enjoignons faire jouïr l'Exposant & ses ayant cause, pleinement & paisiblement, faisant cesser tous troubles & empêchemens ; Voulons qu'en mettant au commencement ou à la fin desdits Traitez, un extrait desdites pre-

Ccc iij

fentes elles foient tenuës pour deuëment fignifiées. Mandons au premier noftre Huiffier ou Sergent faire pour l'execution defdites prefentes, toutes fignifications, defenfes, faifies, & autres Actes requis & neceffaires, fans demander autre permiffion, nonobftant Clameur de Haro, Chartre Normande, & autres Lettres à ce contraires: Car tel eft noftre plaifir. Donné à Saint Germain en Laye le treiziéme jour d'Avril, l'an de grace mil fix cens foixante-dix ; Et de noftre regne le vingt-feptiéme ; *Et plus bas* ; Par le Roy en fon Confeil, D'ALENCÉ, avec paraphe ; Et fcellé du grand fceau de cire jaune.

Et ledit Sieur *Rohault* a choifi la Veuve de CHARLES SAVREUX, pour vendre & debiter ledit Traité de Phyfique, fuivant l'accord fait entr'eux.

Regiftré fur le Livre de la Communauté des Marchands Libraires Imprimeurs & Relieurs de cette Ville de Paris , fuivant & conformément à l'Arreft de la Cour de Parlement du 8. Avril 1653. le 30. Avril 1670.
Signé ANDRE SOUBRON Syndic.

Achevé d'imprimer pour la premiere fois le 17. Ianvier 1671.

Les Exemplaires ont efté fournis,